国家林业局普通高等教育"十三五"规划教材

园林设计初步
Preliminary Landscape Design

许先升 冯 丽 ◎ 主编

中国林业出版社
China Forestry Publishing House

内 容 简 介

"园林设计初步"是园林及风景园林专业一门重要的专业基础课程，是专业学习的起始，主要为园林及风景园林专业主干课的学习奠定基础。《园林设计初步》教材的内容主要由设计基础、设计传达和设计入门3部分组成，共分7章，主要包括：概述，园林制图基础知识，园林设计要素及园林设计图的认识和表达，园林设计美学，园林设计构成基础，园林设计传达方式，园林设计入门等。

本教材适用于园林、风景园林、环境艺术等设计类专业本科生，也可作为相关专业教师的参考书。

图书在版编目（CIP）数据

园林设计初步/许先升，冯丽主编. —北京：中国林业出版社，2017.7（2021.4重印）
国家林业局普通高等教育"十三五"规划教材
ISBN 978-7-5038-9080-2

Ⅰ.①园… Ⅱ.①许… ②冯… Ⅲ.①园林设计—高等学校—教材 Ⅳ.①TU986.2

中国版本图书馆CIP数据核字（2017）第146273号

国家林业局生态文明教材及林业高校教材建设项目

中国林业出版社·教育出版分社

策划编辑： 康红梅　　　　　　　　　　　**责任编辑：** 田　苗
电　　话：（010）83143551　83143557　　**传　　真：**（010）83143516

出版发行	中国林业出版社 (100009 北京市西城区德内大街刘海胡同7号) E-mail: jiaocaipublic@163.com　电话: (010)83143500 http://www.forestry.gov.cn/lycb.html
经　销	新华书店
印　刷	河北京平诚乾印刷有限公司
版　次	2017年7月第1版
印　次	2021年4月第3次印刷
开　本	889mm×1194mm 1/16
印　张	8.25　彩插 124
字　数	417千字
定　价	59.00元

未经许可，不得以任何方式复制或抄袭本书之部分或全部内容。

版权所有　侵权必究

《园林设计初步》编写人员

主　编　许先升　冯　丽
副主编　陈文庆　林　宁　贺晓娟　颜兵文
编写人员（以姓氏拼音排序）
　　　　　陈文庆（海南大学）
　　　　　冯　丽（海南大学）
　　　　　贺晓娟（海南大学）
　　　　　林　宁（海南大学）
　　　　　刘明明（海南大学）
　　　　　宋建军（湖南农业大学）
　　　　　王　欣（浙江农林大学）
　　　　　王敏华（福建农林大学）
　　　　　许先升（海南大学）
　　　　　颜兵文（中南林业科技大学）
　　　　　负　剑（山西农业大学）

前　言

"园林设计初步"是园林及风景园林专业的一门重要的专业基础课程，是专业学习的前提和起始，在园林专业教学总体布局中具有基础性、先导性和桥梁性的作用。该课程以培养学生专业规范、提高审美鉴赏能力、形象思维能力和设计创新能力为目的，通过教学，促进学生掌握园林设计的基本知识，了解园林设计基本表现技法与基本设计方法，引导学生由一般抽象逻辑思维向专业形象思维转变，由基础知识向专业知识过渡，为学习园林专业主干课奠定基础。

目前已出版的教材在使用中存在一些问题：首先，教材针对性不强。教材是教师教学和学生学习的依据，在教学中普遍使用的教材因内容偏向建筑设计方面或园林特色体现不足而缺乏针对性。其次，专业结合不紧密。该课程内容涵盖面广，部分教学内容相对抽象，与专业课关联性存在一定跨度，现有教材在各章节的逻辑关系以及相关内容与专业的关系转承等方面有所欠缺。例如，在三大构成环节的教学中，多数针对构成原理和形式法则的训练，没有结合专业，引导学生进入应用构成阶段的学习。最后，前沿性有待提高。随着学科领域的发展以及教学改革的深化，园林设计初步的教学内容无论在广度还是在深度上比过去均有较大的调整，但相关教材在学科前沿内容的编写方面仍存在不足。

针对以上问题，根据园林设计初步课程定位及特点，结合多年教学经验，提出《园林设计初步》教材编写思路。

第一，注重基础性。结合园林专业课程设置和基础课在专业学习中的定位，力图从初学者的角度来思考该怎样进行学习，加强编写内容的基础性，使其深度、广度适合初学者，使教材的知识体系符合园林专业的学习需求。

第二，增强逻辑性。园林设计初步教学内容涵盖面广，在教材编写中尤其要考量各部分内容的关联性和前后顺序，使教学内容面广而不乱。学生能学之有序，避免因内容多而造成学生学习混乱，学习目标不明确等现象。

第三，强化系统性。"园林设计初步"是一门专业基础课，与前后课程之间有着内在有机联系和相互渗透的关系。编写中注意前后课程间的联系，科学合理地完善知识体系，避免出现课程间内容重复太多，或者在缺少先修知识的情况下让学生接受跳跃性大的内容。

第四，坚持创新性。结合当代大学生学习特点和多元化的学习渠道，教材编写为学生留有思考空间，引导讨论交流、合作学习，并且融入学科发展的新内容，如计算机新兴软件的介绍、马克笔表现技法、变体字设计等。

在教材编写过程中，我们力求做到概念明确、文字简练、资料可考、信息及时，在编排上做到图文并茂、突出实用，在满足园林、风景园林专业本科教学需要的前提下，尽量满足相关专业人员的需要。

本教材由许先升、冯丽任主编，许先升负责整本书的编写思路、章节安排、前言等。具体分工如下：第1章由陈文庆、许先升编写；第2章由林宁、贺晓娟、负剑编写；第3章由冯丽、许先升、刘明明、王敏华编写；第4章由林宁、许先升编写；第5章由陈文庆、颜兵文、刘明明编写；第6章由贺晓娟、陈文庆、刘明明、负剑编写；第7章由冯丽、贺晓娟、颜兵文编写；实验实训和附录由贺晓娟、林宁、陈文庆、冯丽编写。

本教材在编写过程中得到中国林业出版社、海南大学等相关单位的支持和帮助，还得到海南大学在校学生吴军、李莉娜的协助。另外，我们也参考了有关同仁的著作和资料，在此一并致谢！

由于时间仓促和编者水平有限，不足之处在所难免，恳请读者提出宝贵意见，以便修订改正。

编 者

2017年4月

目 录

前言

第1章 概述
- 1.1 园林设计简介 …………………………… 1
- 1.2 园林设计初步简介 ………………………… 2
- 1.3 园林设计的发展概况 ……………………… 2
  - 1.3.1 农业时代以风景美为主题的园林设计 …………………………………… 2
  - 1.3.2 工业时代人与自然对立的工业化园林设计 …………………………… 2
  - 1.3.3 网络时代整体优化的园林设计 …… 3
- 1.4 园林设计项目的运作 ……………………… 3
  - 1.4.1 园林设计项目运作的程序 ………… 3
  - 1.4.2 园林设计各阶段需要的专业知识 … 4
- 思考题 …………………………………………… 4

第2章 园林制图基础知识
- 2.1 绘图工具 …………………………………… 5
  - 2.1.1 图板 ………………………………… 5
  - 2.1.2 图纸 ………………………………… 6
  - 2.1.3 绘图用尺 …………………………… 6
  - 2.1.4 绘图用笔 …………………………… 12
  - 2.1.5 绘图仪 ……………………………… 15
  - 2.1.6 其他工具 …………………………… 17
- 2.2 制图规范 …………………………………… 17
  - 2.2.1 图纸幅面 …………………………… 17
  - 2.2.2 图题、图标栏与图签栏 …………… 19
  - 2.2.3 图线 ………………………………… 22
  - 2.2.4 比例 ………………………………… 28
  - 2.2.5 字体 ………………………………… 29
- 2.3 园林设计图用符号 ………………………… 34
  - 2.3.1 指北针、风玫瑰图 ………………… 34
  - 2.3.2 比例尺 ……………………………… 35
  - 2.3.3 剖切符号 …………………………… 35
  - 2.3.4 索引符号与详图符号 ……………… 36
  - 2.3.5 对称符号 …………………………… 38
  - 2.3.6 连接符号 …………………………… 38
  - 2.3.7 引出线 ……………………………… 38
  - 2.3.8 定位轴线 …………………………… 38
  - 2.3.9 常用图例 …………………………… 40
- 2.4 园林设计常用标注 ………………………… 40
  - 2.4.1 线段的尺寸标注 …………………… 40
  - 2.4.2 半径、直径的尺寸标注 …………… 41
  - 2.4.3 角度、弧长、弦长的标注 ………… 42
  - 2.4.4 坡度的标注 ………………………… 42
  - 2.4.5 标高标注 …………………………… 43
  - 2.4.6 曲线标注 …………………………… 43
- 思考题 …………………………………………… 44

第3章　园林设计要素及园林设计图的认识和表达

3.1 园林设计要素的认识及图例画法 … 45
- 3.1.1 建筑 … 46
- 3.1.2 植物 … 52
- 3.1.3 地形 … 57
- 3.1.4 水体 … 66
- 3.1.5 铺装 … 70
- 3.1.6 园林小品 … 72

3.2 园林设计图的认识及画法 … 75
- 3.2.1 园林设计平、立、剖面图的认识 … 75
- 3.2.2 园林设计平、立、剖面图的画法 … 76

思考题 … 79

第4章　园林设计美学

4.1 园林美与园林美的特征 … 83
- 4.1.1 园林美的概念 … 83
- 4.1.2 园林美的特征 … 83

4.2 园林形式美的设计 … 85
- 4.2.1 园林形式美的含义 … 85
- 4.2.2 园林形式美的要素 … 86
- 4.2.3 园林形式美的基本原则 … 88

思考题 … 107

第5章　园林设计构成基础

5.1 构成的含义 … 108

5.2 平面构成 … 109
- 5.2.1 平面构成的基本概念 … 109
- 5.2.2 平面构成的基本元素与基本形的创造 … 109
- 5.2.3 点、线、面的构成与园林设计 … 111
- 5.2.4 平面构成的方法 … 118

5.3 色彩构成 … 124
- 5.3.1 色彩基础知识 … 124
- 5.3.2 人对色彩的知觉 … 126
- 5.3.3 色彩的情感 … 128
- 5.3.4 色彩的空间效果 … 132
- 5.3.5 色彩构成在园林设计中的应用 … 133

5.4 立体构成 … 135
- 5.4.1 立体构成的特征 … 135
- 5.4.2 立体构成的要素 … 136
- 5.4.3 立体构成的类型 … 139
- 5.4.4 立体构成在园林设计中的应用 … 141

5.5 字体设计 … 142
- 5.5.1 字体与字体设计 … 142
- 5.5.2 工程字体 … 143
- 5.5.3 变体美术字 … 146
- 5.5.4 字体设计与园林设计 … 151

思考题 … 151

第6章　园林设计传达方式

6.1 园林设计传达概述 … 152
- 6.1.1 概念 … 152
- 6.1.2 方式 … 152
- 6.1.3 特点 … 154

6.2 园林设计传达的基础——透视 … 154
- 6.2.1 透视表达方法 … 155
- 6.2.2 园林设计的快速透视表现 … 157

6.3 园林设计绘画表现 … 163
- 6.3.1 绘画表现的通用原理 … 163
- 6.3.2 绘画表现技法 … 170
- 6.3.3 绘画表现的误区 … 187

6.4 园林设计计算机表现 … 187
- 6.4.1 计算机表现概述 … 187
- 6.4.2 计算机表现常用软件 … 188
- 6.4.3 计算机表现的过程 … 189

6.5 园林设计模型展示 … 196
- 6.5.1 类型 … 196
- 6.5.2 工具、材料和加工工艺 … 197
- 6.5.3 制作步骤 … 200

思考题 … 200

第7章　园林设计入门

7.1 认识园林设计 … 201

7.2 园林设计过程 … 201
- 7.2.1 接受任务书阶段 … 203
- 7.2.2 调查和分析阶段 … 203
- 7.2.3 概念设计阶段 … 210
- 7.2.4 方案设计阶段 … 215
- 7.2.5 施工图阶段 … 220
- 7.2.6 设计实施与管理阶段 … 228

7.3 案例——某城市公园设计 …………… 228
   7.3.1 任务书 …………………………… 228
   7.3.2 调查和分析 ……………………… 228
   7.3.3 概念设计阶段 …………………… 228
   7.3.4 方案设计 ………………………… 228
思考题 …………………………………… 228

实训

  实训一 制图基础练习 ………………… 234
  实训二 字体设计 ……………………… 234
  实训三 建筑抄绘 ……………………… 234
  实训四 园林平面图抄绘 ……………… 235
  实训五 某庭园测绘 …………………… 235
  实训六 某庭院钢笔淡彩表现 ………… 235

附录 ……………………………………… 237

参考文献 ………………………………… 242

第1章
概述

学习目标

◆ 了解园林设计初步课程的内容。
◆ 了解园林设计的发展、概念和范畴。
◆ 了解园林设计中的工作内容。

园林设计初步是园林设计的初级学习阶段。学习者通过这一阶段的学习掌握设计的基础知识。本章旨在将园林设计的内容进行简单概括和梳理，使学生由浅入深地理解园林设计初步课程学习的专业知识。

1.1 园林设计简介

对园林的定义，《中国大百科全书·建筑 园林 城市规划》中是这样阐述的：园林是指在一定地域内运用工程技术和艺术手段，通过因地制宜地改造地形、整治水系、栽种植物、营造建筑和布置园路等方法创作而成的优美的游憩境域。

人对环境的审美有着共性，探讨这些共性的规律，并且按照这样的规律来建设我们的环境，最终形成的产物就是园林，因此，园林是按照美的规律和科学规律由人工建造出来的环境，是人类对自然环境膜拜的结果，它脱胎于自然，却又差别于自然，是一种有着人工痕迹的"自然"。

园林与花园不同，花园的主要任务是种花养草栽树，注重植物的某个方面的具体价值体现，比如视觉效果、嗅觉作用、生态效应、药用价值等，虽然在花园的构建过程中植物与人的关系会被认为是构园原则之一，但对植物本身的关注比对植物和人的关系的关注多得多。而园林不只是种花种草、堆山挖池（这只是实现我们园林理想的手段之一），它不仅涵盖了花园关注植物的内容，更强调人与园林之间的各方面关系，因此，要建造建筑给人遮风避雨，要做水景给人欣赏和娱乐休闲，更要将人生活和文化中的精髓融入进去，使人获得更高层次的满足。

园林设计这一专业涉及的知识面之广，可能是其他设计类专业所不及的。

首先，园林设计关注环境中的人。人类社会的发展、经济的发展都有可能会对人的审美、对人对环境的感知产生影响，因此，了解社会和经济的发展背景对设计的形成有着重要的导向作用；另外，人的生理和心理状态与环境的设计也有密不可分的关系，人作为环境的创造者和最终评价者，一切的标准都是从人自身发展的角度出发，因此，了解"人"这个庞杂而细致的体系，是每一个设计师必须做的工作。

其次，园林脱胎于自然，它模仿大自然的山形水系，在咫尺之间再造自然，因此，地形的处理（堆山挖池），水体的处理（动水、静水），植物的配置（种类、数量、色彩、形式），建筑的建造（人栖息之所）成为风景园林设计中最重要的工作。这是一个相当庞杂的系统，需要长期和严格的专业训练，才能培养出园林设计者从事这项工作最基本的能力。

最后，也是非常重要而又容易被忽略的，风景园林设计的工作旨在改善我们的生活环境，它需要园林设计师具有高度的社会责任感，也需要拥有浓厚的人文精神，更需要由内而外的对这一专业的深深的热爱，因此，如果仅仅把园林设计当成一份职业，一种谋利的手段，是狭隘和低俗的，也难以做出高水平和受人喜爱的园林作品。要先学会怎样做人，再学做园林设计，初学者应该从加强自身的人文素养、品德修养以及开阔自己的胸襟和眼界，提高自己的思想境界出发来学习。

1.2　园林设计初步简介

园林设计初步指的是园林设计及相关专业的低年级学生在进入专业设计课程之前的基础训练阶段。在这一阶段，初学者不仅要对本专业的学习目标和任务及内容有一个清晰的认识，还要通过学习园林设计各要素的内容建立起专业学习的理论框架，通过学习美学法则、构成的基础知识来把握设计的基本方法、程序，通过学习制图知识、设计的展示方法等具备设计的基本能力和技巧等，初步具有做一名设计师的基本素质。

"园林设计初步"作为园林设计的先导课程，更重视基础性和广度，而在园林设计课的学习中则更重视精度和深度。因此，对于园林设计专业的学习来说，初级阶段是"打地基"的时期，高楼能否拔得高，就看基础夯得实不实。

1.3　园林设计的发展概况

园林设计的发展与社会变革之间存在密切关联，不同的社会发展阶段，专业的内容不同，服务对象不同，改造或创造对象不同，指导思想和理念也不同。从这个意义上来看，一般认为园林设计的发展有3个阶段：第一个阶段是农业时代以风景美为主题的园林设计；第二个阶段是工业时代人与自然对立的工业化园林设计；第三个阶段是网络时代整体优化的园林设计。

1.3.1　农业时代以风景美为主题的园林设计

农业时代的社会特点是小农经济养活贵族阶层，他们从本来充满恐怖的自然中欣赏到了自然的美和农耕景观的美，产生了再现和创造这种美的欲望。此时，造园是从视觉审美意义的角度上来进行的，造园者通常都有着深厚的艺术造诣，他们往往是诗人或画家。中西方造园者们以对自然美不同的理解来构建自己心目中的园林，他们把艺术创作中的诗情画意融入到园林中，造园是在造美的风景、美的田园。不论中外园林差异如何，都是以唯美为特征的，创作地是私有的园和院，因此，园林的享用者最终只能是少数贵族，真正创造园林的人也是这些享用者和拥有者，而不是建造园林的人，正所谓"七分主人三分匠"。

1.3.2　工业时代人与自然对立的工业化园林设计

工业革命源于英国而盛于美国。工业化大生产导致工人阶级成为社会发展的中坚力量，"城里人"不再是少数贵族和侍从们，对自然与农耕景观之美的感知不再为少数贵族所独有。更重要的是，由于工作和生活压力持续增加，集居在城市中的人需要一个空间，可以让人享受阳光和温和的锻炼，来平衡血液循环和放松大脑，使人身心再生，获得健康和快乐。最能发挥这种身心再生功能的空间非舒展的牧场式风景园林莫属。它能够唤起人类的天性，从而使身心得以康乐。园林不再是供少数贵族赏玩的奢侈物，越来越多的普通人从园林中受益；园林设计也不再以再现"风景美"为目标，而把关注点放在了"人"的身上。园林不再局限于建筑和艺术的范畴之内，还涉及生态学、城市规划学等方面。

这一时期园林设计发展史上的一个重要突破是职业园林设计师的出现和园林设计行业的确立。美国景观之父弗雷德里克·劳·奥姆斯特德将园林设计区别于传统的"造园"（gardening），提出了"园林设计"（landscape architecture）的新概念，并在哈佛大学首创了世界上第一个园林设计专业。美国园林的定位，为世界园林专业的发展打下了坚实的基础，使园林师的职业不再是园丁或艺匠，而是人居环境的规划设计师和创造者，拥有独立的人格和思想。

1.3.3 网络时代整体优化的园林设计

第二次世界大战之后，由于西方工业化和城市化的高速发展，城市犹如大地机体上的恶性肿瘤，扩展蔓延，导致严重的环境问题。大地景观被切割得支离破碎，自然的生态过程受到严重威胁，生物多样性逐渐消失，同时，人类自身的生存和延续也受到威胁。公园绿地已不足以改善城市的环境和解决工业发展、城市发展对自然生态系统产生的恶性影响。美国规划师伊安·麦克哈格提出土地利用规划应遵从自然固有的价值和自然过程。1969年他出版的《设计结合自然》一书建立了当时园林设计的准则，标志着园林专业勇敢地承担起后工业时代重大的人类整体生态环境规划设计的重任，使园林专业的活动空间大大扩大，涉及的专业不仅有建筑、艺术、生态、城市规划，更深入到社会学、经济学、地理、交通、环保、心理学、工程学、历史、哲学等领域。近半个世纪以来，遵从自然的设计在生态学和人类活动之间架起了一道桥梁，也使园林专业成为环境主义运动的中坚力量。园林设计不再只是为人的身心再生服务，而是为地球上包括人在内的所有物种创造可持续发展的景观。

在了解历史的基础上，园林设计师更应将眼界放宽，将境界提升，提高自身素质和修养，从利于人类和所有物种可持续发展的角度来做设计。

1.4 园林设计项目的运作

一个园林设计项目的运作，不仅需要设计师对项目的整体流程进行把控，也需要各专业间的相互协作。

1.4.1 园林设计项目运作的程序

园林设计的项目小到庭园、宅院、小游园，大到公园、广场、风景区，基本都可以归纳为3个阶段：设计准备阶段、方案设计阶段、施工及后期管理阶段。

1.4.1.1 设计准备阶段

在开始构思之前，要对所设计的地块（即基地）展开广泛的调研和分析，基地本身条件如何，朝向、光照、地质、水文情况，以及周边的居民区、商业区、医院、学校、交通枢纽等条件如何，得出基地一些功能要素定位的必然性；除此之外，还要充分了解客户的需求以及环境使用者的诉求，只有通过具有逻辑推理性的环境和行为的分析得出来设计结论的方案才站得住脚。因此，设计准备阶段要完成以下3个方面的工作：

①接受任务，进行任务分析；
②收集相关资料；
③现场勘察。

1.4.1.2 方案设计阶段

前期准备、分析工作完成以后，需要确定设计的立意、主题和功能。有好的立意，才能做出好的设计，它就像文章的中心思想，是整个设计的灵魂所在，否则，设计就会言之无物，看起来热闹，其实空洞苍白。有好的立意还要与功能相结合，这样的设计才经得起实践和时间的考验。根据已确定的立意和功能进行空间的营造，对细节进行推敲和研究，能迅速地提升设计水平并大大丰富设计经验。在此阶段，需要完成以下3个方面的工作。

①进行功能分析，结合收集资料进行立意，并提炼出主题；
②确定平面布局设计（可以草图表现，主要供设计者深入推敲方案及讨论之用）；
③进行设计方案表现（详见本书第6章）。

1.4.1.3 施工及后期管理阶段

到此阶段，设计任务已完成过半，在完成施工图以及施工的过程中，设计师应主动与施工所涉及的各工种和专业人员进行协调，主要完成以下4个方面的工作：

①施工图设计与完善；
②施工实施及监理；
③交付使用，交代养护要点；
④使用后评价（POE），通过"使用后评价"可评估项目是否成功，是否得到接受。

提示：POE（post occupancy evaluation）——建筑及环境在其建成并使用一段时间后，应用社会学、人类学、行为学、社会心理学等人文学科以及数学、统计学等技术性学科和建筑学、城市规划学等进行交叉研究的方法，对建筑及环境进行系统、严格的评价程序和方法，并通过对建筑和环境设计的预期目的与实际使用情况进行比较，以期得出建筑及环境的使用后情况及其绩效，从而提出反馈意见和标准，为将来建成更好的建筑和环境提供可靠的依据。

1.4.2　园林设计各阶段需要的专业知识

园林设计项目的运作是一个综合性很强的过程，它需要设计师具有广博的知识和丰富的人生阅历，来做好各个阶段、各个专业的衔接。

在第一阶段进行调研分析与资料收集时，需要设计师具有测量学、地理地质学、生态学、植物学、工程学等相关知识；在第二阶段进行方案的构思设计时，需要设计师具有美术基础和快速表现能力，还需要懂得建筑学、工程力学、材料学、人体工程学、历史、旅游学、城市规划学、环境行为心理学、园林设计等方面的知识，在与甲方进行沟通交流时，还需要具备较好的表达能力和亲和力、说服力；在第三阶段进行施工图设计及进行施工时，需要懂得施工工艺、电工、水工、泥瓦工以及概预算；在第四阶段需要懂得经济学、统计学，更需要谦卑和宽容的心态。

总之，做园林设计不是一件容易的事，它对设计师的人品、审美、技术、理念等方面都提出了很高的要求，作为初学者，要一步一个脚印，踏踏实实地从基础开始积累。

思考题

1. 思考园林设计的内涵。
2. 了解近几年来国内外园林设计的发展情况。
3. 为自己的专业学习制订计划和目标。

第 2 章 园林制图基础知识

学习目标

◆掌握绘图基本工具的正确使用方法。
◆掌握图纸幅面、标题栏、会签栏、线宽等规范画法和仿宋字体的正确书写。
◆掌握常用标注及图用符号的使用及画法。

园林制图是园林设计最基本的语言，也是每个设计初学者必须要掌握的基本技能。在学习制图的过程中，为了能保证图形的质量和提高作图的效率，做到制图基本统一、简明清晰，符合设计、施工、存档的要求，除了应掌握常用制图工具的使用方法外，还必须遵照有关的制图规范和制图标准进行制图。

本章介绍了一些主要的传统绘图工具和近些年出现的新的绘图工具以及它们的使用技法。另外，根据最新的国家标准，介绍了制图规范、常用标注及图用符号。通过本章学习，旨在让学生充分认识到行业规范的重要性，为专业学习打好基础。

2.1 绘图工具

园林设计图的绘制需要多种绘图工具来辅助完成（图2-1），每一种工具都有不同的特点，在使用中要了解并掌握它们的性能，学会正确的使用方法，以便达到快速和高质量的绘图效果。

2.1.1 图板

图板是制图最基本的工具，有0号（1200mm×900mm）、1号（900mm×600mm）和2号（600mm×450mm）3种规格，制图时要根据图纸大小选择相应的图板，一般园林制图中多用0号图板或1号图板（图2-1）。图板的双面由胶合板组成，短边称为工作边，长边称为非工作边，面板称为工作

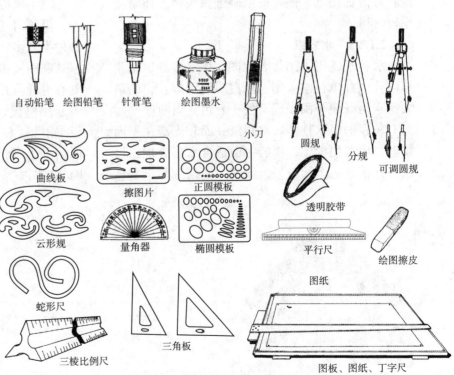

图2-1 常用的制图工具

面。图板板面要求平整，软硬适度，板侧边要求平直，特别是工作边，更要求平整。所以，不能在图板上乱刻乱划，加压重物或置于阳光下暴晒。

2.1.2 图纸

绘制不同的图，需要选用不同的纸张。园林制图图纸包括以下不同的类型。

2.1.2.1 绘图纸

绘图纸是园林制图的主要用纸。绘图纸表面光滑、密实，着墨后线条光挺、流畅、美观。由于不具备吸水能力，所以不易着水彩或水粉色。一般绘图纸两面都可以使用，质量较好的绘图纸要求整个纸面平整均匀，经得起擦拭，不会因空气湿度变化而产生过大的变形，用墨水绘制线条不会洇开。

2.1.2.2 描图纸

描图纸柔软、半透明，有一定的韧性，可覆盖在已绘图的表面进行勾画摹写，作草图时易于拼接改动。常用的描图纸有硫酸纸和拷贝纸。硫酸纸纸面透明性好、均匀平展、容易着墨，是质量较好的描图纸。而拷贝纸则纸张较薄，作草图比较便利。

2.1.2.3 水彩纸

水彩纸适用于园林表现图，如水彩画、水粉画以及黑白单色渲染图、黑白墨线图等。它的最大特点是既便于画墨线又便于着色，质地厚同时又有较强的吸水性能。水彩纸一面较光滑，一面纹理突出有粗涩感，粗的一面适合水彩表现，可以得到很好的沉淀效果，细的一面则常用于着色

的设计图，其墨线仍可以达到较为流畅的效果。

2.1.3 绘图用尺

2.1.3.1 种类

（1）丁字尺

丁字尺又称T形尺，由互相垂直的尺头和尺身组成，主要用来画水平线及配合三角板作图。丁字尺主要有1200mm、900mm、600mm共3种规格，尺身上有刻度的一侧称为工作边，尺头分可调节尺头［图2-2（a）］和固定尺头［图2-2（b）］。丁字尺尺身要求平展、工作边平直、刻度清晰准确，尺头与尺身必须连接牢固，不得松动。因此，丁字尺的放置应挂放或平放，不能斜倚放置或加压重物，以免变形。

（2）三角板

一副三角板有两块，一块为45°的等腰直角三角形，另一块为30°、60°的直角三角形（图2-3）。三角板有多种规格可供绘图时选用。两个三角板可以相互配合画出不同角度的线及它们的平行线，三角板也可与丁字尺相互配合画垂直线。

（3）模板

模板可用来辅助作图，提高工作效率。模板的种类繁多，一类为专业模板，如工程结构模板、家具制图模板［图2-4（a）］等，这种模板上一般刻有专业常用的尺寸、角度和几何形状；另一类为通用模板，包括圆模板［图2-4（b）］、椭圆模板［图2-4（c）］等。圆模板板面由一系列直径不同的大小圆组成，一边标有刻度，可画直线，在园林制图中常用于画圆或绘制平面植物图例。

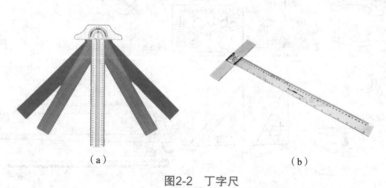

图2-2 丁字尺
（a）可调节尺头丁字尺；（b）固定尺头丁字尺

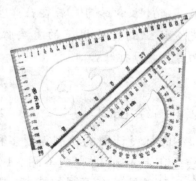

图2-3 三角板

（4）曲线板、云形规

曲线板是单块的，曲线的类型较为丰富（图2-5）。云形规是成套的，每片的形状较单一，整套组成丰富的曲线（图2-6）。曲线板和云形规都是用来绘制曲率半径不同的曲线的专用工具。在工具线条图中，建筑物、道路、水体等不规则曲线都可用曲线板或云形规来绘制完成。

（5）比例尺

比例尺是用来度量某比例下图上线段的实际长度或将实际尺寸换算成图上尺寸的工具，包括三棱比例尺［图2-7（a）］和扇形比例尺等［图2-7（b）］。常用的三棱比例尺一般刻有6种不同的比例刻度，而扇形比例尺由于有6片套装，类似扇形，所以比例刻度更丰富。不同的比例刻度可根据需要选用［图2-8（a）］。由于比例尺的比例为图上距离与实际距离之比，比值越大比例就越大。相同物体用不同比例绘制时，比例越大，图上的尺寸就越大［图2-8（b）］。当按1∶1绘制时，图上所画尺寸与原物尺寸相同，为"足尺"。注意绘图时不能把比例尺当作三角板用来画线。

（6）蛇形尺

蛇形尺又称蛇尺、自由曲线尺，是由一种可塑性很强的材料（一般为软橡胶）中间加进柔性金属芯条制成的软体尺，双面尺身，类似加厚的皮尺、软尺（图2-9）。蛇形尺可随意弯曲，自由摆成各种弧线形状，并能固定住。在园林制图中绘制建筑物、道路、水体等不规则长曲线时，除了可以利用曲线板、云形规外，也可利用蛇形尺

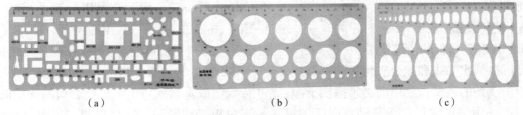

图2-4 模 板

（a）建筑家具模板；（b）圆模板；（c）椭圆模板

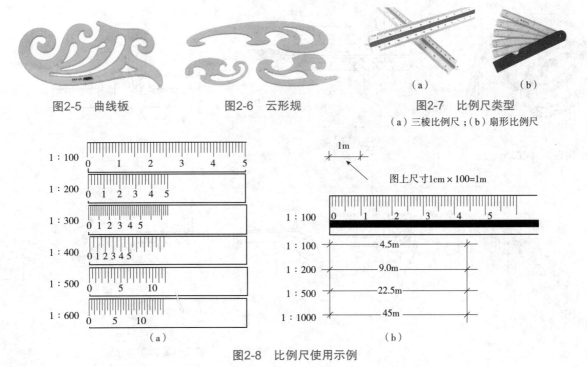

图2-8 比例尺使用示例

（a）三棱比例尺的6种比例；（b）比例尺与实际距离的关系

来绘制。当画这些曲线时，先定出曲线上足够数量的点，将蛇形尺扭曲，让它串联不同位置的点，紧按后就可以用笔沿尺圆滑地画出曲线。除此之外，还可利用蛇形尺边缘的刻度，测量出弧线长度。

（7）角度平行尺

角度平行尺由带刻度尺面、量角器及带计数窗的白色滚轴组成（图2-10）。在绘图过程中，可以用它来测绘角度、绘制圆及圆弧、绘制水平平行线组及垂直平行线组，还可以利用它画垂直平行线的功能，方便地画出各种图形。在绘制水平平行线组及垂直平行线组时，水平平行线间的距离和垂直平行线的长度都可以通过计数窗内的刻度来控制。角度平行尺适用于室内设计、平面设计和工程制图等。

2.1.3.2 使用技法

（1）丁字尺和三角板的使用技法

丁字尺可以画水平线和配合三角板画垂直线，为了保证所画线条的质量，使用前必须擦拭干净。开始作图时，必须使丁字尺尺头紧贴在图板的短边（即工作边）上，要避免贴近图板的上下长边（即非工作边），同时，作过长的水平线时需用左手辅助以固定尺身。绘制一组平行的水平线，要移动丁字尺时，必须用左手把住尺头，紧靠图板工作边按由上往下的顺序移动，直到丁字尺的工作边对准要画线的地方，再从左向右画出水平线［图2-11（a）］。注意丁字尺平行移动后，每次画线前，左手都要向右按一下尺头，使其紧贴图板。画长线或所画的线段接近尺尾时，要用左手按住尺身，防止尺尾翘起和尺身摆动［图2-11（c）］。过长的斜线也可以用丁字尺来画［图2-12（a）］。如果要画较长的平行斜线，用可调节尺头的丁字尺会更方便［图2-12（b）］。

单块三角板可以绘制一般的斜线［图2-13（a）］，两块三角板配合可以绘制平行线组或垂线组［图2-13（b）］。三角板与丁字尺配合使用可作垂直线［图2-11（b）］和一些常见角度的斜线［图2-12（c）、图2-14］。三角板在绘制一般的平行线组或垂线或与丁字尺配合绘制图线的过程中，三角板必须紧贴丁字尺尺边，角向就在画线的右

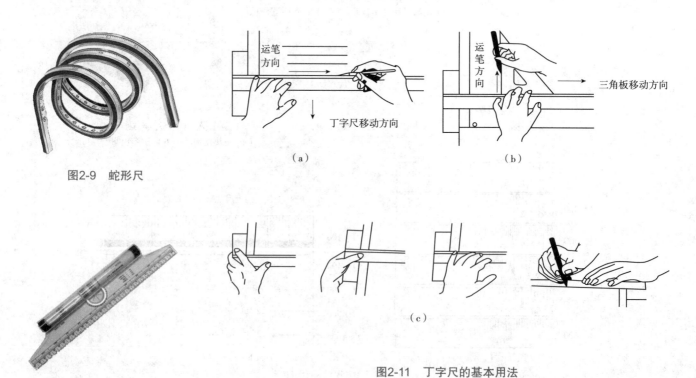

图2-9 蛇形尺

图2-10 角度平行尺

图2-11 丁字尺的基本用法

(a)用丁字尺作水平线；(b)用丁字尺和三角板作垂直线；(c)尺头的控制

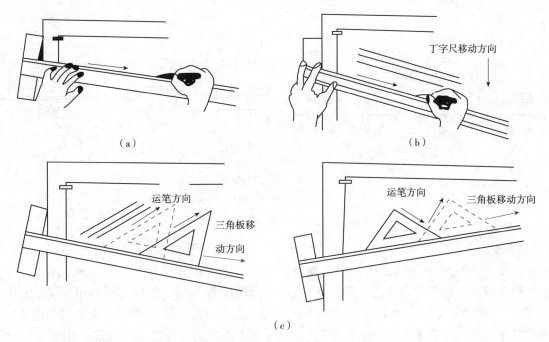

图2-12 用丁字尺作斜线、平行线组和垂线

（a）丁字尺绘制过长的斜线；（b）可调节丁字尺绘制斜线的平行线组；（c）三角板和丁字尺配合绘制斜线的平行线组和垂直线

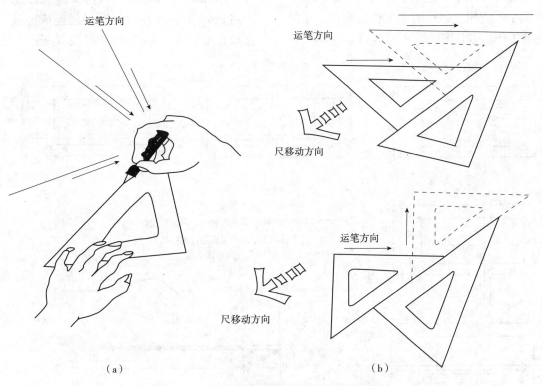

图2-13 用三角板作斜线、平行线组和垂线

（a）用三角板作斜线；（b）用两块三角板配合作平行线组或垂线

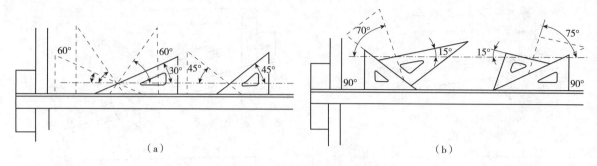

图2-14 常见角度的斜线画法
（a）30°、45°、60°角做法；（b）15°、75°角做法

侧[图2-11（b）]。

　　提示：用丁字尺绘制平行的水平线组，遵循丁字尺自上而下移动，运笔方向由左向右的原则。用三角板配合丁字尺绘制平行的垂直线组，遵循三角板由左向右移动，运笔方向自下而上的原则。

　　丁字尺和三角板作图时要避免不正确的作图方法，例如，不能用单块三角板绘制水平线组；三角板配合丁字尺画垂直线或斜线时，三角板移动方向尽量不要碰到已画线；不能用丁字尺在图板的非工作边作垂线；不能用丁字尺的非工作边画线，不能用丁字尺的工作边裁切图纸等（图2-15）。

（2）圆模板的使用技法

　　用圆模板作线时，笔可稍向运笔方向倾斜；作圆或椭圆时，笔应尽量与纸面垂直，且紧贴图形边缘。当作墨线图时，为了避免墨水渗到模板下弄脏图线，可以用胶带黏上垫纸贴到模板下，使模板稍稍离开图面 0.5～1.0mm，或者使尺的有斜坡形的一面朝下，可避免着墨时墨水沿尺边洇开。

（3）曲线板、云形规的使用技法

　　用曲线板来描绘曲线时，应先定出曲线上若干点，并徒手将各点顺序轻轻连成曲线，再根据曲线形状，从一端开始选择曲线板上形态相同一

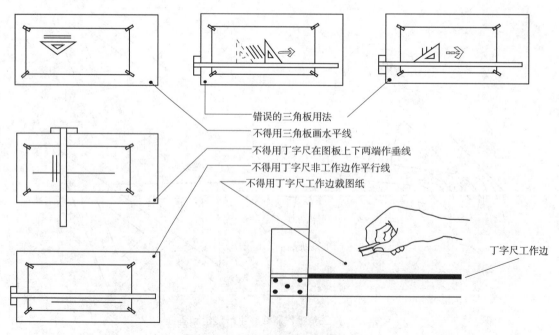

图2-15 丁字尺和三角板的错误用法

段靠近已知各点画出该曲线。用曲线板描绘曲线时，应从曲率大的部分开始，一般将曲线分成几段，每段至少应有3～4个点与曲线板上所选轮廓线吻合，而且前后两段应有一部分重合。为保持曲线连接光滑，前后两段之间可留少许空隙，最后徒手光滑连接（图2-16）。

（4）平行尺的使用技法

平行尺在使用过程中，有以下几种使用功能：

①量角器的使用　平行尺带有量角器，当绘图没有量角器时，可以用它精确地测量两条线间的夹角。测量时，把尺边的量角器中心对准所测绘的角顶点，同时将量角器刻度线与基准线重合，就可在尺边测绘出各种角度［图2-17（a）］。也可以画出任意角度的相交线，尤其在画相互垂直的相交线时更方便［图2-17（b）］。使用起来有点类似带量角器的直角三角板，但与量角器不同，用平行尺确定角度时，需要把尺边贴靠基准线，而不是尺身上的某条水平线［图2-17（c）］。

②画圆及圆弧　平行尺除了可以直接用刻度旁的小圆描出圆形外［图2-18（a）］，还可以把一只笔插入尺端的小孔内作圆心，在另一孔内插入另一支笔，旋转尺体360°，画出圆形［图2-18（b）］。两孔间的半径不同或尺体不同，就可画出不同的圆或圆弧。但需要注意，无论在小圆内描

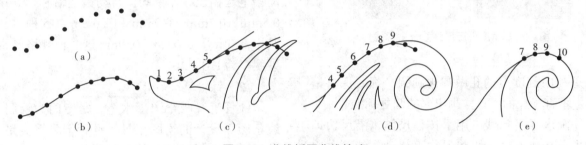

图2-16　曲线板画曲线技法

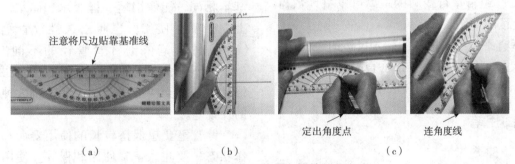

图2-17　角度平行尺作量角器的使用方法

（a）测量角度；（b）作垂直线；（c）画角度线

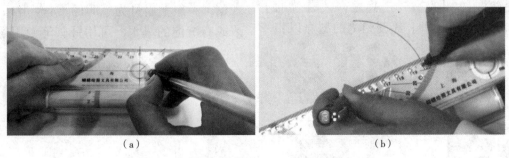

图2-18　角度平行尺画圆及圆弧

（a）角度平行尺画小圆；（b）角度平行尺画大圆及圆弧

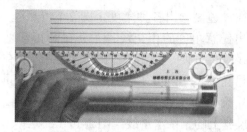

图2-19　角度平行尺画水平平行线

图2-20　角度平行尺画垂直平行线

圆还是利用刻度上的孔做圆规画圆，都要保持笔尖尽量垂直于尺面，这样画出来的圆更标准。

③画水平平行线　用手按住尺体，沿尺边即可画出一条水平线，再将尺往下移动，就可画出水平的平行线组，平行线间的距离可以由计数窗内的刻度上读取（图2-19）。

④画垂直平行线　把笔尖插入尺边的小孔内，往下滑动尺体即可画出一条条垂直平行线，其长度可以由计数窗内的刻度上读取（图2-20）。

2.1.4　绘图用笔

2.1.4.1　种类

绘图用笔包括绘图铅笔、针管笔、绘图钢笔。

（1）绘图铅笔

绘图铅笔是绘图的重要工具之一，有普通绘图铅笔和自动铅笔两种。绘图铅笔的型号以铅芯的软硬程度来区分，"B"表示软，"H"表示硬，其前面的数字越大，则表示该铅笔的笔芯越软或越硬，常用的铅芯最软的为"8B"，最硬的为"6H"，"HB"介于软硬之间，属于中等，铅芯型号不一样，绘制出来的线条粗细深浅也不一致（图2-21）。制图中常用4H～B，但在具体制图过程中还要根据图纸、所绘的线条、空气的温度和湿度加以调整。例如，纸面光滑、所绘线条较宽、空气湿度大、温度低时需相应地加大深度，可用2H、H铅笔画底稿，用B、HB加深稿线，也可用3B以上的软铅在拷贝纸上作草图或构思方案。除了用普通绘图铅笔制图外，还可用自动铅笔起稿线、作草图。自动铅笔铅芯有0.3mm、0.5mm、0.7mm、0.9mm和2.0mm共5种规格，其中0.5mm、0.7mm、0.9mm这3种规格最常用，硬度多为HB、2B。

（2）针管笔

针管笔又叫绘图墨水笔，是专门为绘制墨线线条图而设计的绘图工具。针管笔除笔尖是钢管针且内有细通针外，其余部分的构造与普通钢笔基本相同，能像钢笔一样吸水、储水，由于可以上墨，反复使用，也叫永久性针管笔［图2-22（a）］。针管笔依据针管管径的不同，有0.1～1.2mm不同的型号，可以画出不同线宽的墨线。设计制图中至少要备有粗、中、细3种不同管径的针管笔。

针管笔要想保持较长的使用寿命和良好的工作状态，要注意正确使用和保养。使用时不宜用力太大，以免造成针管弯曲和折断；不宜上墨太多，以免造成笔尖出现墨珠或笔套被墨水弄脏的现象，一般上墨量为笔胆的1/4～1/3；不宜用过浓或有沉淀的墨水，可用针管笔专用墨水；笔不

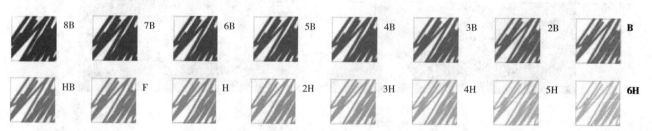

图2-21　普通绘图铅笔型号及笔型粗细深浅

绘线条的质量，尽量减少铅芯的不均匀磨损，在作图前应将铅笔削尖，使笔芯保持5mm左右的长度［图2-24（a）］。在绘制线条的过程中将笔向运笔方向倾斜，并在运笔过程中轻微地转动铅笔，使铅芯能相对均匀地磨损，也使所画线条均匀［图2-24（c）］。另外，因用力程度不同，线条还会产生深浅变化，为了使同一线条深浅一致，在作图时用力应均衡，并保持平稳的运笔速度。铅笔的运笔方向水平线从左到右，垂直线从下至上，笔尖与尺边距离保持一致，避免线条出现粗细不匀、交接不上、线条不光滑及重复线条不重合等问题［图2-24（d）］。

无论使用何种绘图铅笔，在起稿线图时，所选铅笔型号要稍硬，介于4H～HB之间，以免铅芯太软，铅芯灰屑易弄脏图纸；用力要稍轻，以免在纸张上形成较深的划痕，不利于线条的擦拭修改和最后墨线线条的覆盖。

（2）针管笔的使用和墨线线条的绘制技法

墨线线条应用针管笔来绘制，不同型号的针管笔画出的线条粗细也不同。用针管笔画线时，笔身方向要与图纸基本垂直，让笔头针管管口边缘都接触纸面，同时，笔尖正对铅笔稿线，并尽量向尺边贴近（图2-25）。为了避免尺缘沾上墨水，洇开弄脏图线，可以在尺底面用胶带贴上厚度相同的纸片，使尺面稍高出图面约1mm。作图时笔应略向运笔方向倾斜15°，并保持用力均衡，速度平衡，避免线条出现如图2-24（d）一样的粗细不匀、交接不上、线条不光滑及重复线条不重合等现象。用较粗的针管笔作图时，下笔和收笔均不宜停顿。针管笔除可以用来画直线外，还可以用圆规附件和圆规连接起来作圆或圆弧［图2-26（a）］，也可用连接件配合模板作图［图2-26（b）］。

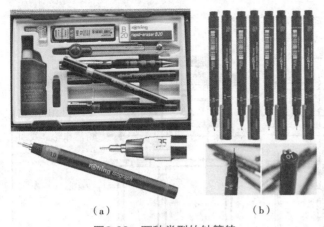

图2-22 两种类型的针管笔

(a) 永久性针管笔；(b) 一次性针管笔

用时随时套上笔套，定时清洗针管笔，以免笔尖墨水干结造成针芯堵滞、墨水干涩、下笔出墨困难等现象。

除了永久性针管笔外，还有一种不用上墨的针管笔也很常用。这种针管笔由于无需上墨，笔内自带墨水，用完后就不能再使用，也叫一次性针管笔［图2-22（b）］。两种针管笔各有特点，在使用上各有利弊。永久性针管笔由于笔尖是由较硬的针管组成，画出来的线宽较准，不受用笔力度的影响，但需要上墨，且要注意正确地使用和清洗保养，以免出墨不畅或出墨过多。一次性针管笔的笔头虽然也有不同型号的宽度，但因为笔头相对稍软，受运笔力度大小和运笔速度快慢的影响，画出来的线宽不太准确和统一，线条深浅也会有所差别，但由于其无需上墨，便于携带和使用而深受设计工作者的喜爱。

（3）绘图钢笔

绘图钢笔由笔杆和钢质笔尖组成，适合用来书写图纸上的工程字、数字、符号或徒手画图。常用的绘图钢笔有美工笔、普通钢笔和绘图小钢笔（图2-23）。美工笔笔尖折呈斜面状，尖头部分可画细线，斜面部分可画粗线，粗细变化使用方便。绘图小钢笔的墨胆可以取出，可以直接蘸墨使用。

2.1.4.2 使用技法

（1）铅笔的使用和铅笔线条的绘制技法

铅笔线条可以用普通绘图铅笔或自动铅笔来绘制。在用普通绘图铅笔画线条时，为了保证所

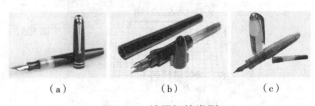

图2-23 绘图钢笔类型

(a) 美工笔；(b) 普通钢笔；(c) 绘图小钢笔

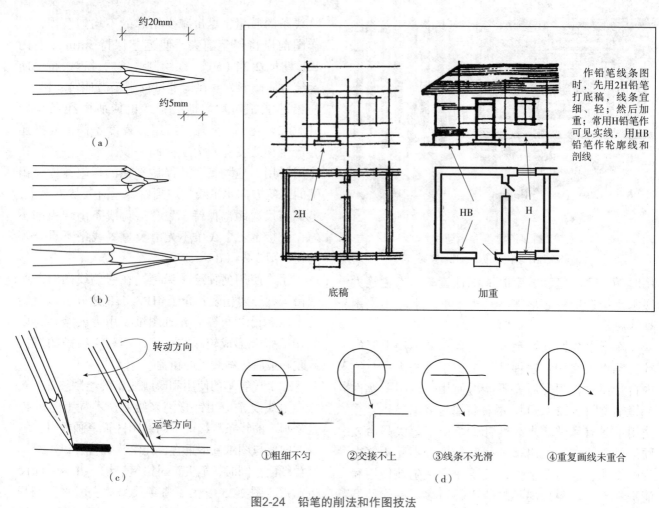

图2-24 铅笔的削法和作图技法
（a）正确的削笔方式；（b）不正确的削笔方式；（c）运笔技巧；（d）常见错误画法

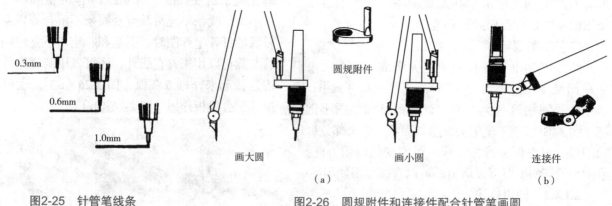

图2-25 针管笔线条

图2-26 圆规附件和连接件配合针管笔画圆
（a）用圆规配合针管笔作圆；（b）用连接件配合针管笔作圆

提示：无论是用铅笔绘制铅笔线条还是用针管笔绘制墨线线条，都要使用丁字尺和三角板来进行。为了提高制图效率，减少差错，可参考以下的作图顺序：

——先上后下，丁字尺一次平移而下。
——先左后右，三角板一次平移而右。
——先曲后直，用直线容易准确地连接曲线。
——先细后粗，铅笔粗线易污染图面，墨线粗线不容易干，先画细线不影响制图进度。

2.1.5 绘图仪

2.1.5.1 绘图仪的组成

绘图仪是由圆规及分规、直线笔及铅芯和铅芯筒等附件组成的一套工具。一般的制图工作，用下图所示8～12件装的绘图仪就能满足（图2-27）。直线笔也叫鸭嘴笔，现在绘图已经不常用，故不作介绍，只对圆规、分规进行介绍。

（1）圆规

圆规是用来作圆或圆弧的工具，一条腿可装上铅芯、钢针、直线笔3种插脚，有大圆规、弹簧圆规和小圈圆规3种。弹簧圆规的规脚间有控制规脚分度的调节螺丝，便于量取半径，但所画圆的大小受到限制。小圈圆规是专门用来作半径很小的圆或圆弧的工具。

（2）分规

分规是用来截取线段、量取尺寸和等分直线或圆弧的工具，两腿端部均装有固定钢针。普通的分规应不紧不松、容易控制，弹簧圆规上装弹簧分规脚，形成弹簧分规，由于其有调节螺丝，能够准确地控制分规规脚的分度，使用方便。

2.1.5.2 绘图仪的使用技法

（1）圆规的使用技法

在绘制铅线圆前，应准备好圆规铅芯，铅芯不应削成像铅笔芯样的长锥状，而应用细砂纸磨成45°～65°的单斜面状，使铅芯磨损相对均匀[图2-28（a）（b）]，铅芯型号应比画同粗度的直线所用铅芯软1～2号。在绘制圆时，要使铅芯尖方向与弧向一致[图2-29（a）]，还应调整针脚，尽量使圆规的两个规脚尖端同时垂直于图面[图2-29（b）]，取好半径，对准圆心，按顺时针方向从右下角开始转动圆规，规身略向前倾，使圆或圆弧一次性完成[图2-29（c）（d）]。当作同心圆或同心圆弧时，应保护圆心，先作小圆，再作大圆，以免圆心扩大后影响准确度[图2-29（e）]。当圆的半径过大时，可在圆规规脚上接上套杆作圆[图2-29（f）]。遇到直线与圆弧形曲线相交接时，应先用圆规画曲线，再画直线[图2-29（g）]。用圆规绘制曲线和曲线相交接时，要保持接点光滑，位于切线上[图2-29（h）]。圆规既可作铅线圆，也可作墨线圆。作墨线圆时，应用圆规附件和圆规连接件套上针管笔（图2-26），其绘制方法与步骤同绘制铅线圆一致。

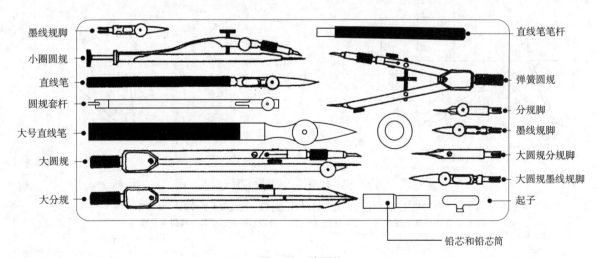

图2-27　绘图仪

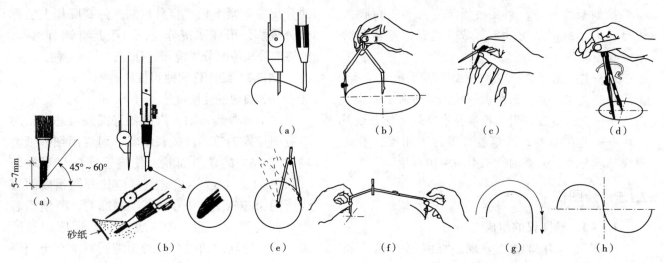

图2-28　圆规铅芯的正确削法
（a）铅芯长度和斜面角度示意图；（b）单斜面状铅芯

图2-29　圆规作图的正确使用方法
（a）铅芯作圆要使芯尖方向与弧向一致；（b）画大圆时应使规脚尽量垂直于纸面；（c）找准圆心；（d）按顺时针方向作圆；（e）注意保护圆；（f）过大的圆需接套杆作图；（g）先曲后直；（h）接点光滑，位于切线

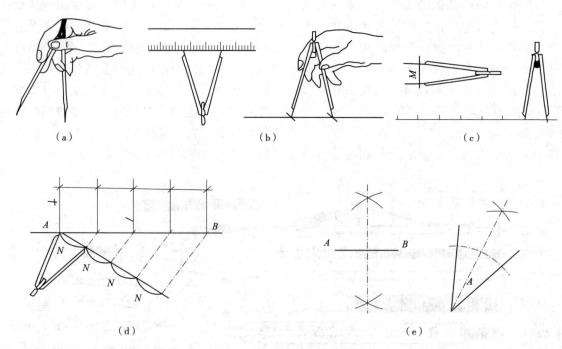

图2-30　分规的正确使用方法
（a）分规的松紧要适中；（b）度量线段的长度；（c）在线段上连续截取 M 长度；（d）由已知长度 N 等分任何线段 AB；（e）分规、圆规都可等分线段和角度

（2）分规的使用技法

分规在用来截量、等分线段或圆弧时，应先检查分规两腿的针尖靠拢后是否平齐，松紧是否适中。在使用时，应使两个针尖准确地落在线条上，不得错开。如果用分规来等分已知线段，一般应采用计算并试分的方法来完成（图2-30）。

2.1.6 其他工具

2.1.6.1 橡皮及擦图片

绘图橡皮应软硬适中，能将线条擦干净，不会擦糙纸面，留下擦痕。使用橡皮时应先将橡皮清理干净，然后均匀用力推动橡皮，用最少的次数将线条擦干净，不能往复擦，否则纸面容易被擦毛，难以再做出光滑均匀的线条。橡皮常与擦图片配合使用，擦图片有塑料和不锈钢两种，不锈钢的较好（图2-31）。擦线条时，用擦图片上适合的口子对准需擦除的部分，将不需擦除的部分盖住，用橡皮擦除缺口中的线条，保留其他的线条。

2.1.6.2 透明胶带及纸胶带

当需要把图纸固定于图板上但又要做到不伤板面时，可以用透明胶带或纸胶带。透明胶带黏性较强，从图纸上撕扯下来时需要小心，以免弄破图纸；纸胶带的黏性没有透明胶带强，但足以固定图纸，且比较容易撕扯下来，也不容易弄破图纸，同时，附着在图面上还可便捷地涂出整齐的色块，也可以作为水彩或水粉表现图白边框的遮挡，故较多使用。

2.1.6.3 小刀、单面刀片和双面刀片

园林制图时作线条的铅笔应用小刀削，图板上的图纸应用单面刀片裁（图2-32），图纸上画错的墨线或墨迹应用双面刀片刮（图2-33）。在刮图时，应放平图纸，下垫三角板，轻轻刮除。

2.1.6.4 墨水、清洁帚或扁刷

园林制图常用墨水为碳素墨水和绘图墨水。前者较浓，后者较淡，所用墨水不应有沉淀物。绘图时为了避免弄脏图面，应用清洁帚或扁刷掸除图面上的铅粉等脏物。

2.2 制图规范

在园林制图工作中，无论是绘制工具线条图，还是计算机辅助绘图，为了能达到制图的统一，保证制图质量，提高制图效率，做到图面清晰、简明，必须以国家制定的制图标准作为制图的依据。可参考的制图标准有《风景园林制图标准》（CJJ/T 67—2015）、《房屋建筑制图统一标准》（GB/T 50001—2010）、《总图制图标准》（GB/T 50103—2010）和《建筑制图统一标准》（GB/T 50104—2010）。

2.2.1 图纸幅面

图纸幅面，指图纸宽度与长度组成的图面，简称图幅。图框指绘图范围的界线。园林制图采用国际通用的A系列幅面规格的图纸，A0幅面的图纸称为0号图纸（0#），A1幅面的图纸称为1号图纸（1#）等。1号图纸是0号图纸的对裁，2号图纸是1号图纸的对裁，以此类推，即相邻幅面的图纸的对应边之比符合开平方关系（图2-34）。图纸幅面的尺寸见表2-1所列。

当图的长度超过图幅长度或内容较多时，图纸需要加长。仅A0～A3号图纸可加长，且必须沿长边加长。图纸长边加长后的尺寸见表2-2所列。

图2-31　擦图片

图2-32　单面刀片

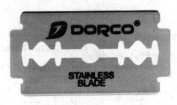
图2-33　双面刀片

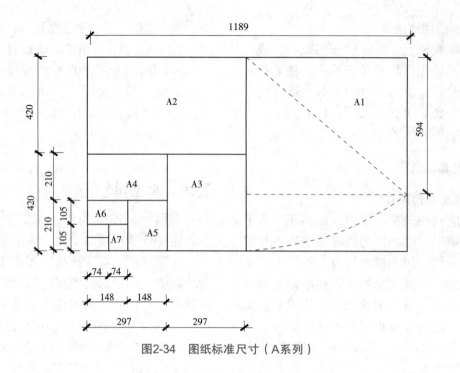

图2-34 图纸标准尺寸（A系列）

表 2-1 图纸幅面及图框尺寸 mm

尺寸代号 \ 幅面代号	A0	A1	A2	A3	A4
$b \times l$	841×1189	594×841	420×594	297×420	210×297
a	25				
c	10			5	

注：（1）b：图纸宽度；l：图纸长度；a：装订宽度，横式图纸左侧边缘、竖式图纸上侧边缘到图框线的距离；c：非装订边各边缘到相应图框线的距离。

（2）需要微缩复制的图纸，其一个边上应附有一段准确米制尺度，4个边上均附有对中标志，米制尺度的总长应为100mm，分格应为10mm。对中标志应画在图纸各边长的中点处，线宽应为0.35mm，伸入框内应为5mm。

（3）用于道路工程制图图幅中图框尺寸，其c值均为10mm；a值A0～A2为35mm，A3为30mm，A4为25mm。

表 2-2 图纸长边加长尺寸 mm

幅面代号	长边尺寸	长边加长后尺寸
A0	1189	1486（A0+1/4l） 1635（A0+3/8l） 1783（A0+1/2l） 1932（A0+5/8l） 2080（A0+3/4l） 2230（A0+7/8l） 2378（A0+l）
A1	841	1051（A1+1/4l） 1261（A1+1/2l） 1471（A1+3/4l） 1682（A1+l） 1892（A1+5/4l） 2102（A1+3/2l）
A2	594	743（A2+1/4l） 891（A2+1/2l） 1041（A2+3/4l） 1189（A2+l） 1338（A2+5/4l） 1486（A2+3/2l） 1635（A2+7/4l） 1783（A2+2l） 1932（A2+9/4l） 2080（A2+5/2l）
A3	420	630（A3+1/2l） 841（A3+l） 1051（A3+3/2l） 1261（A3+2l） 1471（A3+5/2l） 1682（A3+3l） 1892（A3+7/2l）

注：括号内为长边加长尺寸的计算公式。特殊需求的图纸，也可采用$b \times l$为841mm×891mm或1189mm×1261mm的幅面。

提示：图纸的长边加长后尺寸＝图纸长边尺寸＋图纸长边尺寸×$n/8$。

不同图幅，加长边 n 值也不同。如 A0 图纸，n 值为 2～8，即倍数值为 2/8、3/8…8/8，最大倍数值为 1 倍；A1 图纸，n 值为 2 的倍数，就是偶数 2、4…10、12，即倍数值为 2/8、4/8…10/8、12/8，最大倍数值为 3/2 倍；A2 图纸，n 值和 A1 图纸一样，也为 2 的倍数，就是偶数 2、4、6…18、20，即倍数值为 2/8、4/8…18/8、20/8，最大倍数值为 5/2；A3 图纸，n 值为 4 的倍数，就是偶数 4、8、12…24、28，即倍数值为 4/8、8/8…24/8、28/8，最大倍数值为 7/2。

图纸以短边作为垂直边，即装订边在左边，称为横式图幅（图 2-35、图 2-36）；以短边为水平边，即装订边在上侧，称为竖式图幅。一般 A0～A3 图纸宜横式使用，必要时也可以竖式使用。A4 图纸只有竖式图幅（图 2-37、图 2-38）。

为了便于图纸管理和交流，一项工程的设计图纸通常应以一种规格的图幅为主，除用作目录和表格的 A4 图纸外，不宜超过两种，以免幅面参差不齐。

2.2.2 图题、图标栏与图签栏

一张完整的园林图纸除了规划或设计的内容外，其基本要素还应包括：图题、指北针和风向玫瑰图、比例和比例尺、图例、文字说明、规划编制单位名称及资质等级、编制日期等。这些基本要素是通过标注图题并绘制图标栏和图签栏的形式，在图纸的固定位置标出。用于讲解、宣传、展示的规划图纸一般不是报审文件图纸，也可不设图标栏或图签栏，可在

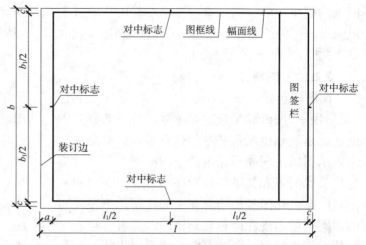

图2-35　A0~A3横式幅面（1）

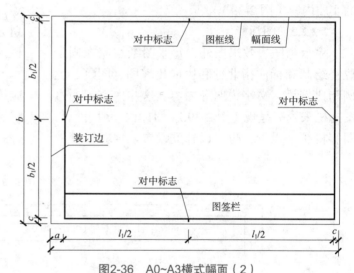

图2-36　A0~A3横式幅面（2）

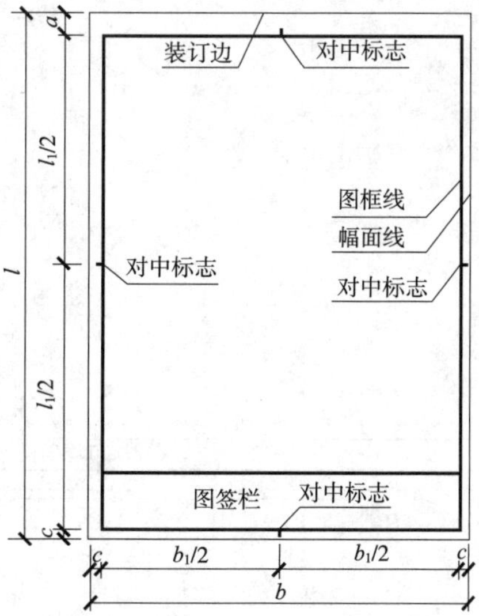

图2-37　A0~A4竖式幅面（1） 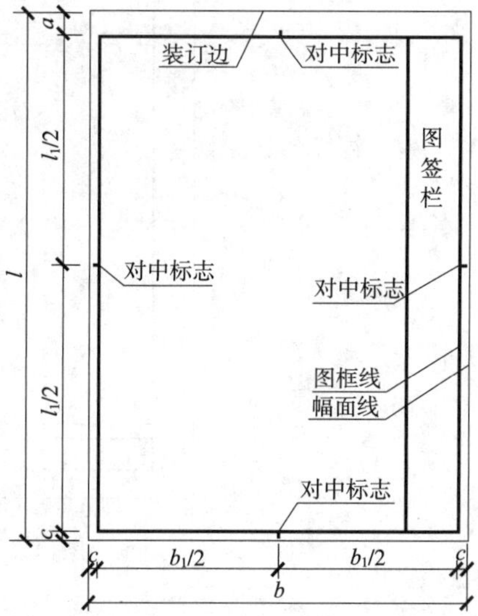　　图2-38　A0~A4竖式幅面（2）

图纸的固定位置署名。这些基本要素中指北针和风向玫瑰图的绘制详见2.3.1节，比例和比例尺详见2.3.2节，图例详见附录1。

2.2.2.1 图题

图题应包括：项目名称（主标题）、图纸名称（副标题）、图纸编号或项目编号。项目名称、图纸名称是规划图纸最基本的信息内容，图纸编号是表示图纸出现先后逻辑关系的必要标识，并应与相关说明书和文本内容顺序一致。图题可单独注写，也可和图签栏结合在一起注写。单独注写的图题一般出现在园林规划图中，位置宜选在图纸的上方，横写，同时不应遮盖图中现状或规划的实质内容（图2-39）。

2.2.2.2 图标栏

除示意图、效果图外，每张图纸均应在固定位置绘制和标注指北针和风向玫瑰图、图例、比例和比例尺、文字说明等内容，这些内容都通过图标栏来统一呈现（图2-39）。图标栏一般可以与图签栏统一设置，也可以独立设置。独立设置的图标栏一般为右侧通栏，宽度为40～70mm，各规划单位也可以根据实际情况，有不同的规定。

2.2.2.3 图签栏

图签栏是报审图纸的重要区域，代表该图纸已经通过设计单位的确认。图签栏内一般标注图题所含内容（项目名称、图纸名称、图纸编号或项目编号）、规划设计单位名称、委托单位名称、编制的时间，还必须有图纸设计、校核、审核、审定等会签、审查程序的确认签字区域。初步设计和施工图设计的图纸，其图签栏除了上述内容外，还应包括设计单位资质等级、工作阶段、制图比例、技术责任、修改记录、编绘日期等，也可加绘设计单位标识徽记。图签栏内容的划分仅为示意，各设计单位可根据实际情况，对栏内内容进行增减，各学校的不同专业也可根据本专业的教学需要自行安排图签栏中的内容，但应该简单明了。无论是横式图幅或是竖式图幅，图签栏都可以有下方通栏和右侧通栏两种形式（图2-40、图2-41）。图签栏的尺寸，处于右侧通

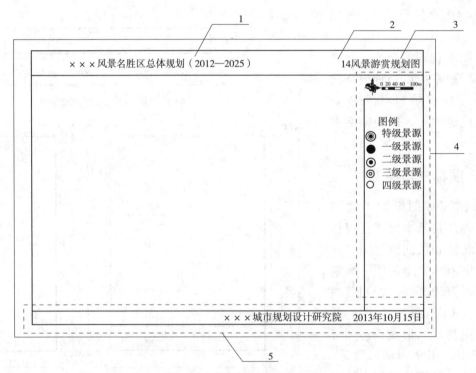

图2-39　规划图纸版式示例

1.项目名称（主标题）；2.图纸编号；3.图纸名称（副标题）；4.图标栏；5.图签栏

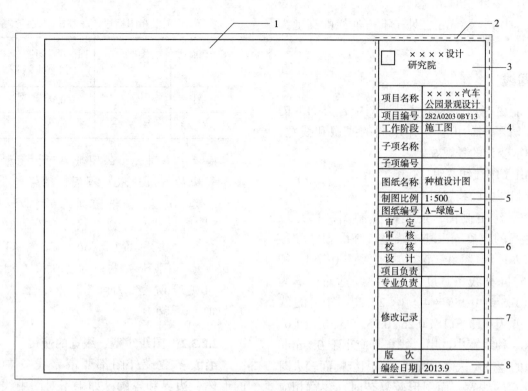

图2-40 右侧图签栏

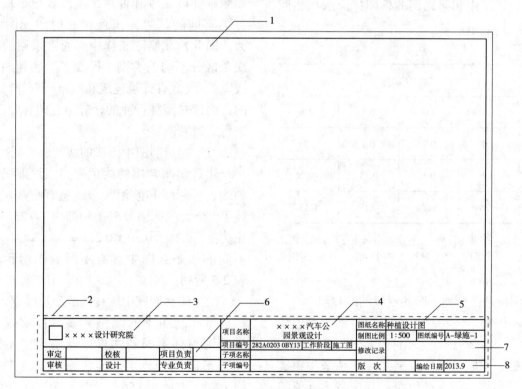

图2-41 下侧图签栏

1.绘图区；2.图签栏；3.设计单位正式全称及资质等级；4.项目名称、项目编号、工作阶段；
5.图纸名称、图纸编号、制图比例；6.技术责任；7.修改记录；8.编绘日期栏的宽度为40～70mm,处于下方通栏的高度为30～50mm。

2.2.3 图线

为了能更好地表示园林设计图中各方面的内容,需要对不同的内容采用不同的线型和线宽,以达到丰富变化的景观效果。

2.2.3.1 图线线宽组

(1)制图中的线宽组

无论是建筑制图,还是园林制图,都是以可见轮廓线的宽度b为基本线宽,在图上大致形成粗线(b)、中粗线($0.7b$)、中线($0.5b$)、细线($0.25b$)4种线条宽度,这4种线宽的比值为$b:0.7b:0.5b:0.25b=4:3:2:1$。图线的线宽按标准可从0.13、0.18、0.25、0.35、0.5、0.7、1.0、1.4mm这8种线宽中选用,线宽不应小于0.1mm。各线宽组的宽度见表2-3所列。当图纸幅面较大时要选择较宽的线宽,而图形较复杂时,线宽相应缩小,同一张图中相同比例的各图样应选用相同的线宽组。

表2-3 线宽组　　　　mm

线宽比	线宽组			
b	1.4	1.0	0.7	0.5
$0.7b$	1.0	0.7	0.5	0.35
$0.5b$	0.7	0.5	0.35	0.25
$0.25b$	0.35	0.25	0.18	0.13

注:(1)需要微缩的图纸,不宜采用0.18mm及更细的线宽。
(2)同一张图纸内,各不同线宽中的细线,可统一采用较细的线宽组的细线。

(2)图框和图标栏、图签栏线的线宽组

在绘制图框、图标栏、图签栏时也要考虑线条的宽度等级。图框线,图标栏、图签栏外框线,图标栏、图签栏栏内分格线应分别采用粗实线、中实线和细实线3种等级,其中宽度b值的选取见表2-3所列。不同的图纸幅面,3种线条比值也不同,具体比值见表2-4所列。

表2-4 图框和图标栏、图签栏的线条宽度　　mm

图纸幅面	图框线	图标栏、图签栏外框线	栏内分格线
A0、A1	b	$0.5b$	$0.25b$
A2、A3、A4	b	$0.7b$	$0.35b$

提示:不同大小的图纸幅面,图框和标题栏线条等级的b值选取也不同,图幅越大,b值也越大。如A0、A1图纸图框线b可以选取1.4mm(b),标题栏外框线则可以为0.7mm($0.5b$),栏内分格线为0.35mm($0.25b$);A2～A4图纸图框线b的选取可稍细些,为1.0mm(b),标题栏外框线则可以为0.7mm($0.7b$),栏内分格线为0.35mm($0.35b$)。

2.2.3.2 图线线型、线宽的使用

绝大多数设计图都要依靠线条来勾勒对象的形体、边界和轮廓。如果不对图中线条的类型和粗细加以区别和处理,阅读者很难从中分离出各类不同的信息,而且容易增加读图的视觉疲劳。因此,在制图工作中,通常采用的方法是使线条区分不同的类型(即线型)和粗细等级(即线宽)。线宽有针对建筑和城市规划等行业来设置的,而针对园林行业的,应结合园林绘图的实际,进行适当的调整。

(1)建筑制图中图线的线型、线宽

建筑制图常用的线型有实线、虚线、单点长画线、折断线和波浪线。线宽有粗线(b)、中粗线($0.7b$)、中线($0.5b$)和细线($0.25b$),且线宽比为$b:0.7b:0.5b:0.25b=4:3:2:1$,各种不同的线条在图中具有不同的作用和意义,见表2-5所列。

(2)园林制图中图线的线型、线宽

园林制图中的线型大多都以实线为主,但线宽则根据不同的图形以及图形中不同的内容进行不同的处理。线宽一般分为3个等级:粗线(b)、中线($0.5b$)、细线($0.25b$),线宽比为$b:0.5b:0.25b=4:2:1$。偶尔也有极粗($2b$)和极细($0.15b$)2种线宽的运用。在园林的制图

表 2-5 建筑制图图线

名称		线型	线宽	用途
实线	粗	———————	b	1. 平、剖面图中被剖切的主要建筑构造（包括构配件）的轮廓线 2. 建筑立面图或室内立面图的外轮廓线 3. 建筑构造详图中被剖切的主要部分的轮廓线 4. 建筑构配件详图中的外轮廓线 5. 平、立、剖面图中的剖切符号，详图符号圆
	中粗	———————	$0.7b$	1. 平、剖面图中被剖切的次要建筑构造（包括构配件）的轮廓线 2. 建筑平、立、剖面图中建筑构配件的轮廓线 3. 建筑构造详图及建筑构配件详图中的一般轮廓线 4. 尺寸起止符号
	中	———————	$0.5b$	小于 $0.7b$ 的图形线、粉刷线、保温层线、地面、墙面的高差分界线等
	细	———————	$0.25b$	尺寸线、尺寸界线、索引符号、标高符号、详图材料做法引出线、图例填充线、家具线、纹样线等
虚线	中粗	– – – – –	$0.7b$	1. 建筑构造详图及建筑构配件不可见的轮廓线 2. 平面图中的起重机（吊车）轮廓线 3. 拟建、扩建建筑物轮廓线
	中	– – – – –	$0.5b$	投影线、小于 $0.5b$ 的不可见轮廓线
	细	– – – – –	$0.25b$	图例填充线、家具线等
单点长画线	粗	—·—·—·—	b	起重机（吊车）轨道线
	细	—·—·—·—	$0.25b$	中心线、对称线、定位轴线
折断线	细	—⌇—	$0.25b$	部分省略表示时的断开界线
波浪线	细	～～～	$0.25b$	部分省略表示时的断开界线，曲线形构间断开界限，构造层次的断开界线

注：地平线宽可用 $1.4b$。

中区别线宽，既可以区分平面图中信息的主次，也可以区分剖面图中的主要构造和次要构造，还可以增加立面图和透视图中物体的立体感和物体之间的空间距离。

① 园林平面图的线宽 由于平面图所含的信息量最丰富，所以线宽对平面图的意义最大，而且不同规划设计阶段的平面图，其线宽也有一定的差异。平面图中线宽的划分方法根据规划与设计两个不同阶段分别制定（图 2-42、图 2-43）。园林规划平面图和设计平面图的线宽可以参照的制图标准为《风景园林制图标准》（CJJ/T 67—2015），在绘制规划平面图时，通过线宽使建筑、道路、水体、植被等关系明确（表 2-6）；绘制设计平面图时，可以依据基本线宽的要求，根据图面所表达的内容进行调整以突出重点（表 2-7）。

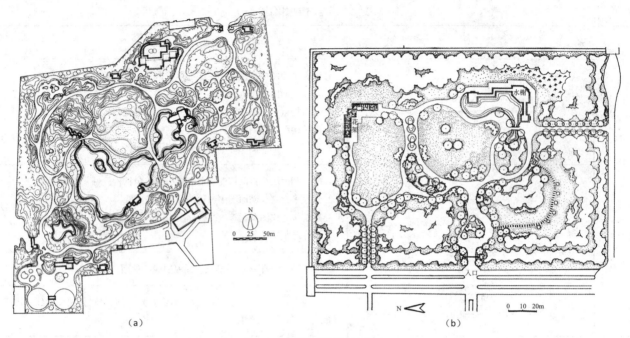

图2-42 规划平面图的线宽
（a）规划图（图纸比例小，采用规划图线宽，植被轮廓用细线）；（b）规划图（图纸比例大，采用设计图线宽，植物轮廓用中线）

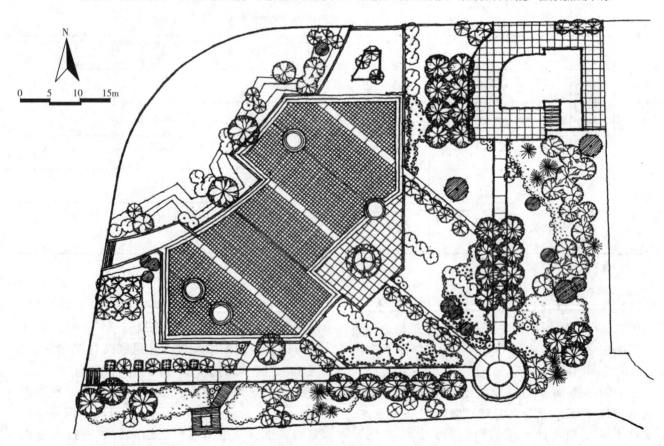

图2-43 设计平面图的线宽

表 2-6　园林规划图纸图线的线型、线宽、颜色及主要用途

名　称	线　型	线　宽	颜　色	主要用途
实线	———	0.10b	C=67 Y=100	城市绿线
	———	0.30～0.40b	C=22 M=78 Y=57 K=6	宽度小于8m的风景名胜区车行道路
	———	0.20～0.30b	C=27 M=46 Y=89	风景名胜区步行道路
	———	0.10b	K=80	各类用地边线
双实线	═══	0.10b	C=31 M=93 Y=100 K=42	宽度大于8m的风景名胜区道路
点画线	— · — 或	0.40～0.60b	C=3 M=98 Y=100 或K=80	风景名胜区核心景区界
	— · — 或	0.60b	C=3 M=98 Y=100 或K=80	规划边界和用地红线
双点画线	— ·· — 或	b	C=3 M=98 Y=100 或K=80	风景名胜区界
虚线	- - - 或	0.40b	C=3 M=98 Y=100 或K=80	外围控制区（地带）界
	- - -	0.20～0.30b	K=80	风景名胜区景区界、功能区界、保护分区界
	- - -	0.10b	K=80	地下构筑物或特殊地质区域界

注：（1）b为图线宽度，视图幅以及规划区域的大小而定。
（2）风景名胜区界、风景名胜区核心景区界、外围控制区（地带）界、规划边界和用地红线应用红色，当使用红色边界不利于突出图纸主体内容时，可用灰色。
（3）图形颜色由C（青色）、M（洋红色）、Y（黄色）、K（黑色）4种印刷油墨的色彩浓度确定；图形颜色中字母对应的数值为色彩浓度百分值，表中缺省的油墨类型的色彩浓度百分值一律为0。

表 2-7　园林设计图纸图线的线型、线宽及主要用途

名　称	线　型	线　宽	用　途
实线	极粗 ▬▬▬	2b	地面剖断线
	粗 ———	b	1. 总平面图中建筑外轮廓线，如果画出建筑底层平面，参考《建筑制图标准》（GB/T 50104—2010），即表 2-5； 2. 水体驳岸顶线； 3. 剖断线
	中 ———	0.50b	1. 构筑物、道路、边坡、围墙、挡土墙、排水沟的可见轮廓线； 2. 立面图的轮廓线； 3. 剖面图未剖切到的可见轮廓线； 4. 道路铺装、水池、挡土墙、花池、坐凳、台阶、山石等高差变化较大的线； 5. 场地的分界线、尺寸起止符号； 6. 乔、灌木及各类园林小品的外轮廓线
	细 ———	0.25b	1. 道路铺装、挡墙、花池等高差变化较小的线； 2. 水体等深线、常水位线、草地； 3. 放线网格线、图例线、尺寸线、尺寸界线、引出线、索引符号等； 4. 说明文字、标注文字等
	极细 ———	0.15b	1. 现状地形等高线； 2. 平面、剖面中的纹样填充线（植被的枝杈、山石的石纹）； 3. 同一平面不同铺装的分界线

(续)

名　称		线　型	线　宽	用　途
虚线	粗	▬ ▬ ▬ ▬ ▬	b	新建建筑物和构筑物的地下轮廓线，建筑物、构筑物的不可见轮廓线
	中	— — — — —	$0.50b$	1. 局部详图外引范围线； 2. 计划预留扩建的建筑物、构筑物、铁路、道路、运输设施、管线的预留用地线； 3. 分幅线
	细	- - - - -	$0.25b$	1. 设计等高线； 2. 各专业制图标准中规定的线型
单点画线	粗	▬·▬·▬·▬	b	1. 露天矿开采界限； 2. 见各有关专业制图标准
	中	—·—·—·—	$0.50b$	1. 土方填挖区的零线； 2. 各专业制图标准中规定的线型
	细	-·-·-·-	$0.25b$	1. 分水线、中心线、对称线、定位轴线； 2. 各专业制图标准中规定的线型
双点画线	粗	▬··▬··▬	b	规划边界和用地红线
	中	—··—··—	$0.50b$	地下开采区塌落界限
	细	-··-··-	$0.25b$	建筑红线
折断线	细	——∿——	$0.25b$	断开线
波浪线	细	～～～	$0.25b$	

注：（1）b为线宽宽度，视图幅的大小而定，宜用1mm。
（2）《建筑制图统一标准》（GB 50104—2010）将b定为粗线，$0.7b$为中粗线，$0.5b$为中线，$0.25b$为细线。园林设计图线宽一般有粗线（b）、中线（$0.5b$）、细线（$0.25b$）3个等级即可，在施工图的详图中可细分为5个级别，即增加极粗（$2b$）和极细（$0.15b$）2个等级。
（3）园林规划平面图与设计平面图的线宽区别主要为：一般情况下，规划平面图中的植被轮廓应使用细线（$0.25b$），设计平面图中的植被轮廓使用中线（$0.5b$），图纸比例较大的规划平面图酌情参考设计平面图（图2-42、图2-43）。

②园林透视图的线宽　园林透视图中的表现对象一般分为前景、中景、远景3个层次。中景为重点描绘的对象，也是画面的焦点。在一般情况下，透视图只采用1种线宽，但线条不宜太细，而且应根据绘制幅面的大小来决定用什么线宽。通常大幅面透视图采用中线绘制，小幅面透视图宜用细线，但有时为了加强所绘物体的立体感或表现物体前后之间的距离感及空间尺度感，可以采用不同的线宽，分为以下2种情况：

● 如果中景为立体空间，为表示其立体感，采用粗线描绘其外轮廓，前景、远景用中线，突出建筑物或构筑物的立体感和重量感（图2-44）。

● 如果中景为容积空间，为表现其层次感和距离感，前景和中景用中线，前景物体的外轮廓以粗线勾勒，远景可采用细线绘制，拉开三者之间的空间距离（图2-45）。

提示：园林空间有立体空间、容积空间和两者相结合的混合空间。

● 立体空间：是指场地中有建筑物或构筑物，其基本形式是填充，空间层次丰富，有流动和散漫感。在图中要重点表现建筑物或构筑物的重量感和体积感。

● 容积空间：是指场地以一个具有四周边界的空间为存在形态，其基本形式是围合，空间为静态的、向心的、内聚的，空间中墙和地的特征较突出。在图中要重点表现空间的层次和距离。

③园林剖面图、立面图的线宽　剖面图、立面图中的线宽分为以下3个等级：

粗线　被剖切到的构造、建筑物、构筑物和山石的外轮廓线。

中线　离视点近的物体轮廓线。

细线　离视点远的物体轮廓线、图例线、中心线、定位轴线、对称线、尺寸线、尺寸界线、引出线和索引符号等。

在有些情况下，空间中有前后位置关系的物体，在某个方向上的立面可能会出现重叠、遮挡的问题，这种情况也可用线宽区分景物的前后关系（图2-46）。

图2-44 透视图的线宽（立体空间）

图2-45 透视图的线宽（容积空间）

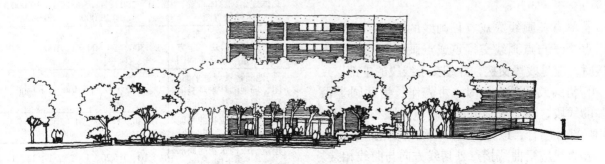

图2-46 剖面图、立面图的线宽

2.2.3.3 线条交接

在绘制建筑图与园林图时，线型不同，绘制与交接的要求也不同（表2-8）。

①虚线、单点长画线或双点长画线的线段长度和间隔宜相等。虚线线段长为4～6mm，间距为0.5～1.5mm，单点长画线的线段长为10～

表 2-8 线条交接的画法

类 型	正确画法	不正确画法
实线相交	交于一点	出头　未交于一点
虚线直角相交	交于一点	交于空隙
两线相切	切点 切线线宽=单线线宽	切线线宽≠单线线宽
中心线与中心线、虚线与虚线十字相交	交于线段	交于点或空隙
实线、虚线、中心线相交	交于线段	交于点或空隙
中心线与圆相交（直径小于12mm时中心线用细实线画）	中心线出头　中心线交于线段	未出头　交于空隙
虚线在实线的延长线上	留有空隙	不应相接

20mm，间距为 1.0～3.0mm。

②单点长画线或双点长画线，当在较小图形中绘制有困难时，可用实线代替。

③直线的相交或相接应明确、肯定，实线与实线应交于一点。

④单点长画线或双点长画线的两端，不应是点。点画线与点画线交接点或点画线与其他图线交接时，应是线段交接，并相交于线段的中部。

⑤两圆或圆弧相接时，可先作长为两圆半径之和的线段，然后分别以该线端点为圆心或圆弧，使相接部分吻合，以免相接部位线条变粗。

⑥直线应沿曲线接点处切线方向与曲线相接。制图时应先作曲线、后接直线。直线与曲线的粗细应一致，接点应平滑。

⑦所绘图线不应穿过文字、数字和符号，若不能避免时应将线条断开，保证文字、数字和符号的清晰。

2.2.4 比例

无论是园林建筑设计还是园林环境设计，在制图时都不能把设计物体的实际大小表现在图纸上，必须按一定的比例放大或缩小。图形的比例，应为图形与实物相对应的线性尺寸之比。在设计中应根据实际情况确定比例，能清楚表达设计的内容即可。

比例的符号应为"："，比例应以阿拉伯数字表示。同时，比例宜注写在图名的右侧，字的基准线应取平，比例的字高宜比图名的字高小一号或二号，可按××平面图 1:100 的模式注写。

2.2.4.1 建筑制图常用比例

建筑制图常用比例见表 2-9 所列。

表 2-9 建筑制图常用比例

图 名	比 例
建筑物或构筑物的平面图、立面图、剖面图	1:50、1:100、1:150、1:200、1:300
建筑物或构筑物的局部放大图	1:10、1:20、1:25、1:30、1:50
配件及构造详图	1:1、1:2、1:5、1:10、1:15、1:20、1:25、1:30、1:50

2.2.4.2 园林制图常用比例

园林制图常用比例见表 2-10 至表 2-12 所列。

表 2-10 园林制图常用比例

图 名	比 例
现状图	1:500、1:1000、1:2000
地理交通位置图	1:25 000~1:200 000
总体规划、总体布置、区域位置图	1:2000、1:5000、1:10 000、1:25 000、1:50 000
总平面图、竖向布置图、管线综合图、土方图、铁道、道路平面图	1:300、1:500、1:1000、1:2000
场地园林景观总平面图、场地园林景观竖向布置图、种植总平面图	1:300、1:500、1:1000
建筑物或构筑物的平面图、立面图、剖面图	1:50、1:100、1:150、1:200、1:300
建筑物或构筑物的局部放大图	1:10、1:20、1:25、1:30、1:50
铁道、道路纵断面图	垂直：1:100、1:200、1:500 水平：1:1000、1:2000、1:5000
铁道、道路横断面图	1:20、1:50、1:100、1:200
场地断面图	1:100、1:200、1:500、1:1000
详 图	1:1、1:2、1:5、1:10、1:20、1:50、1:100、1:200

表 2-11 方案设计图纸常用比例

图纸类型	绿地规模（hm²）		
	≤50	>50	异形超大
总图类（用地范围、现状分析、总平面、竖向设计、建筑布局、园路交通设计、种植设计、综合管网设施等）	1:500、1:1000	1:1000、1:2000	以整比例表达清楚或标注比例尺
重点景区的平面图	1:200、1:500	1:200、1:500	1:200、1:500

表 2-12 初步设计和施工图设计图纸常用比例

图纸类型	初步设计图纸常用比例	施工图设计图纸常用比例
总平面图（索引图）	1:500、1:1000、1:2000	1:200、1:500、1:1000
分区（分幅）图	—	可无比例
放线图、竖向设计图	1:500、1:1000	1:200、1:500
种植设计图	1:500、1:1000	1:200、1:500
园路铺装及部分详图索引平面图	1:200、1:500	1:100、1:200
园林设备、电气平面图	1:500、1:1000	1:200、1:500
建筑、构筑图、山石、园林小品设计图	1:50、1:100	1:50、1:100
做法详图	1:5、1:10、1:20	1:5、1:10、1:20

由表 2-9 至表 2-12 可以看出，在一般情况下，无论是建筑制图还是园林制图，常用比例可以从 $1:(1\times10^n)$、$1:(2\times10^n)$、$1:(5\times10^n)$ 这一系列中选取。除了这些常用比例外，还可以根据被绘对象的复杂程度，用到 1:3、1:4、1:6、1:15、1:25、1:30、1:40、1:60、1:80、1:150、1:250、1:300、1:400、1:600。特殊情况下也可自选比例，除应注出绘图比例外，还应在适当位置绘制出相应的比例尺。一个图样应选一种比例，但也可根据专业制图需要，同一图样可选用两种比例。

2.2.5 字体

文字是园林设计图纸的一部分，图纸中的图名、设计说明、材料结构等都需要书写文字，有些情况下还要书写汉语拼音或外文。这些字体都要求笔画书写清晰、字体端正、排列整齐美观，从而使图面达到生动的效果。

2.2.5.1 汉字——长仿宋字、黑体字、宋体字及其他美术字

图纸中的汉字，应采用国家正式公布的简化字，并用长仿宋体书写。长仿宋字是由宋体字演变而来的长方形字体，笔画匀称明快，易于书写，成为工程图纸中图样及说明最常用的字体。

除了长仿宋字外，图纸中还可以用到黑体、宋体及其他美术字体。黑体字为正方形粗体字，一般宽度和高度相同，常用作标题和加重部分的字体。大标题或图册封面、地形图等汉字则可使用宋体字及其他美术字体。无论采用何种字体，都应是国家正式公布的简化汉字。本节只讲述书写体长仿宋字的写法，黑体字、宋体字及其他美术字的写法详见 5.5.2 工程字体部分。

提示：书写体长仿宋字指直接利用书写工具如钢笔、针管笔等，不借助尺子、圆规，按照长仿宋字的书写特点，直接手写而成的长仿宋字字体。

（1）长仿宋字字体规格

长仿宋字高宽比一般为 3:2。字体的高度有 3.5mm、5mm、7mm、10mm、14mm、20mm 共 6 种，且高度不应小于 3.5mm。字间距约为字高的 1/4，字行距约为字高的 1/3，字行距应大于字间距（字距）。为了使字体排列整齐，书写大小一致，写长仿宋字前，应先确定好位置，用铅笔打出轻

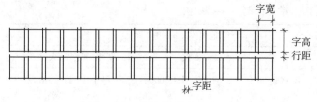

图2-47 长仿宋字书写字格

表2-13 长仿宋字字体规格及使用范围　　mm

字高h（字号）	20	14	10	7	5	3.5
字宽	14	10	7	5	3.5	2.5
字距$1/4h$	5	3.5	2.5	1.8	1.3	0.9
行距$1/3h$	6.6	4.6	3.3	2.3	1.7	1.2
使用范围	标题或封面用字	各种图标题用字		1.详图数字和标题用字 2.标题下的比例数字 3.剖面代号 4.一般说明文字	
				1.表格名称 2.详图及附注标题	尺寸、标高及其他	

注：字体的规格指字体的大小，即字高。汉字的字高也可用字号表示，如高为5mm的字就为5号字。《房屋建筑制图统一标准》里规定汉字的字高不小于3.5mm。但此表中使用范围里所指的尺寸、标高及其他，用的是阿拉伯数字，字高可以不小于2.5mm。

淡均匀的方格后，按各项格式留好字体的数量和大小位置（图2-47），直接书写。写完后将铅笔格保留，以便对字形进行检查。字体高宽比的关系、字体的规格及使用范围见表2-13所列。

（2）长仿宋字字体笔画

长仿宋字的基本笔画粗细均匀，每一笔都有明显的笔顿，横划轻微往右上倾斜。与其他的汉字相同，无论繁简，长仿宋字的基本笔画都可以分为点、横、竖、折、撇、捺、勾、挑8种，笔画基本横平竖直，起始与收笔处应有回转藏锋的处理（图2-48、图2-49）。书写长仿宋字时，笔画粗细与字形宽窄应有适当的比例，不宜太细或太粗，太细显纤弱，太粗短显笨拙。挺拔、秀丽、清晰是长仿宋字的字体特征。

（3）长仿宋字字体结构

中国文字是方块字，字形有大有小，有长有扁，有正有斜。各种字又有上下结构、左右结构、上中下结构、左中右结构以及交叉、穿插、围合等不同的特点。字形结构要注意字形整齐（即笔端顶格、横竖离格、瘦长字缩格、个别字出格）、端正平稳（横平竖直、上下对齐、左右平衡、笔画相称、重心稳定）、匀称自然（笔画密度均匀、各部间距适当、轻重相称）。一般字体的主要笔画应该顶格，但如"醒""图"等满型的字体应四周缩格，即稍缩小来写；"一""且""月"等简单的字应左右扩格，即稍扩大来写，以此来使字体达到整体的平衡和美观（图2-50、图2-51）。

提示：书写体长仿宋字属于硬笔书法，在实际书写时，要注意控制笔画的粗细，笔画不需要太粗，也不需要像工程字体的书写那样双勾字形，绘出笔画。图2-49的双勾字形，只是笔画的放大，目的是让读者更直观地看出长仿宋字笔画的书写特征。

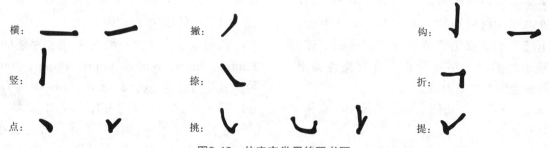

图2-48 仿宋字常用笔画书写

横：可略为倾斜，运笔起笔和收笔处可略微停顿，使尽端成三角形，但应一笔完成

竖：要垂直，有时可向左略微倾斜，运笔同横一样

撇：起笔同竖，运笔随笔画由重到轻，笔画也随斜向逐渐变细

捺：与撇相反，起笔轻落笔重，终笔稍顿向右尖挑

点：起笔轻落笔重，终笔稍顿向上回笔，形成上尖下圆的光滑形象

竖钩：竖的笔划同竖划一致，但要挺直，稍顿笔后向左上尖挑

横钩：由两笔组成，横同横笔一致，终笔应起重落轻，钩尖如针

挑：运笔由轻到重再轻，由直转弯，过渡要圆滑，转折有棱角

图2-49　长仿宋字笔划运笔特征

| 正确的字体结构 | 左右宽窄位置不当 | 左右上下位置不当 | 内部笔画疏密不当 | | |
| 正确的字体结构 | 上下长短位置不当 | 上下宽窄位置不当 | 内部笔画大小不当 | 满型字体和简单字体的正确书写 | 错误写法：满型字大简单字小 |

图2-50　字体结构特征

2.2.5.2　数字及字母

工程图纸中常用的数字、汉语拼音字母和外文字母按宽度可以分为一般字体和窄字体2种。一般字体的笔画宽度（d）为字高（h）的1/10；窄字体的笔画宽度（d）为字高（h）的1/14，其他尺寸比见表2-14。无论是一般字体还是窄字体，都可以按需要写成直体［图2-52（a）、图2-53（a）］或斜体［图2-52（b）、图2-53（b）］。斜体一般向右倾斜，与水平基准线呈75°角，其宽度和高度与相应的直体相同。字高与字宽比为3:2，字间

园林设计图常用长仿宋字练习

园林设计城市环境规划掇山理水植物配置
建筑营造地形观赏树木花卉绿地草丛峰峦
丘壑岭崖江海湖泊河溪涧泉沟渠自然写意
风景布局道路交通空间序列东南西北内外
上下正背平立剖面景观分析图房屋亭台楼
阁轩舫榭廊苑囿厅堂别墅庭院居住区公园
广场乡村校园休闲门窗台阶墙体栏杆隔断
挑檐扶手楼梯玻璃金属基础家具匾额楹联
装饰雕塑汀步铺装小品色彩质感模型透视
鸟瞰封闭开敞过渡引申呼应形式法则比例
尺度对称均衡统一谐调节奏韵律层次骨架
重复渐变特异近似虚实疏密粗细高低曲直

图2-51　长仿宋字书写范例

距为字高的 1/4。书写时要求保持字的大小、间距和斜度一致，笔画圆润流畅，字体统一。

书写字母和数字之前，应按表 2-14 所列的尺寸，用细铅笔打上格线（图 2-52、图 2-53），然后再书写。拉丁字母的书写，要注意笔画的顺序和字体的结构，字母曲线较多，运笔要注意光滑圆润；数字常采用阿拉伯字母，数字 1 比其他 9 个数字的笔画字型窄，所占的字格宽度小于其他字型。用于图形说明中的字母和数字的书写笔画顺序如图 2-54 所示。用于题目或标题的字母和数字还可以分为等线体和截线体，其书写特征如图 2-55、图 2-56 所示。在一幅图纸上，无论是书写汉字、数字还是外文字母，其变化类型不宜太多，同一图纸的字体种类不应超过 2 种。在一篇说明和同一标题中，如果变化字体，会使图面显得凌乱不统一。

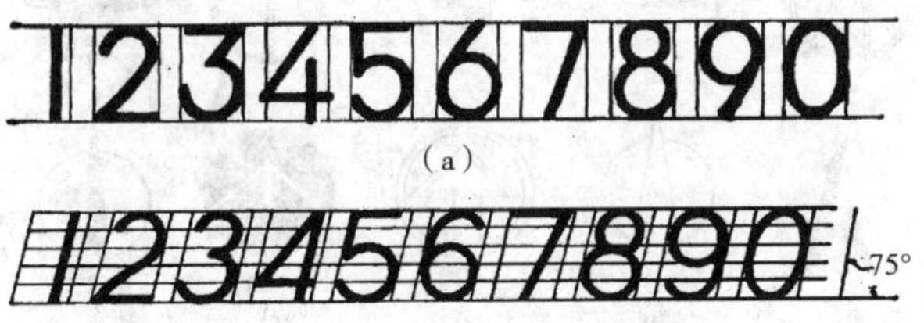

表 2-14 数字及字母书写规定

	字 体	一般字体	窄字体
字母高 (h)	大写字母	h	h
	小写字母（上下均无延伸）	$7/10h$	$10/14h$
	小写字母伸出的头部或尾部	$3/10h$	$4/14h$
	笔画宽度（d）	$1/10h$	$1/14h$
间距	字母间隔	$2/10h$	$2/14h$
	上下行基准线的最小间距	$15/10h$	$21/14h$
	词间距	$6/10h$	$6/14h$

注：（1）小写拉丁字母 a、m、n 等上下均无延伸，j 上下均有延伸。
（2）字母的间隔，如需排列紧凑，可按表中的最小间隔减半。
（3）数字和字母的字高不应小于 2.5mm。

图 2-52 数字直体字和斜体字的书写
（a）直体字的书写；（b）斜体字的书写

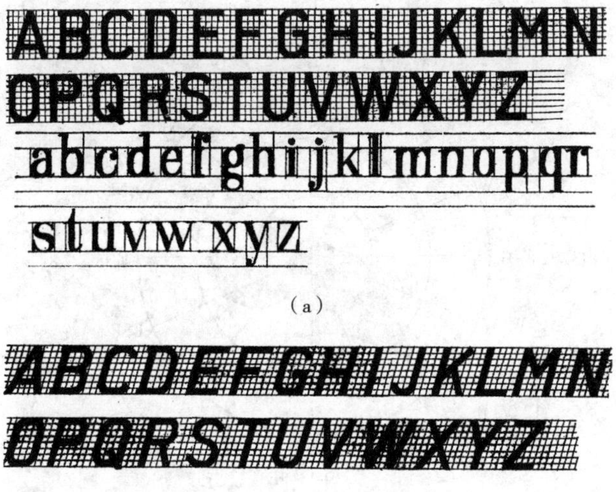

图 2-53 字母直体字和斜体字的书写
（a）大小写字母直体字的书写；（b）大写字母斜体字的书写

图 2-54 数字和字母的笔画顺序

图 2-55 等线体字母和数字

图 2-56 截线体字母和数字

2.3 园林设计图用符号

2.3.1 指北针、风玫瑰图

2.3.1.1 指北针

在园林的总平面图及建筑的首层平面图上，一般都需要绘制指北针，用来明确表示建筑物的方位。普通指北针用细实线绘制直径为24mm的圆，指针尾部宽约d/8，即3mm，指针头部应注"北"或"N"（图2-57）。指北针在图面上不仅有指明方向的作用，还可以适当地加以美化，形成古典的、现代的、具有民族特色等富有装饰性的艺术图案，以达到美化图面的作用（图2-58）。

普通指北针和具有装饰性的指北针在使用时并没有严格区分。普通指北针的运用较为广泛，通常园林施工图纸、涉外工程图纸和建筑设计的图纸等常用；而装饰性指北针则更多运用于园林方案设计图纸，可以结合图纸的表达风格从图2-58中选取，也可以自行设计，但应简单明了。

2.3.1.2 风玫瑰图

除了指北针外，还有一种指示某一地区风向风速分布的图形，即风玫瑰图。风玫瑰图可分为风向玫瑰图和风速玫瑰图，一般园林中多采用风向玫瑰图。风向玫瑰图也称风向频率玫瑰图，表示风向和风向的频率。风玫瑰图是总平面图上用来表示该地区每年风向频率的标志。

风玫瑰图结合指北针，按上北下南的方向绘制，最常见的风玫瑰图是从中心点引出16条放射线，代表16个不同的方向，再根据各方向风的出现频率，以相应的比例长度，描在这16个方位表示的图上，然后用直线连接各相邻方向的端点，绘成一个形式宛如玫瑰的闭合折线（图2-59）。风玫瑰图中线段最长者，即外面到中心的距离越大，表示风频越大，为当地的主导风向，又称盛行风向。其中，粗实线表示全年风向频率，细实线表示冬季风向频率，虚线表示6、7、8这3个月统计的夏季风向频率。如福州，由风玫瑰图中可以看出，全年主导风向为东南风，夏季主导风向也为东南风，但夏季东南风的频率更高（图2-60）。

也有出现色彩的，绿线代表夏季，黄线代表冬季。不同地区，风玫瑰图绘制因风向风频的不同而不同（图2-60）。风玫瑰图同时也表明了朝向情况，因此，如果在总平面图上绘制了风玫瑰图，则不必再绘制指北针。

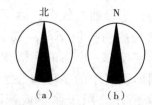

图2-57 普通指北针画法
（a）用于普通工程；（b）用于涉外工程

图2-58 具有装饰性的指北针画法

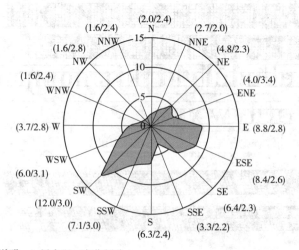

说明：1.风向以16方位划分
2.方位边括号内的数据表示（风向频率/平均风速）

图2-59 风玫瑰图绘制过程

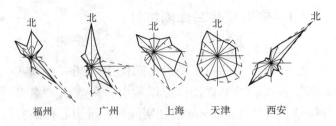

图2-60　全国部分地区风玫瑰图

2.3.2　比例尺

比例尺用来显示图面尺寸与实际尺寸的关系。园林平面图中，除了要标示出指北针或风玫瑰图外，也要有比例尺的标示[图2-61（a）]，有时，也可以将它们合成一个图案[图2-61（b）]。

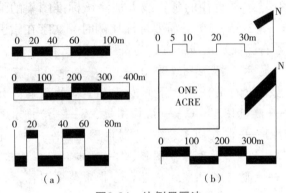

图2-61　比例尺画法

（a）比例尺；（b）比例尺结合指北针

2.3.3　剖切符号

在进行园林建筑设计或园林环境设计时，设计方案的形象要适当地进行剖切，通过剖面了解直观所看不到的部分。所以在平面图中以剖切线与编号标示出剖切符号，在剖面图中则绘出对应剖切位置的剖面图。

2.3.3.1　剖视的剖切符号

剖视的剖切符号也叫剖面的剖切符号，由以粗实线绘制的剖切位置线及剖视方向线组成。剖切位置线的长度宜为6～10mm；剖视方向线应垂直于剖切位置线，宜为4～6mm[图2-62（a）]，也可采用国际统一和常用的剖切符号表达[图2-62（b）]。绘制时，剖切符号不应与其他图线接触。

剖视剖切符号的编号宜采用粗阿拉伯数字，按剖切顺序由左至右、由下至上连续编排，并应注写在剖视方向线的端部。需要转折的剖切位置线，应在转角的外侧加注与该符号相同的编号。

建（构）筑物剖面图的剖切符号宜注在±0.000标高的平面图或首层平面图上。局部剖面图（不含首层）的剖切符号应标注在包含剖切部位的最下面一层的平面图上。

提示：图2-62（b）的剖视符号需配合索引符号使用，即当剖面图与被剖切图样不在同一张图中时，应在剖切位置线的另一侧注明其所在图纸的编号，剖面图所在图册中的位置可以由索引符号的标识看出。索引符号的介绍详见2.3.4索引符号与详图符号。

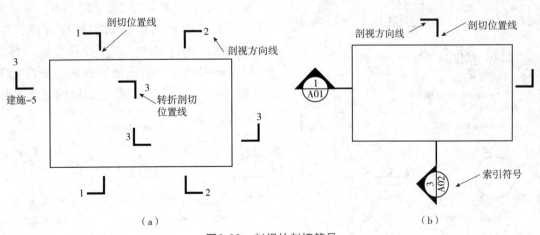

图2-62　剖视的剖切符号

（a）普通的剖视剖切符号；（b）国际统一的剖视剖切符号

2.3.3.2 断面的剖切符号

断面的剖切符号应只用剖切位置线表示，并应以粗实线绘制，长度宜为6~10mm。

断面剖切符号的编号宜采用阿拉伯数字，按顺序连续编排，并应注写在剖切位置线的一侧；编号所在的一侧应为该断面的剖视方向（图2-63）。

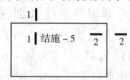

图2-63 断面的剖切符号

2.3.3.3 剖面图、断面图的区别

剖面图与断面图相似，很多情况下容易混淆。在绘制剖面图时，除应画出剖切面切到部分的图形外，还应画出沿投射方向看到的部分，被剖切面切到部分的轮廓用粗实线绘制，剖切面没有切到，但沿投射方向可以看到的部分，用中实线绘制［图2-64（d）］。断面图则只需用粗实线画出剖切面切到部分的图形［图2-64（e）］，沿投射线看到的部分无需画出。

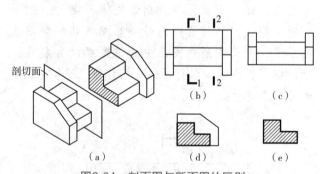

图2-64 剖面图与断面图的区别
（a）透视图；（b）平面图；（c）正立面图；（d）1—1剖面图；
（e）2—2断面图

2.3.4 索引符号与详图符号

2.3.4.1 索引符号

在绘制园林施工图时，图样中的某一局部或部件，如需另见详图，应以索引符号索引。索引符号为直径8~10mm的细实线圆，过圆心作细实线直径将圆分为上下两部分［图2-65（a）］。如果索引出的详图与被索引的图在同一张图纸中，则上侧用阿拉伯数字标注该详图的编号，下侧画一段水平细实线［图2-65（b）］；如果索引出的详图与被索引的图不在同一张图纸中，则上侧标注详图编号，下侧标注详图所在图纸的编号［图2-65（c）］；如果索引出的详图采用标准图集，应在索引符号水平直径的延长线上加注该标准图集的编号［图2-65（d）］。需要标注比例时，文字在索引符号右侧或延长线下方，与符号对齐。

提示：标准图集指国家相关专业设计院已经出版发行的图集。不同专业有不同的代码。如J——建筑图集、G——结构图集、S——给排水图集、D——电气图集、X——弱电图集、K——暖通图集、R——动力专业图集、M——市政路桥图集、F——人防工程图集。前面加C指重复使用图，前面加S指试用图。编号由批准年代号+专业代号+类别号+顺序号+分册号组成。如03G101-1，由03、G、1、01、-1组成，即03年批准的结构专业图集，顺序号为01，分册号为-1。如此图集是试用图集，则编号为03 S G101-1；如是参考图集，则编号为03 C G101-1。

索引符号如用于索引剖视详图，应在被剖切的部位用粗实线绘制剖切位置线，并以引出线引出索引符号，引出线所在的一侧应为剖视方向［图2-66（a）~（d）］。除了普通的剖视索引符号外，

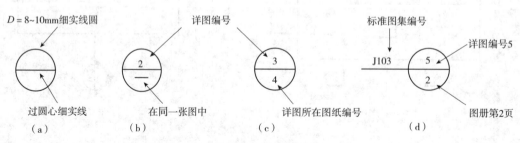

图2-65 索引符号

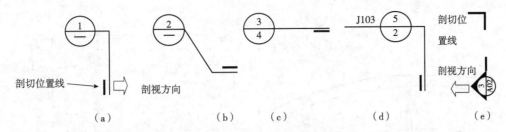

图2-66　用于索引剖面详图的索引符号

还有国际统一的剖视索引符号，箭头所在的一侧即为剖视方向[图2-66（e）]。

2.3.4.2　详图符号

详图的位置和编号，应用详图符号来表示，被索引的详图编号应与索引符号中的详图编号一致，且常注写在直径为14mm的粗实线圆内。如果详图与被索引的图样同在一张图纸中，应在详图符号内用阿拉伯数字注明详图的编号[图2-67（a）]；如果详图与被索引的图样不在同一张图纸中，应用细实线在详图符号内画一水平直径，在上半圆中注明详图编号，在下半圆中注明被索引的图纸的编号[图2-67（b）]。

索引符号与详图符号搭配使用。即无论是为了体现详图的索引，还是体现符切的索引，有索引符号和索引图，就一定会有详图符号和详图。具体实例如图2-68、图2-69所示。

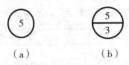

图2-67　详图符号

（a）与被索引图样同在一张图纸内的详图符号；
（b）与被索引图样不在同一张图纸内的详图符号

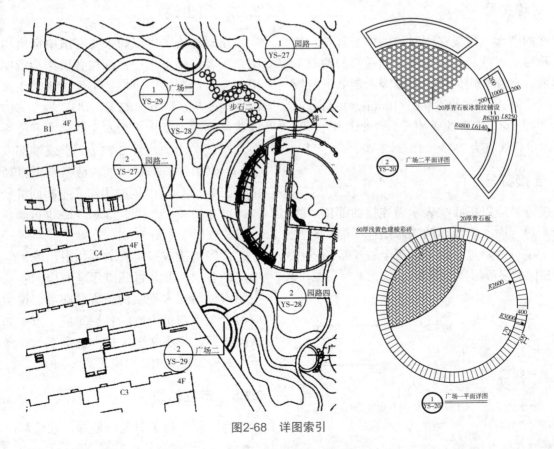

图2-68　详图索引

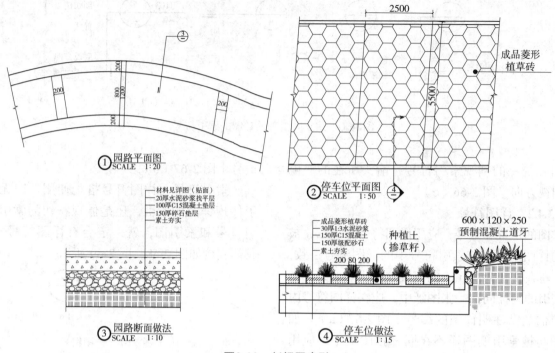

图2-69 剖视图索引

2.3.5 对称符号

对称的图形，可以在图对称的中心部位，绘制对称符号。对称符号由对称线和两端的两对平行线组成。对称线用细单点长画线绘制；平行线用细实线绘制，其长度宜为6~10mm，每对的间距宜为2~3mm；对称线垂直平分于两对平行线，两端超出平行线宜为2~3mm（图2-70）。

2.3.6 连接符号

连接符号应以折断线表示需连接的部位。两部位相距过远时，折断线两端靠图样一侧应标注大写拉丁字母表示连接编号。两个被连接的图样必须用相同的字母编号（图2-71）。

2.3.7 引出线

在园林绘图中，如果要在图中标出相应的说明，或者在施工图中，标注各层结构说明，都应用细实线绘制出引出线。引出线宜采用水平方向的直线或与水平方向成30°、45°、60°、90°角的直线或经上述角度再折为水平线。文字说明宜注写在水平线的上方［图2-72（a）］或端部［图2-72（b）］。索引详图的引出线，应与水平直径线相连接［图2-72（c）］。同时引出几个相同部分的引出线，可互相平行［图2-73（a）］，也可画成集中于一点的放射线［图2-73（b）］。

多层构造或多层管道共用引出线，应通过被引出的各层，并通过圆点示意对应的各层。文字说明宜注写在水平线的上方或端部，说明的顺序应由上至下与被说明的各层对应一致；如层次为横向排序，说明文字应按由上至下的顺序与由左至右的构造层次相互对应（图2-74）。

2.3.8 定位轴线

为了便于施工时定位放线，在绘制园林建筑

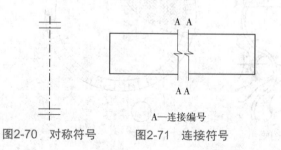

图2-70 对称符号　　图2-71 连接符号

图时应将墙、柱等承重构件的轴线按规定编号标注，这个轴线便是定位轴线。定位轴线用细单点长画线绘制，编号应注写在轴线端部用细实线绘制的直径为8~10mm的圆内，且圆的圆心应在定位轴线的延长线上或延长线的折线上。

定位轴线的横向编号应用阿拉伯数字（1，2，3…），按从左至右顺序编写；竖向编号应用大写拉丁字母（A，B，C…），按从下至上顺序编写（图2-75）。拉丁字母的I、O、Z不得用做轴线编号，避免与数字的1、0、2混淆。如果字母数量不够用，可增用双字母或单字母加数字注脚，如 A_A、B_A…Y_A 或 A_1、B_1…Y_1。

组合较复杂的平面图中的定位轴线时也可采用分区编号。编号的注写形式应为"分区号—该分区编号"，且分区编号注写时按横向编号用阿拉伯数字从左至右编写，竖向编号用大写拉丁字母从下至上编写的规定（图2-76）。

在建筑平面图中，除了墙体、柱网用定位轴线标出外，还有一些附属构件尺寸的定位需要用附加定位轴线标出（图2-77）。附加定位轴线的编号，应以分数形式表示，并应按下列规定编写：

① 两根轴线间的附加轴线，应以分母表示前一轴线的编号，分子表示附加轴线的编号。编号宜用阿拉伯数字，按如下方式编写：①/② 表示2号轴线之后附加的第一根轴线；③/C 表示C号轴线之后附加的第三根轴线。

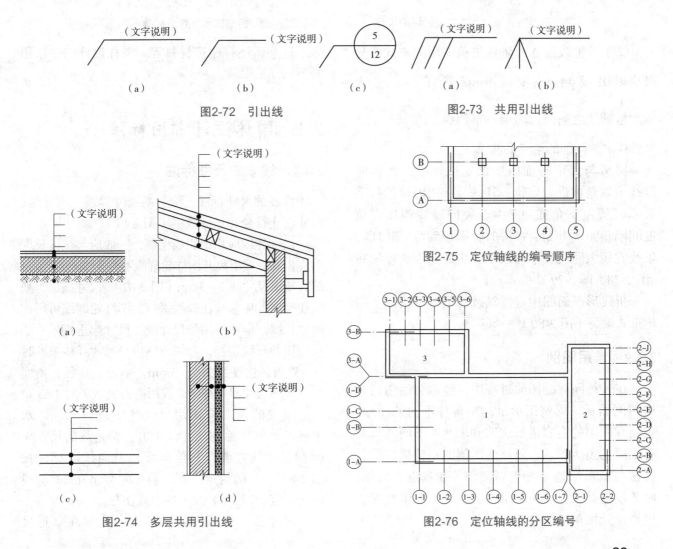

图2-72 引出线

图2-73 共用引出线

图2-74 多层共用引出线

图2-75 定位轴线的编号顺序

图2-76 定位轴线的分区编号

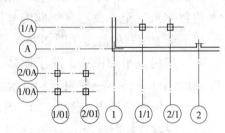

图2-77 附加定位轴线

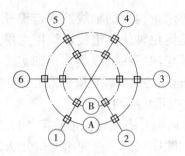

图2-78 圆形平面定位轴线的编号

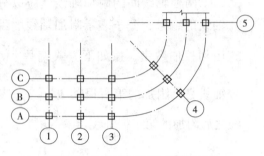

图2-79 弧形平面定位轴线的编号

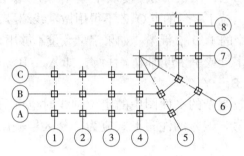

图2-80 折线形平面定位轴线的编号

② 1号轴线或A号轴线之前的附加轴线的分母应以01或0A表示，按如下方式编写：⓵/01 表示1号轴线之前附加的第一根轴线；③/0A 表示A号轴线之前附加的第三根轴线。

圆形与弧形平面图中的定位轴线，其径向轴线应以角度进行定位，其编号宜用阿拉伯数字表示，从左下角或 –90°（若径向轴线很密，角度间隔很小）开始，按逆时针顺序编写；其环向轴线宜用大写英文字母表示，从外向内顺序编写（图2-78、图2-79）。

折线形平面图中定位轴线的编号可按以下图的形式编写（图2-80）。

2.3.9 常用图例

在进行园林绘图的过程中，经常会运用到各种图例图示。图例图示是运用各种不同的图形，对园林图中的内容进行说明和表达。不同的行业有不同的图例图示。园林的图例图示包括风景名胜区与城市绿地系统规划图例（如景点、景物、服务设施、工程设施、用地类型等）和园林绿地规划设计图例（如建筑、山石、水体、植物等）。除了这些，还有建筑材料等。园林设计图中常用的图例详见附录。

2.4 园林设计常用标注

2.4.1 线段的尺寸标注

线段的尺寸标注，应包括尺寸界线、尺寸线、尺寸起止符号和尺寸数字（图2-81）。

尺寸界线应用细实线绘制，一般应与被注长度垂直，其一端应离开图样轮廓线不少于2mm，另一端宜超出尺寸线2~3mm（图2-82）。尺寸线也为细实线绘制，应与被注长度平行。图样轮廓线可用作尺寸界线。但不得用作尺寸线。尺寸起止符号一般用中粗斜短线绘制，倾斜方向应与尺寸界线呈顺时针45°角，长度宜为2~3mm。半径、直径、角度与弧长的尺寸起止符号，宜用箭头表示（图2-83）。

线段的长度应该用尺寸数字进行标注，水平线的尺寸应标在尺寸线上方，铅垂线的尺寸应标在尺寸线左侧，其他角度的斜向线段标注按图2-84（a）的规定注写，若尺寸数字在30°斜线区内，宜按图2-84（b）的形式注写。

尺寸数字一般应依据其方向注写在靠近尺

寸线的上方中部。如没有足够的注写位置，最外边的尺寸数字可注写在尺寸界线的外侧，中间相邻的尺寸数字可错开注写或用引线引出注写（图2-85）。所有尺寸宜标注在图样轮廓以外，不宜与图线、文字及符号等相交（图2-86）。当图上需标注的尺寸较多时，互相平行的尺寸线，应从被注写的图样轮廓线由近向远整齐排列，较小尺寸应离轮廓线较近，较大尺寸应离轮廓线较远（图2-87）。平行排列的尺寸线的间距，宜为7~10mm，并保持一致（图2-87）。总尺寸的尺寸界线应靠近所指部位，中间的分尺寸的尺寸界线可稍短，但其长度应相等（图2-87）。图形中的尺寸单位应统一，除标高及总平面以米（m）为单位外，其他必须以毫米（mm）为单位。

2.4.2 半径、直径的尺寸标注

半径的尺寸线一端应从圆心开始，另一端画箭头指向圆弧。半径数字前应加注半径符号"R"（图2-88）。较小圆弧的半径，用引线进行标注（图2-89）。较大圆弧的半径，用折线进行标注（图2-90）。标注圆的直径尺寸时，直径数字前应加直径符号"ϕ"。在圆内标注的尺寸线应通过圆心，两端画箭头指至圆弧（图2-91）。较小圆的直径尺寸可标注在圆外（图2-92）。

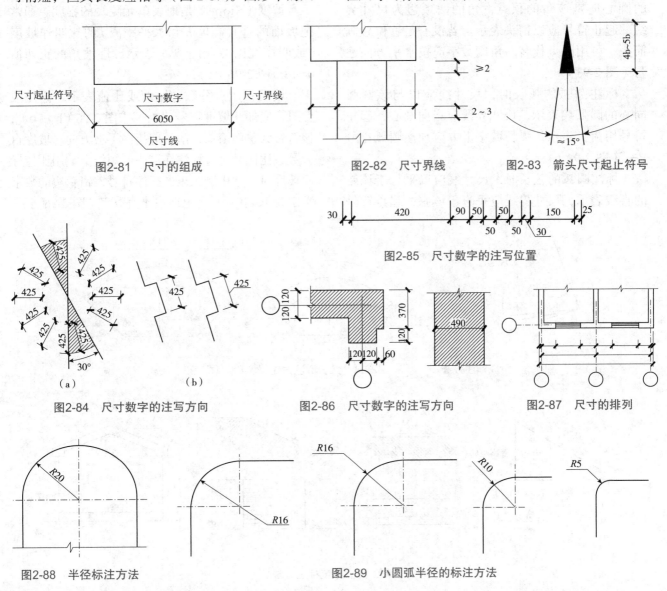

图2-81　尺寸的组成　　图2-82　尺寸界线　　图2-83　箭头尺寸起止符号

图2-85　尺寸数字的注写位置

图2-84　尺寸数字的注写方向　　图2-86　尺寸数字的注写方向　　图2-87　尺寸的排列

图2-88　半径标注方法　　图2-89　小圆弧半径的标注方法

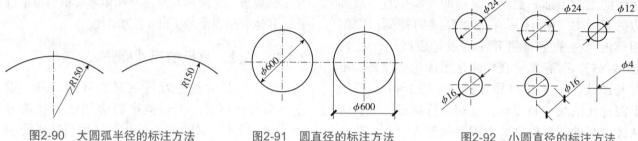

图2-90　大圆弧半径的标注方法　　　图2-91　圆直径的标注方法　　　图2-92　小圆直径的标注方法

2.4.3　角度、弧长、弦长的标注

标注角度时，尺寸线应以圆弧表示。该圆弧的圆心应是该角的顶点，角的两条边为尺寸界线，起止符号应以箭头表示。若没有足够位置画箭头，可用圆点代替，角度数字应按水平方向注写（图2-93）。

标注圆弧的弧长时，尺寸线应以与该圆弧同心的圆弧线表示，尺寸界线应指向圆心，起止符号用箭头表示，弧长数字上方应加注圆弧符号"⌒"（图2-94）。

标注圆弧的弦长时，尺寸线应以平行于该弦的直线表示，尺寸界线应垂直于该弦，起止符号用中粗斜短线表示（图2-95）。

2.4.4　坡度的标注

坡度（Slope）是地表单元陡缓的程度。通常把坡面的垂直高度 h 和水平距离 l 的比叫作坡度（或叫作坡比），用字母 a 表示，即坡角的正切值 $a=h/l$ ［图2-96（a）］。

坡度常用百分数、比例或比值表示。标注坡度时，应加注坡度符号"◂—"［图2-96（b）(c)］，该符号为单面箭头，箭头应指向下坡方向。坡度百分数或比例数字应标注在箭头的短线上。用比值标注坡度时，常用倒三角形标注符号，铅垂边的数字常定为1，在水平边上标注比值数字［图2-96(d)］。

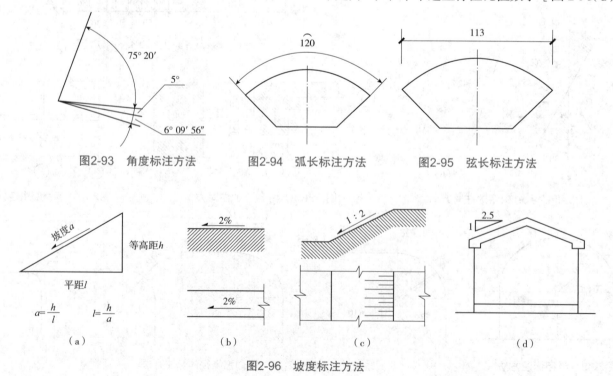

图2-96　坡度标注方法

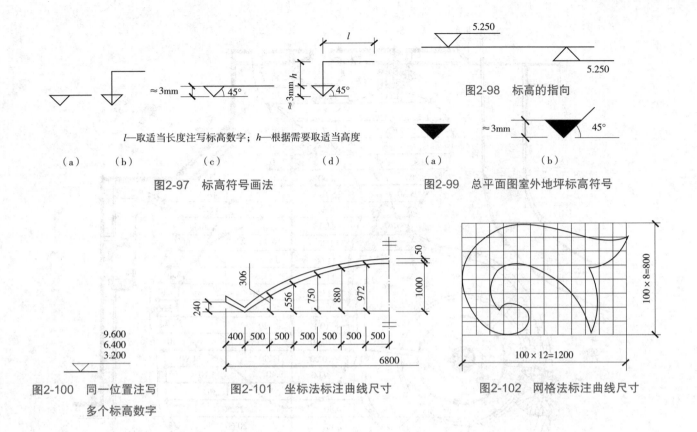

图2-97 标高符号画法
图2-98 标高的指向
图2-99 总平面图室外地坪标高符号
图2-100 同一位置注写多个标高数字
图2-101 坐标法标注曲线尺寸
图2-102 网格法标注曲线尺寸

2.4.5 标高标注

标高表示物体某一部位相对于基准面（标高的零点）的竖向高度，是竖向定位的依据。

标高标注有2种方式。一种是将某一水平面如室内地面作为起算零点，主要用在个体建筑物图样上。这种标高符号为用细实线绘制的等腰直角三角形，其尖端应指至被注高度的位置，三角形的水平引伸线或引出线为数字标注线［图2-97（a）(b)］。标高符号的具体画法如图2-97（c）(d)所示。三角形尖端一般应向下，也可向上，标高数字应注写在标高符号的上侧或下侧（图2-98）。另一种是以大地水准面或某准点为起算零点，多用在地形图和总平面图中，这种标高符号宜用涂黑的三角形表示［图2-99（a）］，具体画法如图2-99（b）所示。

标高数字应以米（m）为单位，注写到小数点以后第三位。在总平面图中，可注写到小数点以后第二位。零点标高应注写成±0.000，正数标高不注"+"，负数标高应注"-"，如3.000、-0.600。在图样的同一位置需表示几个不同标高时，标高数字可按图2-100的形式注写。

2.4.6 曲线标注

简单的不规则曲线可以采用坐标形式（又称截距法）标注尺寸（图2-101），较复杂的曲线可以采用网格法标注尺寸（图2-102）。

用坐标形式标注尺寸时，为了便于放样或定位，常选一些特殊方向和位置的直线如定位轴线作为截距轴，然后用一系列与之垂直的等距平行线标注曲线（图2-103）。用网格法标注较复杂的曲线时，所选网格的尺寸应能保证曲线或图样的放样精度，精度越高，网格的边长应该越短。尺寸的标注符号与直线相同，但因短线起止符号的方向有变化，故尺寸起止符号常用小圆点的形式。

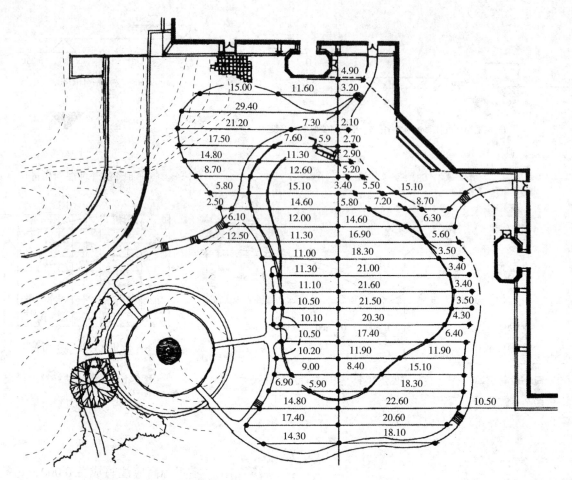

图2-103 坐标法标注复杂的曲线尺寸

思考题

1. 设计制图常用的工具有哪些？如何正确使用各种绘图工具？

2. 图纸幅面的正确使用和标题栏的正确书写方式是怎样的？

3. 长仿宋字的笔画特征有哪些？用 A4 图纸打格练习长仿宋字、数字和拉丁字母的基本笔画。

4. 正确绘制图林设计图纸，应掌握哪些基本知识？

第3章 园林设计要素及园林设计图的认识和表达

学习目标

◆ 了解园林设计要素的组成及其定位。
◆ 掌握各种设计要素的概念及图例画法。
◆ 掌握园林设计图的认识和表达，初步具备专业图纸的识读和绘制能力。

本章让学生了解园林设计要素在园林设计中的分类及作用，通过对园林设计要素的概念、图例的编制要求及表达等方面的学习，让学生具备对园林设计图纸的规范表达和初步识读能力，为今后进一步培养设计分析能力奠定基础。通过识图、抄绘、测绘等环节，提高学生的专业实践能力，引导学生逐步向专业主干课的学习过渡。

3.1 园林设计要素的认识及图例画法

每一种艺术和设计学科，包括园林规划设计，都具有特殊的、固有的表现手法。艺术家和设计师们正是利用这些手法来将他们的目的、思想、理念和情感转化成一个实际形象，以供人们欣赏和利用。园林设计师借助2种手法将构思转化为人们能接受的形象：一是用铅笔、墨水、图标、纸张、图板、电脑以及诸如此类的工具，将设计意图用图示或模型的形式表现出来；二是利用地形、植物、建筑、水体、道路、园林建筑小品等，建立具有三维空间的实体。第一种手法是利用具有代表性的方式来描绘设计意图，而第二种手法实际上就是设计的自身要素，换句话说，也就是园林规划设计的物质要素。本节将对物质要素的认识及其图例画法进行阐释。

为了对园林设计要素有一个更为直观的理解，我们来比较一下文章与园林设计（图3-1），从而确定在园林设计初步阶段，我们应该掌握哪些概念性的知识及其深度。一篇文章需要词汇、标点符号、语法等来完成，而一个园林设计需要各种设计要素（建筑、植物、地形、园林小品、铺装、水体等）（图3-2）、图用符号、设计方法来表达。园林设计要素好比写文章的词汇，图用符号好比文章中的标点符号，设计方法好比语法。只有将词汇结合语法熟练灵活地应用并配以准确的标点符号，才能写出一篇吸引人的美文；一个好的园林设计即是将设计要素融入到恰当的设计方法中，并配以准确的图用符号加以表达。园林设计要素既是设计的基础也是关键，需要熟练掌握才能进入方案设计阶段。

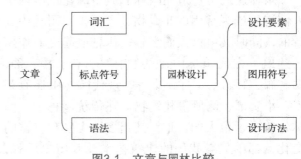

图3-1 文章与园林比较

图3-2　园林设计要素实景

3.1.1　建筑

3.1.1.1　建筑的分类

日常生活中，我们接触过许许多多的建筑，以不同的分类方式，有高层与低层之分、生产与非生产之分、墙体承重结构与框架结构之分等。本书重点从建筑的使用性质出发，了解建筑的分类及园林建筑的归属。

①生产性建筑　工业建筑和农业建筑。

②非生产性建筑　又叫民用建筑，供人们工作、学习、生活、居住等，可以分为居住建筑和公共建筑。

居住建筑　主要是指供家庭和集体生活起居用的建筑场所，如住宅、宿舍、公寓等。

公共建筑　主要是指供人们开展各种社会活动的建筑物，包括文教、医疗、观演、体育、展览、旅馆、商业、电信、交通、办公、金融、饮食、园林、纪念等活动。

从以上分类看，园林建筑属于非生产性建筑的公共建筑类。

3.1.1.2　常见园林建筑

园林建筑是建造在园林和城市绿化地段内供人们游憩或观赏用的建筑物，主要指在园林中成景的，同时又可供人们赏景、休息或起交通作用的建筑。古代园林中常见的有亭、台、楼、阁、榭、廊、轩、舫、厅、堂等，现代园林中还有茶室、小卖部、厕所等建筑物。在传统园林中，园林建筑占了很大的比重，其繁多的类别和丰富的变化，都彰显着我国的建筑艺术及其历史成就，在世界上颇负盛名。在现代园林中，园林建筑所占的比重大大减少，但对于各园林建筑单体仍需要仔细研究，使其功能、艺术效果、位置、比例等与周围环境相协调。园林建筑设计要把建筑作为一种风景要素来考虑，使之和周围的山水、树木等融为一体，共同构成美景。

3.1.1.3　建筑的图例认识和表达

（1）建筑平、立、剖面图

①建筑平面图的认识　建筑平面图是用一个假想水平面沿门窗洞位置（对于没有门窗的建筑，则沿支撑柱的部位）剖切后，移去上部，对剖切面以下部分所作的水平投影图（图3-3）。它反映出房屋的平面形状、大小和布置；墙、柱、门、窗的位置、尺寸等。建筑平面图有以下几种类型：

一层平面图（或底层平面图）　用假想水平面沿建筑第一层门窗洞的位置（对于没有门窗的建筑，则沿支撑柱的部位）剖切后所作的水平投影图（图3-4）。

标准层平面图　指多层结构相同的平面图（图3-5）。

顶层平面图　用假想水平面沿建筑顶层门窗洞位置（对于没有门窗的建筑，则沿支撑柱的部位）剖切后所作的水平投影图（图3-6）。

屋顶平面图　指在房屋的上方，向下作屋顶外形的水平正投影图（图3-7）。

总平面图　又称总体布置图，主要表示整个建筑基地的总体布局，具体表达新建房屋的位置、朝向以及周围环境，原有建筑、交通道路、绿化、地形等基本情况。图上有指北针［图3-8（a）］，有的还有风玫瑰图。

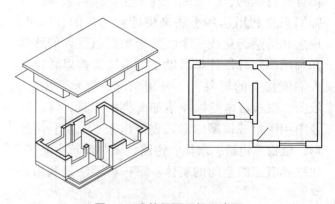

图3-3　建筑平面理解示意图

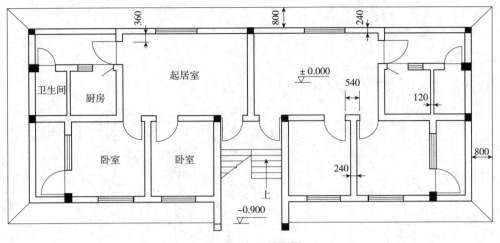

图3-4　一层平面图

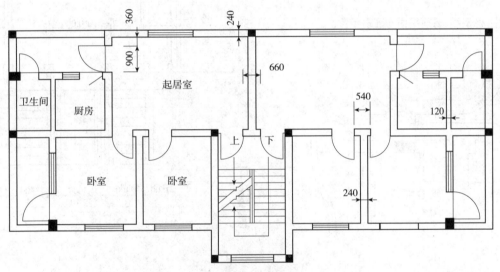

图3-5　标准层平面图识读

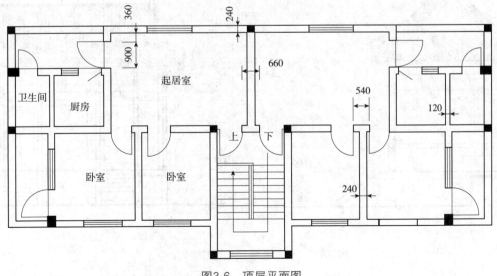

图3-6　顶层平面图

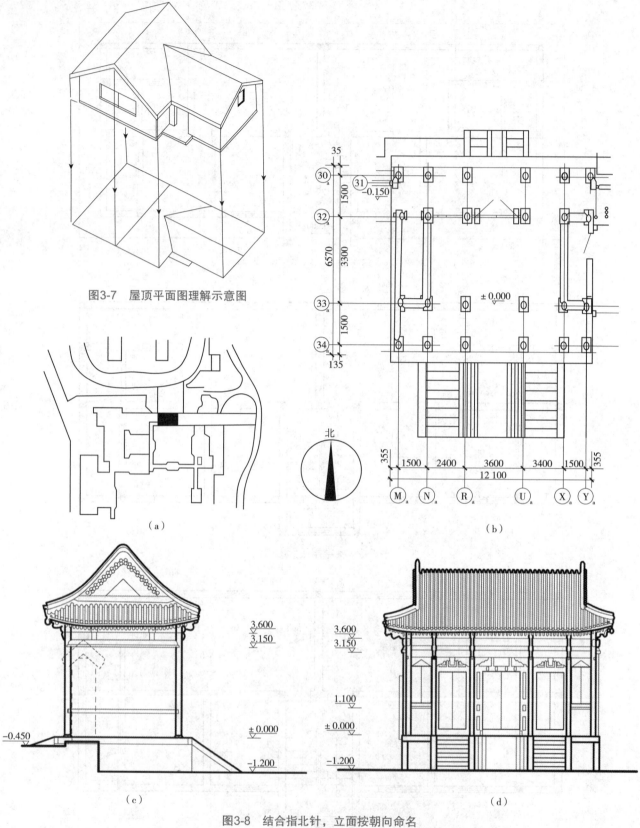

图3-7 屋顶平面图理解示意图

图3-8 结合指北针，立面按朝向命名

(a)总平面图；(b)底层平面图；(c)西立面图；(d)南立面图

提示：园林设计总平面图是反映设计意图和总体思路最重要的图纸，其表达内容和绘制要求将在第 7 章中展开讲解。

② 建筑立面图的认识 建筑立面图是在与房屋立面相平行的投影面上作垂直投影图。反映房屋的外形、高度等情况（图 3-9）。建筑立面图的表示方法有以下几种：

用朝向命名 结合平面图和指北针 [图 3-8（b）]，建筑物的某个立面面向哪个方向，就称为哪个方向的立面图，如东、南、西、北立面图 [图 3-8（c）（d）]。

按外貌特征命名 结合平面图 [图 3-10（a）（b）]，将建筑物反映主要出入口或比较显著地反映外貌特征的一面称为正立面图，其余立面图依次为背立面图、左侧立面图和右侧立面图 [图 3-10（c）（d）]。这种标注方式有其局限性，仅适用于某个立面有显著造型特征的建筑物。

用建筑平面图中的首尾轴线命名 结合平面图 [图 3-11（a）（b）]，按照观察者面向建筑物从左到右的轴线顺序命名，如①~⑧立面图、Ⓐ~Ⓒ立面图等 [图 3-11（c）（d）]。

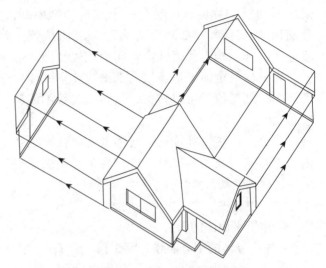

图 3-9 建筑立面图理解示意图

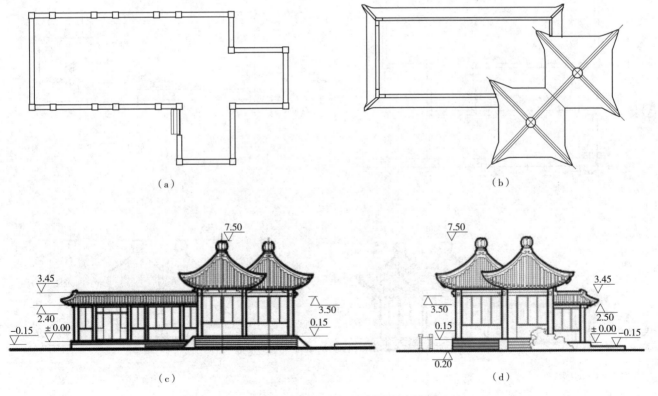

图 3-10 结合建筑外貌特征，立面按正侧位命名

（a）底平面图；（b）屋顶平面图；（c）左侧立面图；（d）右侧立面图

③建筑剖面图的认识　为表明房屋内部垂直方向的主要结构，用一个假想铅垂面将房屋垂直剖开，移去其中一部分，把余下的部分向投影面投射所得到的投影图，称为剖面图（图3-12）。根据房屋的复杂程度，可绘制一个或多个剖面图，分别用1-1剖面、2-2剖面等表示。剖切位置一般选在内部结构有代表性或空间变化较复杂的部位。为了尽量全面表达建筑内部结构和空间变化等情况，剖切位置可以转折，但转折次数不能超过2次。

提示：剖切位置转折一次：当剖切位置线从建筑内部某一点平移到另一点，再沿剖切位置切出建筑时，剖切位置转折了一次（图3-13）。

（2）建筑平、立、剖面图的画法

①建筑平面图的画法

· 先作墙体的中心稿线［图3-14（a）］；

· 以稿线为基础作墙的内外侧线［图3-14（b）］；

· 定出门窗和台阶的位置［图3-14（c）］；

· 加深图线并分出线型等级［图3-14（d）］。

②建筑立面图的画法

· 先作地平线，依照平面图［图3-15（a）］，作墙的外侧线［图3-15（b）］；

· 定出门窗位置，量出屋顶高度和出檐尺寸［图3-15（c）］；

· 作出材料分割线［图3-15（d）］；

· 加深图线并分出线型等级［图3-15（e）］。

③建筑剖面图的画法

· 先作地平线，依据平面图上部位置及剖切方向［图3-16（a）］，作剖切部分的墙体和屋面稿线，定出墙厚和屋面厚［图3-16（b）］；

· 作出未剖切到的墙、屋顶等的投影线，定出门窗和台阶的位置［图3-16（c）］；

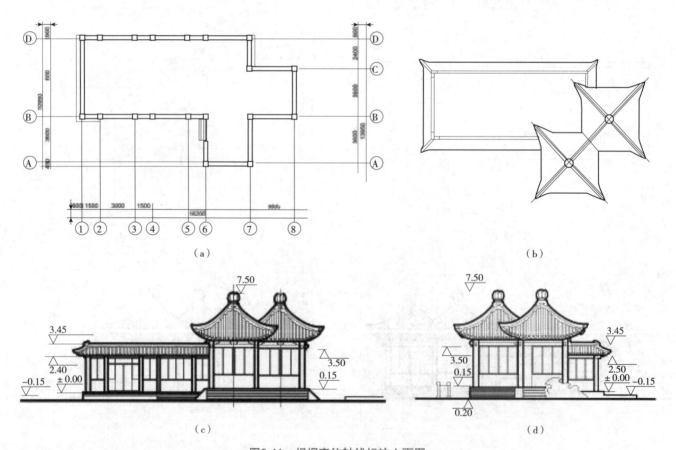

图3-11　根据定位轴线标注立面图

（a）底平面图；（b）屋顶平面图；（c）①~⑧立面图；（d）Ⓐ~Ⓒ立面图

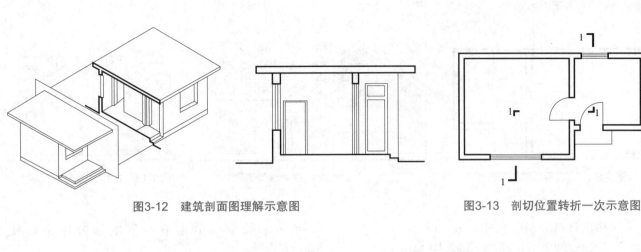

图3-12 建筑剖面图理解示意图　　图3-13 剖切位置转折一次示意图

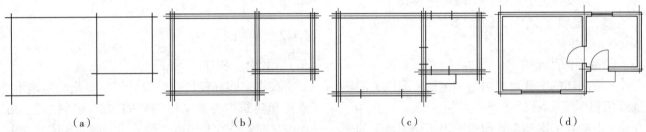

图3-14 平面图的画法步骤

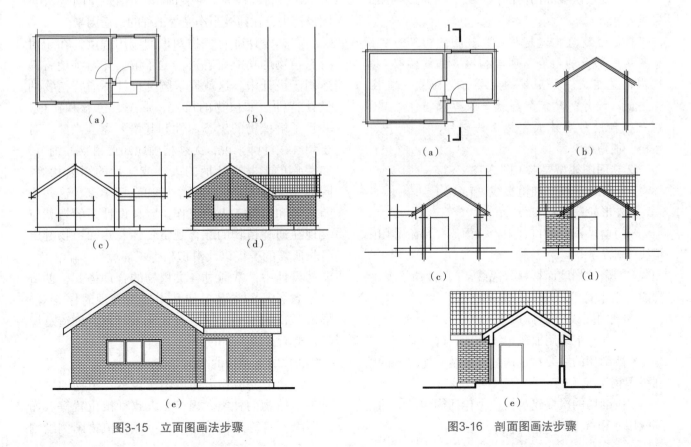

图3-15 立面图画法步骤　　图3-16 剖面图画法步骤

图3-17　建筑平面图线型表达　　图3-18　建筑立面图中线型表达　　图3-19　建筑剖面图线型表达

- 作出材料分割线［图3-16（d）］；
- 加深图线并分出线型等级［图3-16（e）］。

（3）建筑平、立、剖面图的线型规范（见表2-5）

①平面图线型要求（图3-17）

- 被剖切的主要建筑构造（包括构配件）的轮廓线用粗实线（b）；
- 被剖切的次要建筑构造（包括构配件）的轮廓线用中粗线（$0.7b$）；
- 次要层次线如门窗的内框线、台阶线等用细实线（$0.5b$）。

提示：建筑构造是研究建筑物的构造组成以及各构成部分的组合原理与构造方法的学科。建筑构件是组成一个房屋的主要部件形式，有柱、梁、板、墙等。建筑配件就是除建筑构件外其他的一些辅助房屋建成和施工的构件，有脚手架、螺栓、钢筋接头等。

②立面图线型要求（图3-18）

- 室外地平线用加粗实线（$1.4b$）；
- 外形轮廓用粗实线（b）；
- 门窗外框、檐口、阳台、雨篷、台阶等用中粗线（$0.7b$）；
- 其余的如墙面材料分隔线、门窗内框线、踢脚线、雨水管等均用中实线（$0.5b$）。

③剖面图线型要求（图3-19）

- 室外地平线用加粗实线（$1.4b$）；
- 被剖切的主要建筑构造（包括构配件）的轮廓线用粗实线（b）；
- 被剖切的次要建筑构造（包括构配件）的轮廓线用中粗线（$0.7b$）；
- 未被剖切到但看得到的部分用中实线（$0.5b$）。

3.1.2　植物

3.1.2.1　概述

在许多园林设计中，设计师主要是利用地形、植物和建筑等要素来组织空间和解决问题的，植物因其观赏特性和组织空间的功能而使环境充满生机和美感。尽管植物蕴含着许多功能，但有些设计人员仅仅将其视为一种装饰物，结果植物在室外空间设计中，往往被当作完善工程的最后因素。

园林设计师对植物知识的应用程度，在于对所有植物的功能有着透彻的了解，并熟练地将其运用于设计中。这就要求园林设计师通晓植物的设计特性，如植物的尺度、形态、色彩和质地，并且了解植物的生态习性和栽培要点。当然，对于园林设计师来说，无须精确地知道植物的细节，如芽痕的形状、叶柄的大小或叶片的锯齿状等。园林设计师不必成为一个植物栽培学家，这些是园艺师和苗圃工人的工作。园林设计师的智慧应表现在通晓植物的综合观赏特性、熟知植物健康生长所需的生境以及对植物生长环境的了解方面。园林设计中，常通过各类植物的合理搭配，创造出景致各异的景观，如利用植物表现时序景观、形成丰富的空间层次、表现地域特色、创造意境等，从而愉悦人们的身心。

3.1.2.2　植物的图例

设计中的植物需要用图例表示。植物图例用于表示植物的种类、规格、大致种植位置等。如果图纸不打算展示给客户，可以将植物图例绘制成简单的圆。这种表示方法的优点在于简单、快捷，缺点是需要附加大量的植物名录表加以说明。从表现方式来看，对于植物知识了解甚少的客户，这些方案可能既不具有表现力也很难看懂。

当图纸需要展示给客户时，绘制的植物图例应完整、细腻。尽管这种方式会花费很多时间，但易于识读，这样有助于向客户表达整个设计理念（图3-20）。

（1）植物图例三要素

绘制任何植物图例都包含植物的种植位置、规格和种类这3个方面，简称植物图例三要素。

①种植点 每个植物图例的中心点都代表植物单体（图3-21），这有助于辨别单个植物，尤其当几种植物混种时，种植点就更为重要了。种植点能准确地表达设计，并能确定种植位置。

②规格 按比例以等圆作树冠圆，即以树干位置为圆心，以树冠平均半径等比缩放作圆，植物图例的直径代表植物冠幅（图3-22）。必须让客户明白，要达到预期的景观效果需要一段时间，否则，施工后他们会因场地中植物与设计中的规格不符而感到疑惑。在园林设计中，植物分布取决于生长成熟期所需空间的大小。为了在设计图中感受到预期效果，在绘制植物图例时应尽量按成熟期的尺寸等比例缩放，以便能反映树木的大致规格和空间效果。

③种类 尽管植物的种类可用名录详细说明，但为了使平面图更加清晰、明了，容易区分各植物，编制图例时应尽可能依据树形特征，用不

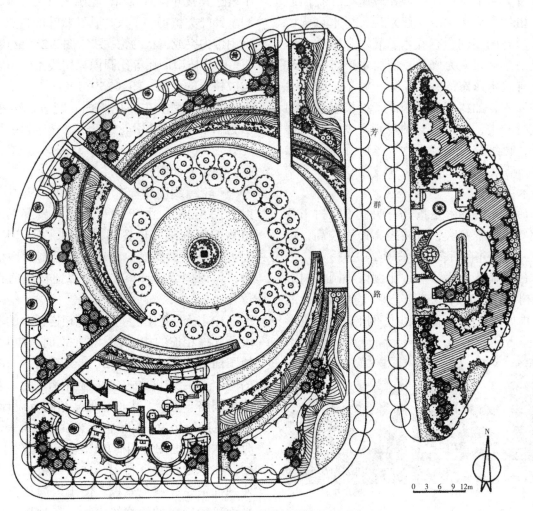

图3-20 具有表现力的植物图例画法

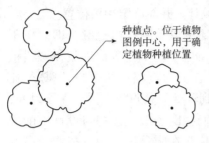
图3-21　种植点确定植物种植位置　　图3-22　以树冠平均半径等比缩放作圆
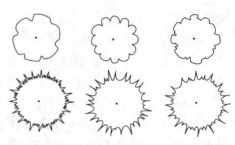
图3-23　针叶类和阔叶类植物画法区别

同的表现形式表示不同类别的植物。例如，用尖齿状轮廓表示针叶类植物，用柔和的曲线状表示阔叶类植物（图3-23），用分枝型表示落叶阔叶树，用枝叶型表示常绿树等。

（2）植物图例画法

可将植物分为木本植物和草本植物。木本植物的茎含有大量的木质，一般比较坚硬，我们通常把木本植物称为树木。一般来说，树木可依植株高度及形态的不同，有乔木、灌木和木质藤本之分。但是，可因人为修剪，使树木形态有所改变，产生有灌木形态的乔木，如小叶榕，或是乔木形态的灌木，如树玫瑰。因此，应根据后天的栽培来进行分类，并无绝对的规则。也可以根据是否落叶，再细分为常绿乔木、落叶乔木、常绿灌木和落叶灌木。

①乔木

乔木的含义　乔木是指具有明显木质树干及树枝的植物，植株高大，分枝距离地面较高，可以形成较大树冠并存活多年（图3-24）。

乔木的平面表示方法　按比例以等圆作树冠圆，即以树干位置为圆心，以树冠平均半径等比缩放作圆，再加以表现即可。根据图例不同的表现形态，可将乔木的平面表示分为3种类型。在初步设计阶段，用圆模板可以快速绘制小型到中型植物图例，而大型植物图例则要用圆规辅助绘制。

• 轮廓型：用线条勾出等比圆轮廓，线条可粗可细，根据植物种类的不同，轮廓可光滑，可以是柔软曲线，也可有缺口或尖突。阔叶类植物为了表达其枝叶自然柔和，轮廓线可用柔软的曲线绘制。针叶类植物为了表达其针状叶的特点，轮廓线可用带尖突或齿状的轮廓线［图3-25（a）~（c）］。

• 分枝型：在等比圆内只用线条的组合表示树枝或枝干的分叉［图3-25（d）（e）］。

• 枝叶型：在等比圆内，既表示分枝，又表示冠叶，树冠可用轮廓表示，也可用质感表示［图3-25（f）~（h）］。

乔木平面图绘制的注意事项：

• 轮廓线应像车轮轮辐一样，从中心向外辐射（图3-26）。由于手和手指移动角度的缘故，植物图例的某些位置很难绘制，尤其水平位置，因为此时手指要横向移动。在绘制大型植物图例时，可以围绕设计桌移动，以便找到适宜的绘制位置。

• 树冠的避让：一是几株相连树木的避让。当表示几株相连的相同树木的平面时，应互相避让，使图面形成整体（图3-27）。二是树木与其他要素的避让。在设计图中，当树冠下有花台、花坛、花境或园路、坐凳、水面、低矮植物等设计内容时，要注意避让，为了尽量将所有设计要素表达全，此时树木的平面图宜用简单图例绘制（图3-28）。另外，在基地现状资料图、详图或施工图中，为了使图面清楚、避免遮挡，便于识读和施工，树木平面可用简单的轮廓线表示，有时甚至只用小圆

阔叶类乔木

针叶类乔木

棕榈科乔木

图3-24　乔　木

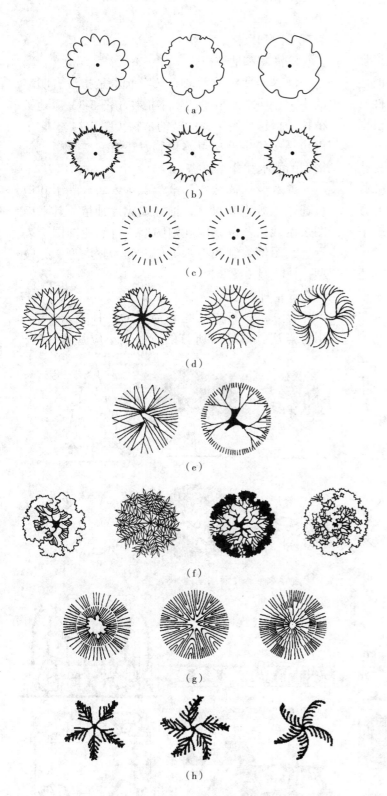

图3-25 乔木各种类型平面图例画法
（a）轮廓型阔叶类；（b）轮廓型针叶类；（c）轮廓型棕榈类；
（d）分枝型阔叶类；（e）分枝型针叶类；（f）枝叶型阔叶类；
（g）枝叶型针叶类；（h）枝叶型棕榈类

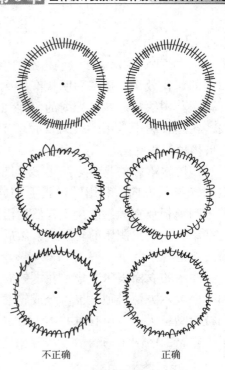

不正确　　　正确

图3-26　轮廓线从中心向外辐射

图3-27　几株相连树的相互避让

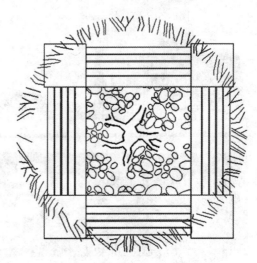

图3-28　简单的乔木图例，清晰表达乔木下的座椅形式

点标出树干的位置。

• 树木平面的落影：绘制树木的落影可以增加图面的对比效果，使图面明快有层次。树木的地面落影与树冠的形状、光线的角度和地面条件有关，在园林图中常用落影圆表示，有时也可根据树形稍稍作些变化。

作树木落影的具体方法可参考图3-29。先选定阳光投射方向，利用圆模板上相同规格的圆，即把圆模板放在植物图例上，然后沿着投影的方向移动，绘制出阴影的轮廓线，然后用影线或平涂法填充阴影。

乔木的立面表示方法：乔木的立面表示方法和平面表示方法类似，也可分成轮廓型、分枝型和枝叶型三大类，但有时并不十分严格。树木在平、立、剖面图中的表示方法应相同（图3-30），表现手法和风格应一致（图3-31、图3-32）。

②灌木和地被植物

灌木和地被植物的含义　灌木是指没有明显的主干、矮小而丛生的木本植物（图3-33）。地被植物是指株丛密集、低矮的植物（图3-34）。它不仅包括多年生低矮草本植物，还有一些低矮、匍匐型的灌木和藤本植物。

灌木和地被植物的平面表示方法　灌木和地被通常以规则和自然2种方式成片种植。其平面图表示栽植范围，用规则图形或自然轮廓图形表示，其图例编制和乔木类似，分为轮廓型、分枝型、枝叶型（图3-35）。

③草坪和草地

打点法　打点法是较简单的一种表示方法。用打点法画草坪时所打的点的大小应基本一致，

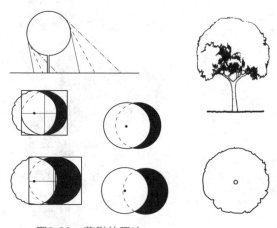

图3-29　落影的画法

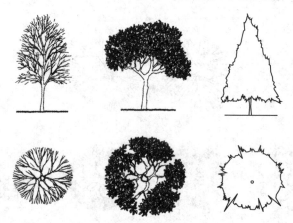

图3-30　乔木平、立面图画法一致

图3-31　树木平、立面图表现手法一致

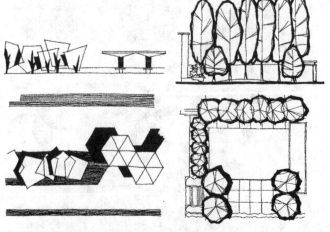

图3-32　乔木平、立面图表现风格一致

图3-33 矮小而丛生的灌木　　图3-34 地被植物　　图3-35 灌木和地被植物的图例画法

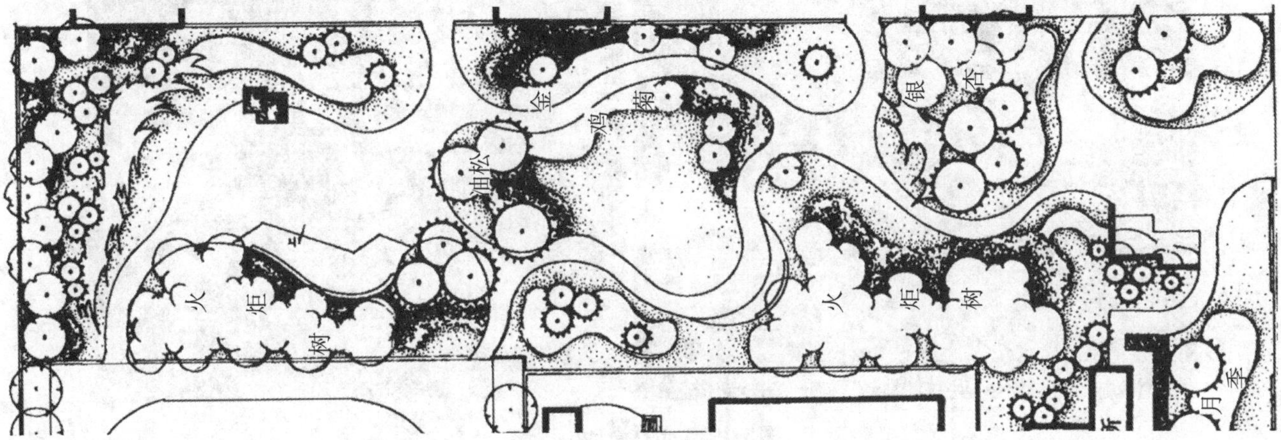

图3-36 打点法绘制草地,疏密有致,画面更有层次

(a)　　(b)　　(c)　　(d)

图3-37 草地和草坪的图例画法

无论疏密,点都要打得相对均匀。为了增强设计图的层次效果,打点时应按有物体的边缘密,逐渐向空地疏的节奏控制点疏密程度[图3-36、图3-37(a)]。

排线法　用长短不同的小线段排列组合成不同的图例,表达不同质感的草地[图3-37(b)~(d)]。

3.1.3 地形

地形是地貌的近义词。就风景区范围而言,地形包括复杂多样的类型,如山谷、高山、丘陵、草原以及平原,这些地表类型一般称为"大地形"(图3-38)。从园林范围来讲,地形包含土丘、台地、斜坡、平地或因台阶和坡道所引起的水平面变化的地形,这类地形统称为"小地形"(图3-39)。

提示:什么是地貌?地貌即地球表面各种形态的总称,又称为地形。地表形态是多种多样的,成因也不尽相同,是内、外力地质作用对地壳综合作用的结果。

在园林设计中,几乎任何设计要素都与地面相接触,地形是构成景观任何部分的基本结构因素,它的作用如同建筑物的构架,或者说是动物的骨架。地形能系统地制定出环境的总顺序和形态,而其他因素则被看作是叠加在构架表面的覆盖物。

图3-38 大自然地表大地形

图3-39 园林设计小地形

3.1.3.1 地形的类型

对于园林设计师来说，形态乃是涉及土地的视觉和功能特性最重要的因素之一。从形态的角度来看，景观就是虚体和实体的一种连续的组合体。所谓实体即是指那些空间制约因素（即地形本身），而虚体则指的是各实体间所形成的空旷地域。在外部环境中，实体和虚体在很大程度上是由下述几种类型的地形构成的，这些地形总是彼此相连，相互融合，互助补足。

（1）平坦地形

①定义　就是指任何土地的基面应在视觉上与水平面平行。尽管理论上如此，而实际上在外部环境中，并没有这种完全水平的地形统一体。这是因为所有地面上都有不同程度的，甚至是难以觉察的坡度。因此，这里所使用的"平坦地形"，指的是那些总地看来是"水平"的地面，即使它们有微小的坡度或轻微起伏，也都包括在内。

②特性

• 最为简明和稳定，给人舒适和踏实的感觉（图3-40）。

• 空间开阔、暴露，视线通透。如需营造私密空间，需其他要素帮助（图3-41）。

• 存在着水平面的协调性，能使水平线和水平造型成为环境的协调要素（图3-42）。

• 安定、宁静，使其自身成为其他垂直线形元素的背景，创造视觉焦点（图3-43）。

• 多方向等同特性，让设计具有更多的选择性，使在平坦地形上进行设计更具有挑战性（图3-44）。

（2）凸地形

①定义　是一种凸出高起的正向空间，具有动态感和进行感，表现形式有土丘、丘陵、山峦以及小山峰。

②特性

• 最具抗拒重力而代表权力和力量的因素，适

图3-40　平坦地形不形成私密空间

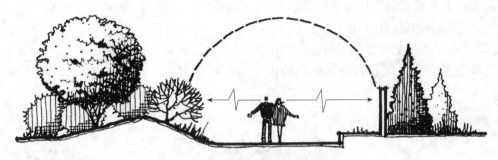

图3-41　依托其他要素营造私密空间

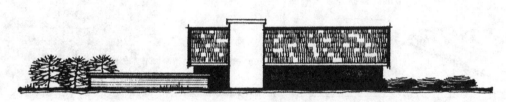

图3-42　以赖特草原式住宅为例，强烈而有力的水平线协调整体

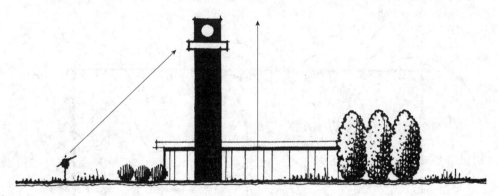

图3-43　平坦地形作为稳定的背景，创造视觉焦点

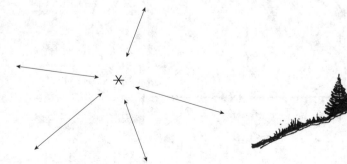

图3-44　平坦地形让设计具有多方向等同性

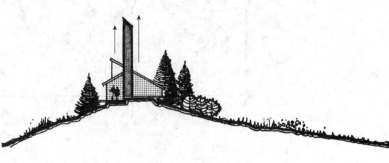

图3-45　凸地形上设置其他设计要素，视觉焦点更显著

宜营造权威、荣耀、崇敬等氛围。如政府大厦、教堂、纪念碑等。

• 可作为焦点物或具有支配地位的要素，在设计中可作为视觉焦点起地标性作用引导游人。在凸地形的顶端焦点上布置其他设计要素，如建筑、大乔木等，可强化焦点特性（图3-45）。

• 为观察周围环境提供更广泛的视野。设计中常借助凸地形建观景平台，既起到视觉焦点的作用，同时可成为观赏周围乃至全园、全市的观景点（图3-46）。

• 凸地形的不同坡度、坡向，在阳光和风向中具有显著的变化，对外部环境中的小气候具有明显的调节作用（图3-47）。

（3）山脊

①定义　总体上呈线状，与凸地形类似，其形状更紧凑、集中。也可以说脊地是凸地形"深

图3-46　凸地形提供向外观赏视域

图3-47　凸地形对小气候的调节作用

图3-48　凸地形的深化变体——山脊

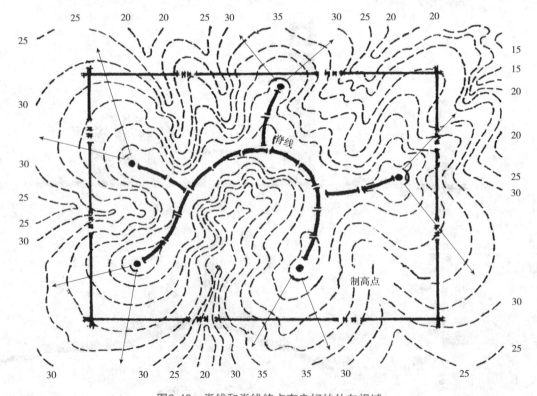

图3-49　脊线和脊线终点有良好的外向视域

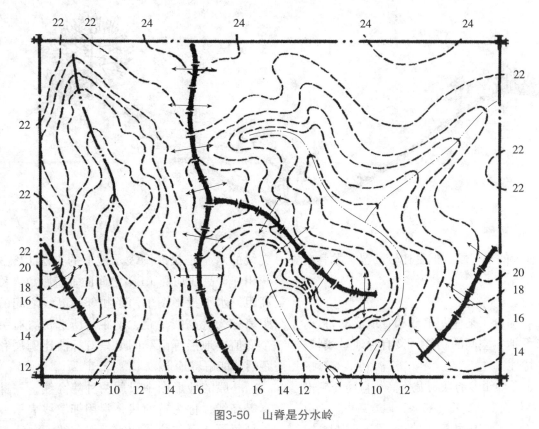

图3-50 山脊是分水岭

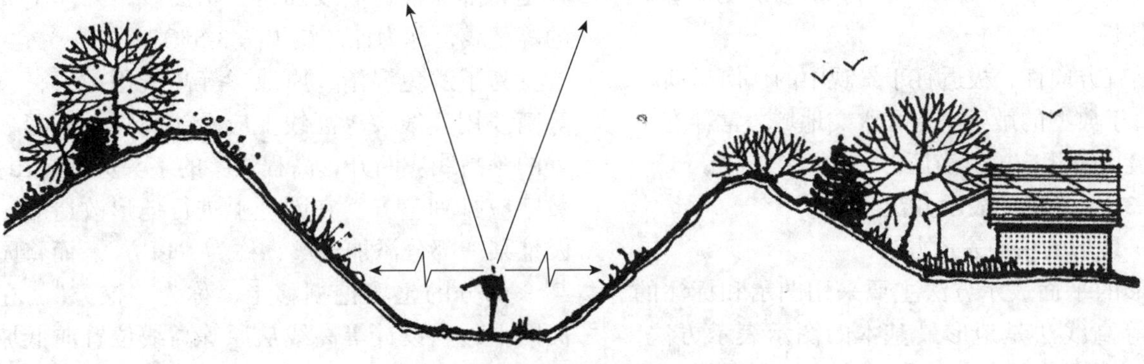

图3-51 视线封闭，创造私密空间

化"的变体（图3-48）。

②特性

• 脊地能提供一个具有外倾于周围景观的制高点，山脊的脊线和脊线终点是很好的视点，能向外观赏周围的景观（图3-49）。

• 可充当一个空间的分隔物，同时具有利于排水的优点（图3-50）。

• 具有导向性和动势感，具有猎取视线并沿其长度引导视线的能力，是设置道路、停车场、建筑等要素的理想场所。

（4）凹地形

①定义　在景观中被称为碗状洼地。它并非一片实地，而是不折不扣的空间。

②特性

• 具有内向性和不受外界干扰的空间，给人一种分割感、封闭感和私密感（图3-51）。

• 形成向内和向下的视线，宜设置表演舞台（图3-52）。

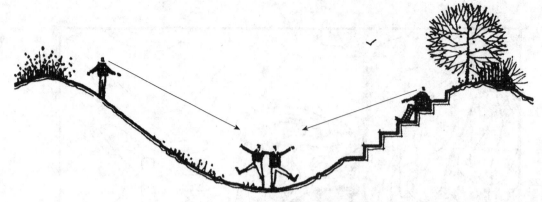

图3-52 凹地形中向内、向下的视线

・具有宜人的小气候，但是比较潮湿，尤其在底层周围。

（5）谷地

①定义 综合了某些凹地形和脊地形的特点。既有凹地形低地实空间的功能，又有脊地呈线状、具方向性的特性。

提示：山脊和山谷的区别是等高线向高处突出为山谷，等高线向低处突出为山脊，即弯高中低为山谷［图3-53（a）］、弯低中高为山脊［图3-53（b）］。

②特性

・具有方向性，极适宜于景观中的任何运动。

・属于典型的敏感生态和水文地域，常伴有小溪、河流以及相应的泛滥区。

3.1.3.2 地形的表示方法

（1）地形的平面表示方法

地形的平面表示方法主要采用图示和标注的方法。等高线法是地形最基本的图示表示方法，在此基础上可获得地形的其他直观表示。标注法则主要用来标注地形上某些特殊点的高程，常用于详细竖向设计及施工图中。

提示：原地形图是设计师进行规划设计的基础，有经验的设计师能熟练地读懂地形图。对于初学者而言，地形的表示方法存在一定难度，学习中需要耐心研究、反复推敲，初步认识地形的表示。该部分内容还需要在后续课程如测量学、园林工程等课程中进一步详细学习。

①等高线法 是以某个参照水平面为依据，用一系列等距离假想的水平面切割地形后所获得的交线的水平正投影图表示地形的方法（图3-54）。两相邻等高线切面（L）之间的垂直距离h称为等高距，水平投影图中两条相邻等高线之间的垂直距离称为等高线平距，平距与所选位置有关，是个变值。地形等高线图上只有标注比例尺和等高距后才能解释地形。

一般的地形图中只用两种等高线，一种是基本等高线，称为首曲线，常用细实线表示；另一种是每隔4根首曲线加粗一根曲线，并注上高程的等高线，称为计曲线（图3-55）。

为了避免混淆，原地形等高线用虚线，设计等高线用实线。等高线上应标注高程，高程数字处的等高线应断开，高程数字的字头应朝向山头，数字应排列整齐。在园址上进行地形改造时，为园址某一部分添加土壤，称为"填方"。而将园址某一部分的土壤挖掘移走，称为"挖方"。在平面图上，当设计等高线从原等高线位置向低坡移时（走向较低数值的等高线），表示"填方"。反之，设计等高线向高坡移时（走向较高数值的等高线），则表示"挖方"（图3-56）。

②坡级法 在地形图上，用坡度等级表示地形的陡缓和分布的方法称作坡级法。这种图示方法较直观，便于了解和分析地形，常用于基地现状分析图中。坡度等级根据等高距的大小、地形的复杂程度以及各种活动内容对坡度的要求进行划分。地形坡级图的作法可参考图3-57的步骤，确定出不同坡度范围（坡级）内的坡面，并用线条或色彩加以区别，常用的区别方法有影线法

（图3-58）和色彩表示法。

③高程点标注法　当需表示地形图中某些特殊的地形点时，可用"+"或圆点标记这些点，并在标记旁注上该点参照面的高程，高程常注写到小数点后第二位，这些点常处于等高线之间，这种地形表示法称为高程点标注法（图3-59）。高程点标注法适用于标注建筑物的转角、墙体和坡面等顶面和底面的高程，以及地形图中最高和最低等特殊点的高程。因此，场地平整、场地规划等施工图中常用高程标注法。

提示：利用计算机和3S（GPS、GIS、RS）技术，通过这些现代化的手段可以获得第一手资料，用计算机配合GIS软件自动生成地形进行表达。

（2）地形的剖面图表示方法

作地形剖面图时，先根据选定的比例结合地形平面作出地形剖断线，然后绘出地形轮廓线，

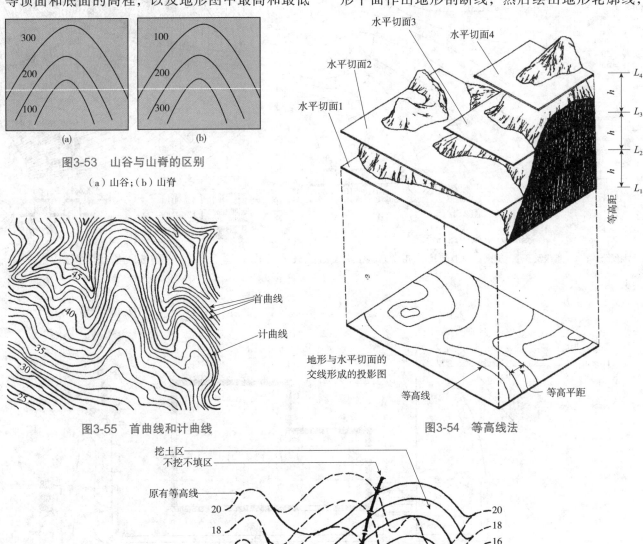

图3-53　山谷与山脊的区别
（a）山谷；（b）山脊

图3-55　首曲线和计曲线

图3-54　等高线法

图3-56　原等高线和设计等高线表示挖土区和填土区

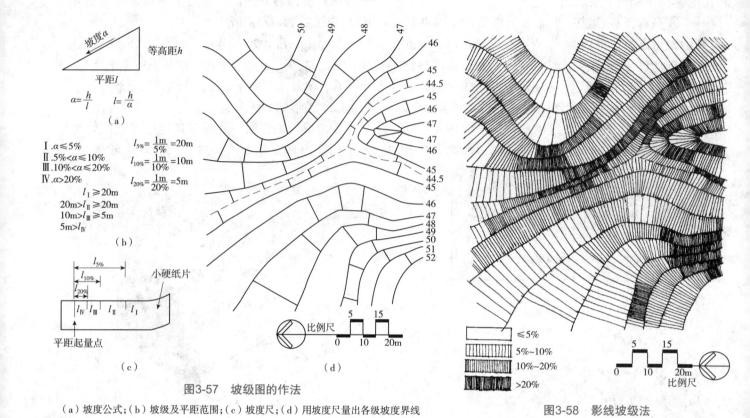

图3-57 坡级图的作法
（a）坡度公式；（b）坡级及平距范围；（c）坡度尺；（d）用坡度尺量出各级坡度界线

图3-58 影线坡级法

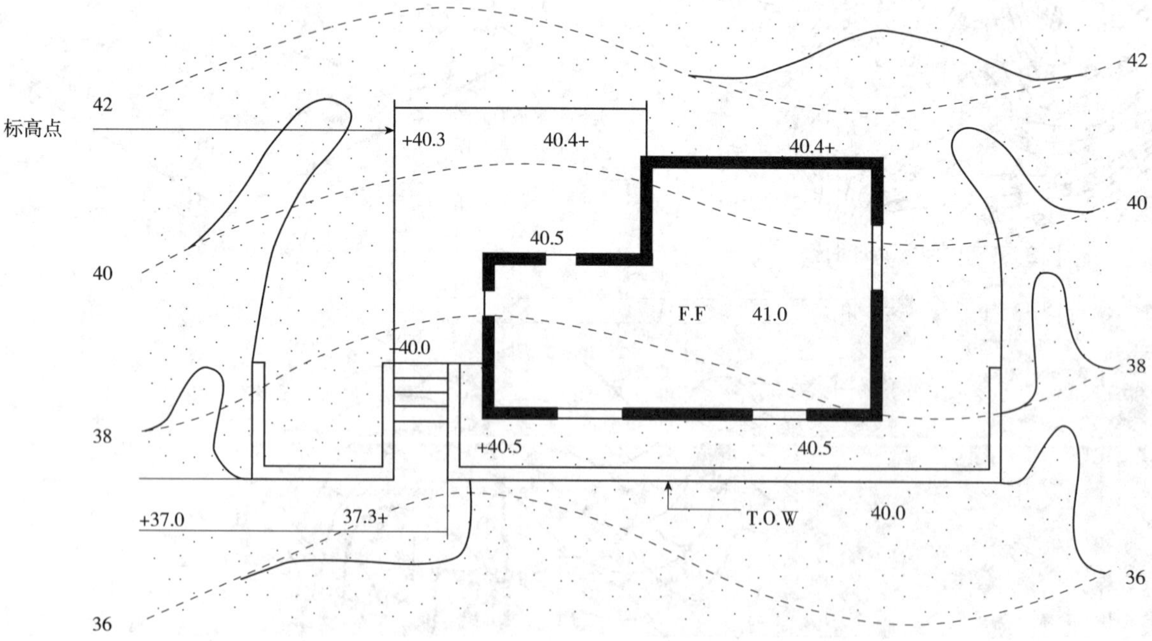

图3-59 高程点标注特殊高程变化

并加以表现，便可得到较完整的地形剖面图。下面着重介绍一下地形剖断线和轮廓线的作法。

① 地形剖断线的作法　求作地形剖断线的方法较多，此处只介绍一种简便的作法。首先，在描图纸上按比例画出间距等于地形等高距的平行线组，并将其覆盖到地形平面图上，使平行线组与剖切位置线吻合，然后借助丁字尺和三角板作出等高线与剖切位置线的交点［图3-60（a）］，再用光滑的曲线将这些点连接起来并加粗加深，即可得到地形剖断线［图3-60（b）］。

② 垂直比例　地形剖面图的水平比例应与原地形平面图的比例一致，垂直比例可根据地形情况适当调整。当原地形平面图的比例过小、地形起伏不明显时，可将垂直比例扩大5~20倍。采用不同的垂直比例所作的地形剖面图的起伏不同，且水平比例与垂直比例不一致时，应在地形剖面图上同时标出这两种比例。当地形剖面图需要缩放时，最好还要分别加上图示比例尺（图3-61）。

③ 地形轮廓线　在地形剖面图中除需表示地形剖断线外，有时还需表示地形剖断面后没有剖切到但又可见的内容。可见地形用地形轮廓线表示。求作地形轮廓线实际上就是求作该地形的地形线和外轮廓线的正投影。如图3-62所示，图中虚线表示垂直于剖切位置线的地形等高线的切线，将其向下延长与等距平行线组中相应的平行线相交，所得交点的连线即为地形轮廓线。树木投影的做法为：将所有树木按其所在的平面位置和所处的高度（高程）定到地面上，然后作出这些树木的立面，并根据前挡后的原则擦除被挡住的图线，描绘出留下的图线即得树木投影。有地形轮廓线的剖面图的做法较复杂，若不考虑地形轮廓线，则作法要相对容易些。因此，在平地或地形较平缓的情况下可不作地形轮廓线，当地形较复杂时应作地形轮廓线。

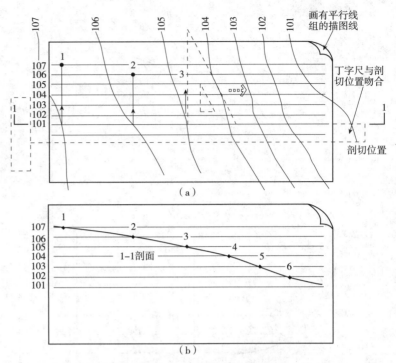

图3-60　地形剖断线的作法

（a）求出相应交点；（b）用光滑曲线连接交点

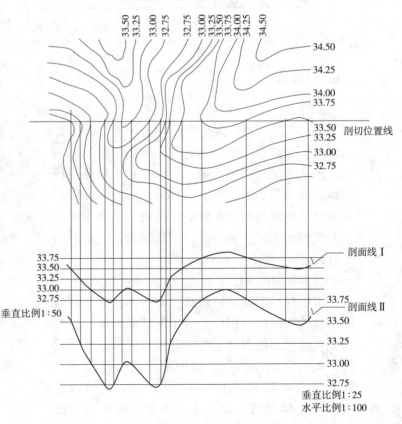

图3-61　地形断面的垂直比例

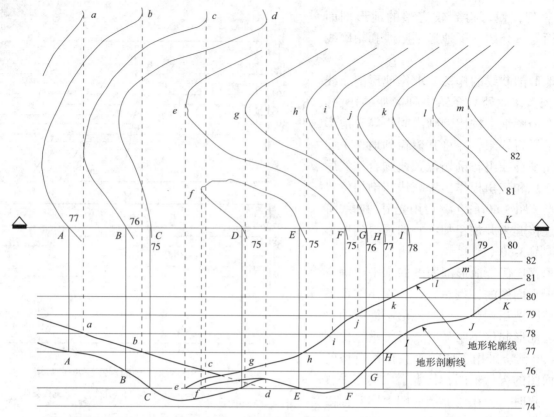

图3-62 地形轮廓线的作法

3.1.4 水体

3.1.4.1 水的一般特性

人具有亲水性，人们除了维持生命迫切需要水之外，在感情上也亲水。水在环境中能引人入胜，人在本能上也更喜爱接触水。水是园林设计中最迷人和最激发人兴趣的因素之一，水在园林设计要素中显得更有灵性。中国自古就有崇尚山水的美学思想，水依山活，山依水秀，更是道出了古人造园的精髓。

（1）水的可塑性

水本身没有固定的形状，水的形状是由容器的形状所决定的。因此，一定形状的水体，必须首先有容纳水的载体，这个载体可以是自然天成的，如浙江杭州西湖、四川阿坝州松潘县境内著名景点黄龙五彩池（图3-63）等，也可以是人工设计建造的，如海南三亚希尔顿大酒店泳池（图3-64）、江苏苏州留园中人工开凿的水池（图 3-65）。

（2）水的状态

由于水是高塑性的要素，其外貌和形状也受到重力的影响，例如，由于重力作用，高处的水向低处流，形成流动的水；而静止的水保持平衡稳定，一平如镜。综上所述，可将水分成两大类：静水和动水。

①静水　不流动的平静的水，一般能在湖泊、水塘和水池或在流动极缓慢的河流中见到。静水的宁静、轻松和温和，能平复人的情绪，驱除烦恼（图3-66）。

②动水　流动且具有声响的水，常见于河流、溪流、瀑布、喷泉和跌落的流水。流动的水具有活力，令人兴奋和激动，加上潺潺水声，很容易引起人们的注意（图3-67）。

（3）水的声音

水的另一个特性是当其流动时或撞击某一实体时，由于水的流量和撞击面的质感、大小不同，可

图3-63　黄龙五彩池

图3-64　三亚希尔顿大酒店泳池

图3-65　苏州留园人造水景

图3-66　平静的湖面气氛宁静祥和

图3-67　广州云台花园组廊成景的喷泉

图3-68　八音涧，溪流以不同力度撞击不同石面形成声音的变化

图3-69　尼亚加拉瀑布

图3-70　四川九寨沟镜海

以创造出多种多样的声响效果,大大提高了环境的活力,增加了趣味性。如江苏无锡寄畅园的著名景点"八音涧"(图3-68),另如位于加拿大安大略省和美国纽约州的交界处的尼亚加拉瀑布(图3-69),是世界第一大跨国瀑布,其水势澎湃,声震如雷。

(4)水的倒影

水能如实地、形象地映出周围环境的景物,如真似幻给人梦境般的感受。如四川九寨沟的著名景点镜海,湖水一平如镜,蓝天、白云、远山、近树,尽纳湖底,因此而得名(图3-70)。

3.1.4.2 水体平面的表示方法

水的形状是由容器的形状决定的,其容器的设计通常分为自然式和规则式两种。自然式水体驳岸外轮廓线一般为一条粗实线,再依岸线曲折作两三条细实线,表示池岸坡向(图3-71);规则式水体驳岸外轮廓线一般为一条粗实线,再沿池岸走向加一条细实线表示常水位线(图3-72)。水面的表示可采用线条法、等深线法、平涂法和添加景物法(图3-73)。

提示:水体线型运用方面,有时为了加强图面效果,自然式水体外轮廓线比粗实线还略粗。而在规则式水池的表达中,由于线型运用类似建筑女儿墙的画法,还需结合图例说明、景点标注等辅助识图。

(1)线条法

用工具或徒手排列各种线条组合,表示水面的光影变化或水纹质感等的方法称为线条法[图3-73(a)]。

(2)等深线法

在靠岸线的水面中,依岸线曲折作两三根曲线,这种类似等高线的闭合曲线称为等深线,通常用来表现不规则水面[图3-73(b)]。

(3)平涂法

用水彩或墨水平涂表示水面的方法称为平涂法。用水彩表现时,由岸边向中心及远处进行退晕渲染[图3-73(c)]。

(4)添加景物法

添加景物法是利用与水面有关的一些设计要素,如水生植物、游船、石块等内容表现水面的一种方法[图3-73(d)]。

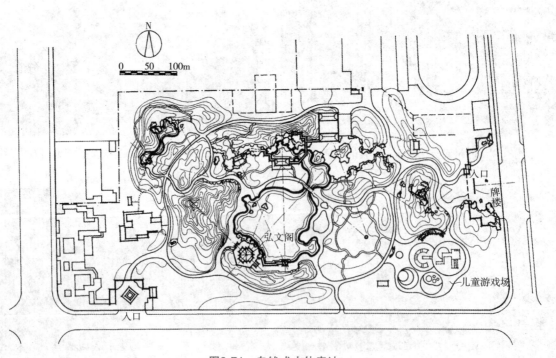

图3-71 自然式水体表达

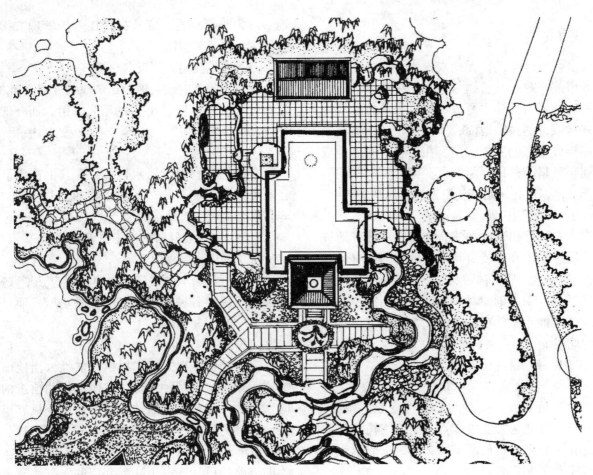

图3-72 规则式水体混合表达

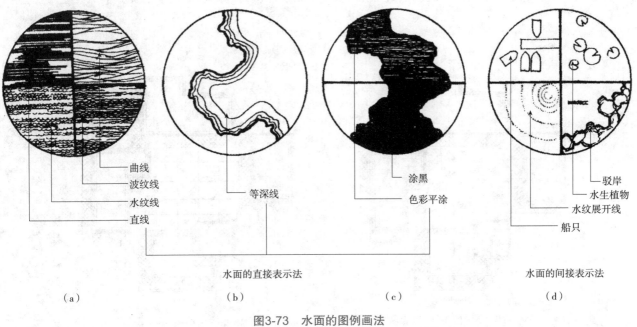

曲线			驳岸
波纹线			水生植物
水纹线	等深线	涂黑	水纹展开线
直线		色彩平涂	船只

水面的直接表示法　　　　　　　　水面的间接表示法

(a)　　　　　　(b)　　　　　　(c)　　　　　　(d)

图3-73 水面的图例画法

3.1.5 铺装

大多数室外空间，无论规模大小、规则或自然、城市或乡村，其总体结构都是由地形、建筑以及植物构成。这些主要设计要素以单体和群体的形式构成，通过对地面、垂直面以及顶平面的影响而构成众多的室外空间。在这些空间的构成中，铺装材料的使用和组织，在完善和限制空间的感受上，以及在满足其他所需的实用功能方面，无疑也是一个重要因素。

作为在地面出现的要素，如水、草坪、地被植物、低矮灌木和铺装材料等，唯有铺装材料是"硬质"的要素。所谓铺装材料，是指具有任何硬质的自然或人工的铺地材料。设计师们按照一定的形式将其铺于室外空间的地面上，一方面建成永久的地表；另一方面也满足设计目的。

3.1.5.1 铺装材料的特点

（1）是一种硬质的、无韧性的表层材料

相比于植物和水随时间易发生变化的特点，铺装材料具有较为永久的特点，因而能构成不随时间变化的稳定的地面覆盖物，同时也能承受地面剧烈重力的磨压。

（2）相对昂贵

虽然在材料及铺设方面，铺装材料比植物铺地贵，但长期而言，铺装材料在养护管理方面花费较少，且经久耐用。

（3）散发热量大，反射热量多

在草地附近的铺装地面比草地的温度高出3℃左右，水泥路面反射55%的阳光辐射，而一般草坪仅反射25%。

（4）相对透水性差

某些铺装材料的透水性差，在其上产生的水径流量常大于草坪、草地或树林。如果使用不当，容易积水甚至引起城市内涝等灾害。

3.1.5.2 铺装材料的功能作用

（1）提供高频率的使用

铺装材料能承受强压力作用，适应长期践踏、磨蚀，可提供各种交通工具的行驶场所，而且不需太多维护（图3-74）。

（2）导引作用

一定的铺装形式，能提供方向性，当地面被铺成一条带状或某种线形，它便能指明前进的方向。当然，铺装材料的这一导引作用，只有当其按照合理的运动路线被铺成带状时才会发挥。我们在现实生活中留心观察，不难发现某些带状铺装即道路的设计，由于缺乏合理的安排，导致某段园路形同虚设，游人不按设计路径行走，而另辟蹊径，最终出现草地上的泥路。

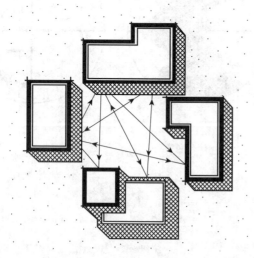 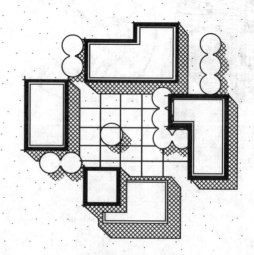

图3-74 建筑之间行走的多方向需求，只有通过铺设广场才能满足高频率使用

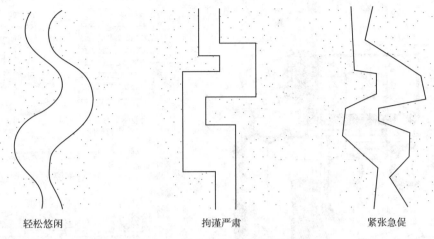

图3-75　铺装的线形影响游览速度

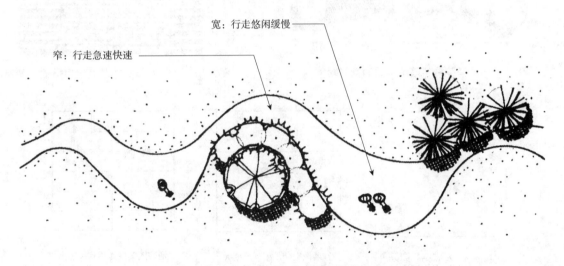

图3-76　铺装路面的宽窄影响游览速度

（3）暗示游览的速度和节奏

铺装材料的线形曲直不同，能微妙地影响游览的感受（图3-75、图3-76）。

（4）提供休息的场所

铺装地面与导向性相反的作用是产生静止的休息感。铺装形式的无方向性和稳定性，常适用于道路的停留点和休憩地，或用于景观中的交汇中心空间，暗示静态停留感（图3-77）。

（5）表示地面的用途

铺装材料色彩、质地、铺砌方式的变化，可以暗示空间用途的不同（图3-78）。生活中我们接触最多的就是人行横道铺装的变化，既提醒行人注意，又警示机动车减速慢行。另外，盲道是专门帮助盲人行走的道路设施。盲道一般由两类砖铺就：一类是条形引导砖，引导盲人放心前行，称为行进盲道；一类是带有圆点的提示砖，提示盲人前面有障碍，该转弯了，称为提示盲道（图3-79）。

（6）对空间比例的影响

每一块铺装材料的大小，以及铺砌形状的大小和间距等，都能影响铺面的视觉比例。形体较大、较开展，会使一个空间产生一种宽敞的尺度感。而较小、较紧缩的形状，则使空间产生压缩感和亲密感（图3-80）。

（7）统一作用

铺装地面作为与其他设计要素和空间相关联

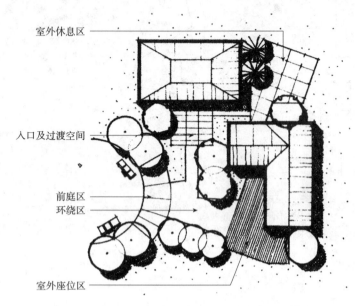

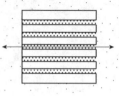

图3-77　有方向性和无方向性铺装，创造不同的空间感受

图3-78　不同的铺装材料暗示不同的空间功能

图3-79　不同质感的铺装表示盲道的不同用途

 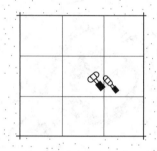 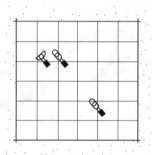

图3-80　铺装的形式影响着空间的尺度感

的公共因素，能起到统一协调设计的作用。在设计中，其他因素会在尺度、形式、特性等方面有着很大的差异，但在总体布局中，同处于一种铺装之中，相互之间便连接成一个整体。

3.1.6　园林小品

提示：对园林小品的学习主要结合实景图认识小品的分类，旨在引导学生从日常生活中关注各类小品，收集素材。另外，因园林小品体量小，绘制简单，对其画法不展开讲述。

园林小品是指园林中供休息、装饰、照明、展示和方便游人使用及园林管理而设置的小型建筑设施。园林小品体量小巧、功能简明、内容丰富、造型别致，在园林中起点缀环境、活跃景色、烘托气氛、加深意境的作用。园林小品多为园林中的基础设施，体形小且数量较多，仅供游客观赏或使用，游客不进入其中活动，在建筑类别的划分中属于构筑物。园林小品按其功能分为5类。

提示：建筑物和构筑物的区别

一般具备、包含或提供人类居住功能的人工建造物称为建筑物。比如民用建筑、工业建筑等。构筑物则是不具备、不包含或不提供人类居住功能的人工建造物，比如水塔、桥、挡土墙、台阶、垃圾筒等。

（1）供休息的小品

此类小品直接影响室外空间给人的舒适感和

愉快感，其主要目的是提供一个干净又稳固的地方供人休息、谈天、观赏、看书、等候、用餐等（图3-81）。

（2）结合照明的小品

园灯的基座、灯柱、灯头、灯具都有很强的装饰作用（图3-82）。

（3）装饰性小品

各种固定的和可移动的花钵、饰瓶，可以经常更换花卉。装饰性的日晷、香炉、景墙、景窗、置石、雕塑等，在园林中起点缀作用（图3-83）。

（4）展示性小品

各种布告板、导游图板、指路标牌以及动物园、植物园和文物、古建筑的说明牌、阅报栏、图片画廊等，对游人都有宣传、引导、解说、教育等作用（图3-84）。

（5）服务性小品

如为游人服务的饮水泉、洗手池、时钟塔等；为保护园林设施的栏杆、格子垣等；为解决不同高度交通而设置的台阶、坡道等；为保持环境卫生摆放的垃圾箱等（图3-85）。

（6）娱乐性小品

为增强园区的趣味性，提高游人的参与性，在园林设计中设置的各种活动器械和场所（图3-86）。

图3-81　休息性小品

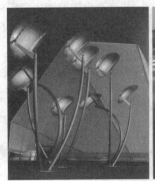

图3-82　照明性小品

图3-83　装饰性小品

图3-84 展示性小品

图3-85 服务性小品

图3-86 娱乐性小品

3.2 园林设计图的认识及画法

3.2.1 园林设计平、立、剖面图的认识

3.2.1.1 园林设计平面图的认识

园林设计平面图可以看作是设计范围内所有设计要素的水平投影图（图3-87），即将地面上各种景物的平面位置按一定比例尺，用规定的符号缩绘在图纸上。对于平面性很强的园林设计来说，在平面、立面、剖面图、透视图和鸟瞰图中，平面图最有用、最重要。平面图能表示整个园林设计的布局和结构、景观和空间构成以及诸设计要素之间的关系。加绘落影的平面图具有一定的鸟瞰视感，带有地形的平面图因能解释地形的起伏而在园林设计中显得十分有用。平面图是各种设计要素表达的综合，关于平面图中各种设计要素的平面图例画法已经在前面做了详细的介绍。因此，园林设计平面图的学习就显得简单易懂了。

3.2.1.2 园林设计立面图的认识

园林设计立面图是指在与某园林设计立面平行的投影面上，对所有设计要素所作的正投影图（图3-88），反映各设计要素的高度关系及天际线变化。在选取立面图表达的位置时，常常选择有建筑物的代表区域或是有明显高差变化的区域。

3.2.1.3 园林设计剖面图的认识

为表明园林景观垂直方向的变化，如地形的起伏、水池的驳岸、台阶坡道等的变化，用一个假想铅垂面将某园林景观剖切开（图3-89），移去其中一部分，把余下的部分向投影面投射所得到的投影图，即称为园林设计剖面图（图3-90）。剖面图的剖切位置常常选择景观中较为复杂的地形或某些需要表达内部图样的设计要素，如建筑、水体等。

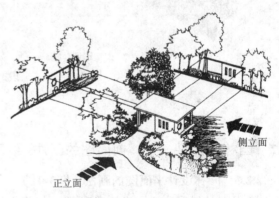

图3-88 园林设计立面图理解示意图

图3-87 园林设计平面图理解示意图

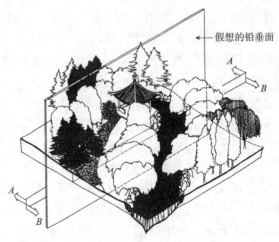

图3-89 用假想铅垂面剖切园林景观示意图

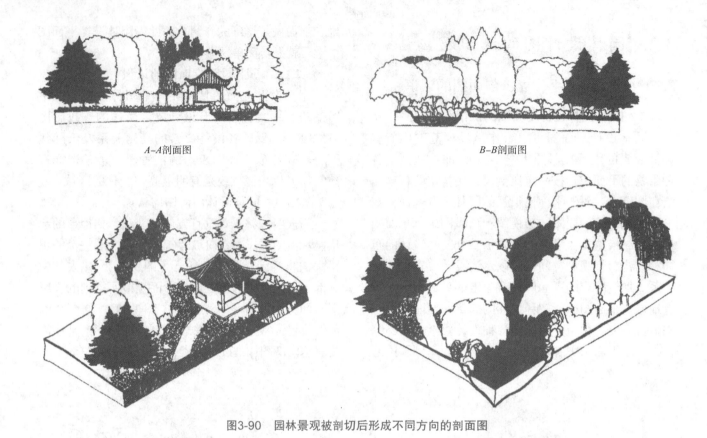

图3-90 园林景观被剖切后形成不同方向的剖面图

3.2.2 园林设计平、立、剖面图的画法

3.2.2.1 园林设计平面图的画法（图3-91）

①画出园林景观中重要节点的位置，如建筑、水体或广场等。

②依据"三定"原则，画入景观设计中的相关设计内容的轮廓线。"三定"即定点、定向、定高。即依据已画出的节点位置、方向、地形标高来确定新建内容的位置、朝向及设计标高。

③完善各设计要素的图例画法。

④按图线等级，分出图线粗细。建筑和水体轮廓线最粗（粗实线），其他设计要素的轮廓线次之（中实线），材料分割线等最细（细实线）。

按建筑在平面图中表达方式的不同，分为抽象轮廓法、涂实法、剖平面法和平顶法4种：

抽象轮廓法 此法适用于小比例总体规划图，以反映建筑的朴素关系（图3-92）。

涂实法 平涂在建筑物上，用以分析建筑空间的组织，适用于功能分析图（图3-93）。

剖平面法 适用于大比例绘图，主要用于分区详图中。可清晰表达园林建筑平面布局以及建筑与其他要素之间的组合关系（图3-94）。

平顶法 适用于小比例绘图，主要用于总平面图。为建筑屋顶画法，可以清楚看出建筑顶部的形式、坡向等（图3-95）。

3.2.2.2 园林设计立面图的画法（图3-96）

①先作出地平线，在相应位置画出各设计要素的高度体量及轮廓形状［图3-96（a）(b)］。

②完善各设计要素的图例画法［图3-96（c）］。

③分出线型粗细，地平线最粗（$2b$）；建筑物轮廓线次之，用粗实线（b）；其他设计要素轮廓线再次之，用中实线（$0.5b$），水体等深线、常水位线、草地等用细实线（$0.25b$）；设计要素图样线（石头纹理线、植物枝叶线等）最细（$0.15b$）［图3-96（d）］。

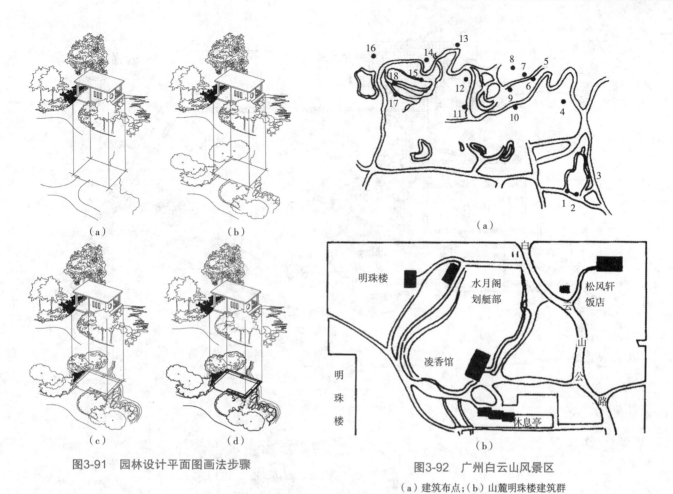

图3-91 园林设计平面图画法步骤

图3-92 广州白云山风景区
（a）建筑布点；（b）山麓明珠楼建筑群

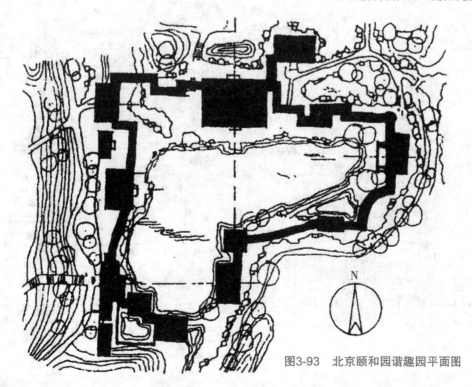

图3-93 北京颐和园谐趣园平面图

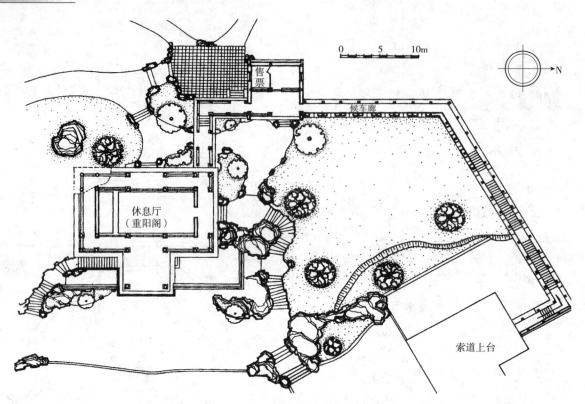

图3-94 剖平面法绘制平面图

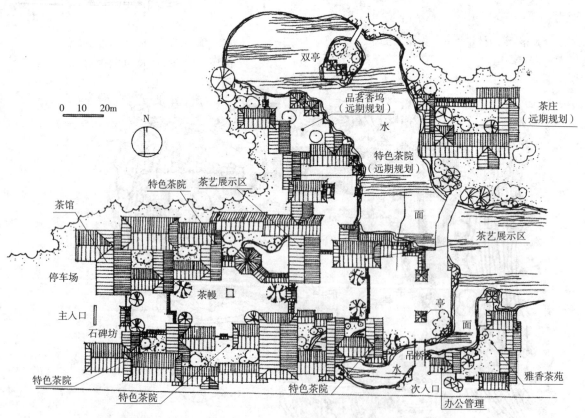

图3-95 平顶法绘制平面图

3.2.2.3 园林设计剖面图的画法（图3-97）

①结合剖切位置和方向，画出地面剖断线，在相应位置画出被剖到的建筑物、水体或其他构筑物的轮廓线［图3-97（a）］。

②将剖切方向看到但是没有被剖到的其他要素绘制完整［图3-97（b）］。

③按图线等级，分出图线粗细。地面剖断线最粗（2b）；被剖到的轮廓线次之，用粗实线（b）；没被剖到但看到的图形线用中实线（0.25b）［图3-97（c）］。

思考题

1. 简述园林建筑与园林小品的异同。

2. 认真识读图3-98，结合对园林设计剖面图的理解，找到图3-98中存在的问题。

3. 融会贯通所学建筑及园林制图的基本知识，识读并分析图3-99至图3-101所表达的内容。

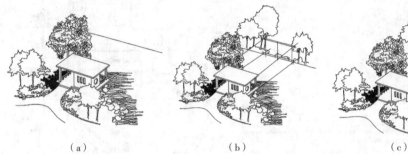
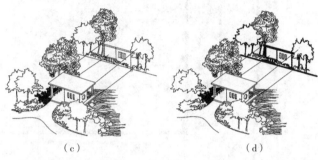

图3-96　园林设计立面图画法步骤

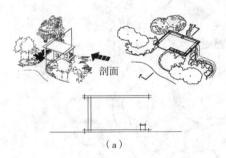
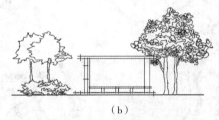
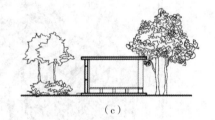

图3-97　园林设计剖面图画法步骤

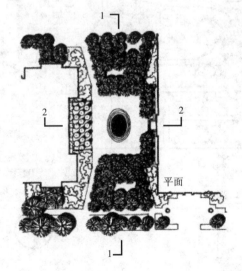
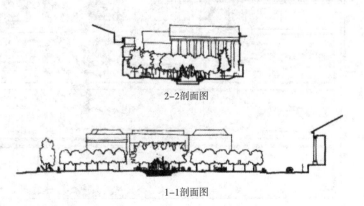

图3-98　园林设计平、剖面图对照

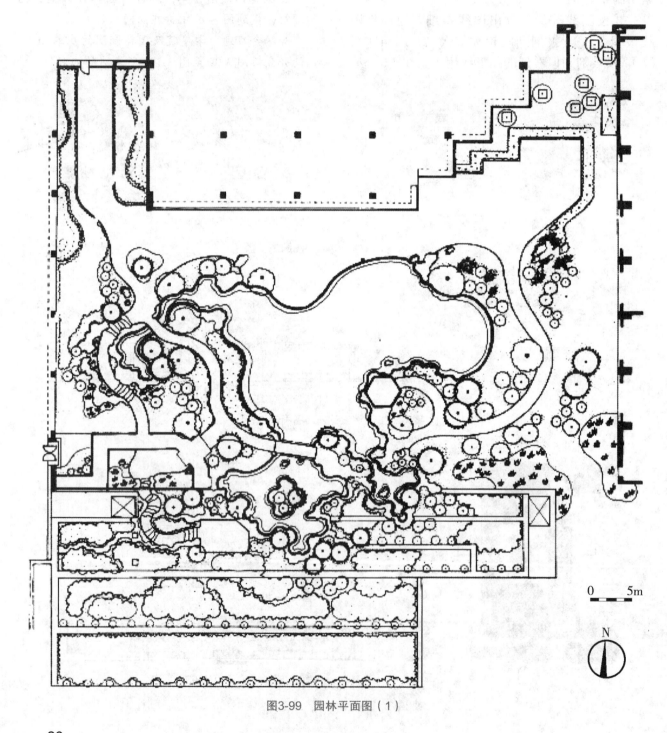

图3-99　园林平面图（1）

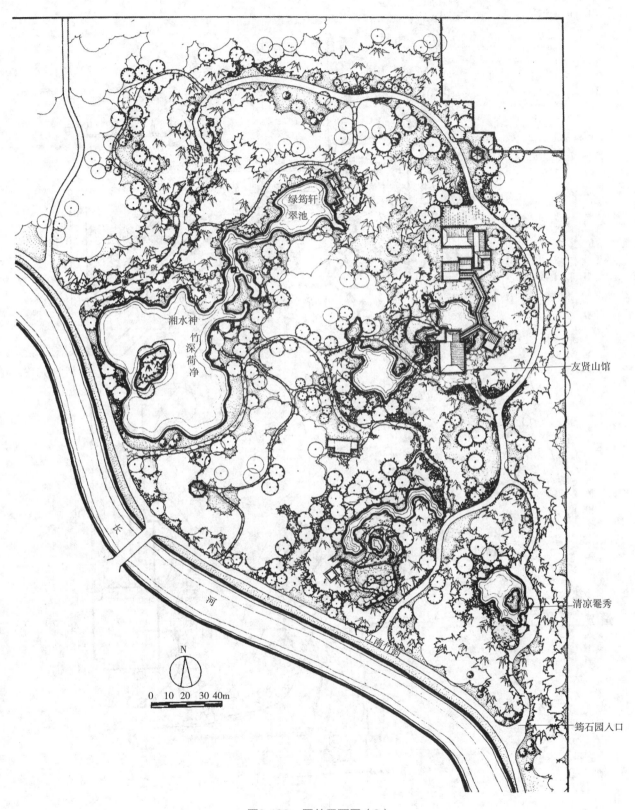

图3-100　园林平面图（2）

园林设计初步

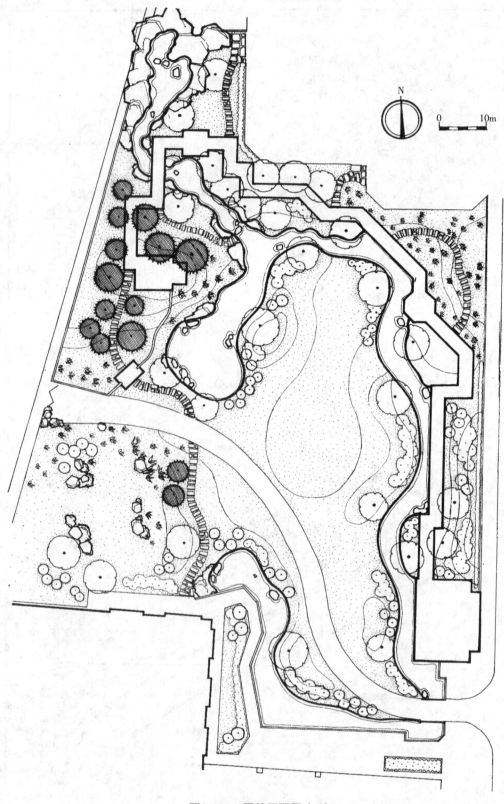

图3-101 园林平面图（3）

第4章 园林设计美学

学习目标

◆理解美和园林美的含义。

◆掌握园林形式美的基本原则。

园林是一种综合大环境的概念，它是在自然景观的基础上，通过人为的艺术加工和工程措施而形成的。园林学是美学、艺术、绘画、文字等多学科理论的综合运用。而园林美学又是园林学研究的主要内容，是关于园林规划、创作的理论体系。所以掌握园林美学规律，运用园林美学的原则去指导园林设计，可以提高园林设计者的基本素养和创作水平。

本章从简单探讨园林美和园林美的特征出发，结合园林形式美的基本要素，具体分析了园林形式美的法则，为进一步的园林设计课程打好理论基础。

4.1 园林美与园林美的特征

4.1.1 园林美的概念

园林美是风景园林师对生活（包括自然）的审美意识（思想感情、审美趣味、审美理想等）和优美的园林形式的有机统一，是自然美、艺术美和社会美的高度融合，是衡量园林作品艺术表现力的主要标志。

4.1.2 园林美的特征

美学大师宗白华先生说："如果在你的心中找不到美，那么，你就没有地方可以发现美的踪迹。"园林美来自发现与观察，认识园林中的植物、地形、水体、建筑、动物等，科学地分析它的结构、形象、组成部分和时间的变化等，从中得到丰富的启示。越是深入地认识，越能从中得到真实的美感。

4.1.2.1 自然美

园林美的首要形态是自然美。常见的自然美，有气象景观的美，如日出日落、朝霞晚霞、云雾雨雪等（图4-1）；有植物季相变化的美，如百花争艳、芳草如茵、山花烂漫、雪压青松等（图4-2）；有地形地貌的美，如起伏的山峦、奔腾的江河、蓝色的大海、曲折的溪涧、淙淙的泉水以及钱塘江的怒潮、芦笛岩的溶洞、黄果树的瀑布等（图4-3、图4-4）；除此之外，还有飞禽游鱼等动物创造的美，如鸟语啾啾、彩蝶纷飞等。这些众多的自然景观，无一不是美好的，这种自然的美景不是人工美能模拟的，自然质朴、绚丽壮观、宁静优雅、生动活泼。

园林作为一个现实的生活境域，在营造时就要借助如上所述的气象景观、植物的季相变化，以及自然山水等自然美景，结合亭台楼阁、假山叠石等人造景观，用一定的手法精心设计，精巧安排，创造出优美的园林景观。这里所指的园林自然美是美的一种形态。无论是效法自然还是取自然之物造园，抑或是圈定自然山水为游览憩居之地，因加入了人为因素，都不再是原来客观存在的自然界了。因为自然界与人处于一定的关系当中，并体现了人的本质力量和智慧，因而具有了一种特定形态，这种形态使园林具有自然美的形态特征。

图4-1 落日的余晖

（引自：http://www.nipic.com/show/1/47/4470464k96442d25.html）

图4-2 烂漫的红叶

（引自：http://news.xinhuanet.com/travel/2010-10/11/c_12647181.htm）

图4-3 四川九寨沟

（引自：http://www.mjjq.com/pic/20070723/20070723163004305.jpg）

图4-4 安徽黄山

（引自：http://blog.sina.com.cn/s/blog_a4e0589d01019zcx.html）

(a)

(b)

(c)　　　　　　　　(d)

图4-5 扬州个园四季假山

（a）春山；（b）夏山；（c）秋山；（d）冬山

4.1.2.2 艺术美

尽管园林美的形象是具体而实在的,但它并不是仅仅局限于这些可视的形象实体上,而是灵活运用色彩、形状、空间、声音、质感等形式美的要素及法则,调动种种造园手法与技巧,借助山水花草等形象实体,合理布置造园要素,巧妙安排园林空间,来表达人的特定思想情感,抒写园林意境,显示其艺术之美。园林艺术作品被誉为"无声的乐章、无字的诗歌、立体的画卷",足见它不是一个简单的物象,也不只是一片有限的风景,而是无处不在的艺术美的作品。园林讲求"境生于象外",这种象外之境指的就是园林意境,是虚景,是"情"与"景"的结晶,步入园林即可享受诗情画意的美感。尤其是中国古典园林,虽然取材于自然山水,但并不是把具体的一草一木、一山一水,进行机械模仿,而是集天下名山胜景,加以高度概括和提炼,以求达到"一峰则太华千寻,一勺则江湖万里"的境界,这是艺术美的体现。除此之外,还有在有限的园林空间里,缩移模拟无限的自然风光,造成咫尺山林的感觉,产生"小中见大"的效果。如扬州个园的四季假山(图4-5),通过不同的造园石材和布局手法,将春夏秋冬四时景色在一个园子里尽情展现,"游园一日,如过一年",以此来延长艺术时间和空间,使园林美的艺术性在造园手法中得以强化,很好地体现了园林艺术美的形态特征。

4.1.2.3 社会美

园林作为一种艺术品,除了具有自然美和艺术美的特征外,同样也受社会存在的制约,反映社会生活内容,表现园主人或创作者的思想倾向,也就是具有社会美的特征。如规整式园林的代表——法国的凡尔赛宫,其园林的规整布局,体现了当时君主政治至高无上。其大规模放射式轴线的道路系统,大广场的运用,也是和当时的社会历史背景相关的。由于当时的国宴设于此,来宾荷刀佩剑作为装饰,而且随从人员较多,所以宽马路和大广场应运而生(图4-6)。上海某公园有一座缺角亭,作为一个园林建筑单体来看,缺角亭失去了完整的形象,并不美。但由于此亭建

图4-6 法国凡尔赛宫
(引自:http://image.so.com/v?q=凡尔赛宫平面图)

于东北三省沦陷于日本侵略者铁蹄之下的时期,园主人故意将东北角去掉,以示其为国分忧的爱国之心。结合这样的历史背景和园主人的思想心态,非但不会觉得不美,反而会因它那高层次的美感,让人产生敬仰、赞美之情。除此之外,许多园林景观也和人文传说结合在一起,其所体现出来的美也是一种社会美。

所以园林美应当包括自然美、社会美、艺术美3种形态。系统论的论断里说"整体不等于各部分之和,而是要大于各部分之和",也就是说园林美是自然美、艺术美和社会美的高度结合,但并不是三者的简单累加,因此,它比3种美的总和更富有美的价值。园林美是各种素材的美、各种类型的美相互融合而构成的一种特殊的美的形态,是一个综合的美的体系。

4.2 园林形式美的设计

4.2.1 园林形式美的含义

任何形态都具有内容与形式两个方面,它们是一个统一的整体,好的内容需要完美形式的表

现，形式是内容的外表，内容是形式的核心。所有被称为美的东西，都有一个可视的形象，园林更是如此。所以，园林如果要以优美的景象来吸引人，就要求我们在进行园林设计时，不可以轻视形式美的设计。形式美是自然、社会和艺术中各种感性形式因素（色彩、线条、形体和声音等）的有规律组合所显现出来的审美特性。园林形式美即是利用园林中的造园要素，按照一定的规律组合而表现出来的。园林和园林形式美的关系就如同诗歌讲究韵律，绘画讲究色彩和线条一样，缺少它们，诗歌和绘画都会因此而失色，园林的表达也是如此。所以，在创造园林美的过程中，要善于利用园林形式美的要素，运用园林形式美的原则，表现园林美。

4.2.2 园林形式美的要素

4.2.2.1 色彩

在所有的造型艺术中，没有哪种要素能像色彩那样能强烈而快速地诉诸感觉。因此，色彩就成为形式美的重要组成要素。不同明度、纯度以及不同色相的色彩，会给人不同的感觉，创造出不同的效果。有关色彩的基本知识，以及色彩给人的感觉和色彩在园林设计中的运用，详见本书5.3色彩构成，这里不再赘述。

4.2.2.2 形状

园林形式美还包括形状这一要素。美学里所说的形状，并不单指几何学里的形状，而是包括具有形状、大小和位置的点，由点沿一定轨迹运动形成的线，以及由线平移或旋转而构成的面，即点、线、面组成。不同的形状，正如人一样，有不同的思想感情，体现在园林设计上，也给人不同的心理感受。点、线、面的基本知识，不同的性格特征和在园林设计中的运用详见本书5.2平面构成，这里不再赘述。

4.2.2.3 空间

园林艺术是一种视觉艺术、空间艺术，而创造空间也是园林设计的根本目的。空间的本质在于其可用性，即空间的功能作用。一片天地，若无参照尺寸，就不能成为空间，一旦添加了"地""顶""墙"这三大实体要素，进行围合，便形成了空间。空间的大小应视空间的功能要求和艺术要求而定。大尺度的空间气势壮观，感染力强，常使人肃然起敬，多见于宏伟的自然景观和纪念性空间；小尺度的空间较亲切宜人，适合于大多数活动的开展。

在自然界里，空间是无限的，而园林里的空间是有限的，为了在有限的空间里，获得丰富的园林空间，应注重空间的经营、分割、渗透、拓展和层次的变化，这些可以通过对空间的分隔和联系以及空间的明暗对比、虚实对比、开合对比等关系的处理和借景等空间经营手法来实现。如中国四大园林中的苏州拙政园，通过开辟景观透视线，把离园1km外的北寺塔借入园中，扩大了园林的空间效果（图4-7），同时，在园内，多处利用了"小飞虹"，即廊桥的形式来分隔空间，丰富了景观和空间的层次，也以此扩大了空间的效果（图4-8）。在有限的园林空间里，创造出无限的精神空间，这是对空间的更高层次的追求。中国园林对空间的理解，实则是"天地"的微缩，这是由中国人独特的空间意识和宇宙观所决定的，形成了"壶中天地""小中见大""移天缩地""咫尺山林"等造园艺术理论，这些理论也是对中国古典园林超时空概念最形象的概括。

4.2.2.4 声音

声音作为形式美的要素，所引起人的情绪反映最为快速，其对情感的表达也比色彩、形状都要强烈，声音是能够表达丰富而抽象的情感的审美符号。关于园林中的声音，明代造园家计成在《园冶》中就有提到，如"溶溶月色，瑟瑟风声""夜雨芭蕉，似杂鲛人之泣泪"和"静扰一榻琴书，动含半轮秋水"等。

其实，园林中的声音远非这些。园林中的声音可以分为自然的声音和人造的声音。在园林环境设计中，可以利用动物的声音，创造丰富多样的生境系统，形成自然声音的来源，如鸟唱蝉鸣、莺歌燕语；可以利用风中之音，借助松、竹等物来听风，或在风的情境下赏景，构成园林中的一大妙境，形成听风文化，如松海涛声、万壑松风

图4-7　苏州拙政园借景北寺塔，扩大了空间效果

图4-8　苏州拙政园"小飞虹"分隔空间，丰富了空间层次

（a）

（b）

（c）

图4-9　园林中声音的利用

[图4-9（a）]；也可利用潺潺溪水声、跌水声、瀑布声、海浪声、滴水声、雨声等，营造特殊的气氛，如残荷夜雨、雨打芭蕉[图4-9（b）]。人造的声音就是通过人工的方法，将自然界里的声音通过科学技术手段放大，形成一种天然之趣，如南屏晚钟、社日箫鼓、水琴窟[图4-9（c）]。

4.2.2.5　质感

人们通过触觉和视觉所感受到的某一材料的质地与纹理，称为该材料的质感。例如，从粗糙不光滑的素材上感受到的是野蛮的、男性的、缺乏雅致的情调；从细致光滑的素材上感受到的是女性的、优雅的情调；从金属上感受到的是坚硬、寒冷、光滑的感觉；从布帛上感受到的是柔软、轻盈、温和的感觉；从石头上感受到的是沉重、坚硬、强壮的感觉等。

质感有自然质感和人工质感之分，自然质感指的是原野中散置的石、木的表面等所具有的质感。而人工质感，则是混凝土或砖瓦所具有的质感。对于不同质感的素材的选用，应根据园林设计总体布局的需求来决定。质感的表现必须尽量发挥素材固有的美。如在我国自然山水园中，尽量避免出现人工质感，在掇山理水时水泥的黏接处要尽可能地与假山石的质地相调和。园中的小品，可用混凝土仿树木的做法，外表贴上树皮，利用树木的质感，使小品能更好地融入环境中（图4-10）。

同色彩一样，质感也要考虑对比与调和。如地面植被用植物、石、沙、混凝土等铺装时，使

图4-10 大门和栏杆仿树木做法，使其更好地融入环境

图4-11 绿草、石块，质感刚柔对比

用同一材料比使用多种材料更容易达到整洁和统一，质感也易达到调和。分隔空间的石墙、篱笆或假山叠石等，都以使用同一质感的材料为佳。同时，为了强化质感的效果，可以运用对比的方法来布置不同质感的素材。如常绿树丛前的大理石雕像，布置在草坪或苔藓中的步石或假山石，质感的刚柔对比产生了美感（图4-11）。

4.2.3 园林形式美的基本原则

人们在长期进行工艺美术设计、产品造型设计、建筑设计、雕塑设计等艺术创作实践中总结了形式美感的一些规律，即形式美的原则，并用这些原则指导艺术创作。与这些艺术门类一样，园林设计作品也是按照这些美的原则创造出来的。虽然不同的美学家对形式美的原则有不同的论述，但基本上可以概括为：多样与统一、对称与均衡、对比与协调、比例与尺度、节奏与韵律、联系与分隔、象征与联想这7个方面。

4.2.3.1 多样与统一

多样与统一原则，又称统一与变化的原则，是形式美的基本法则。统一是指园林中的组成部分的体形、体量、色彩、线条、形式、风格等，要求有一定程度的相似性或一致性。由于一致性的程度不同，引起统一感的强弱也不同。十分相似的园林组成部分即产生整齐、庄严、肃穆的感觉，但过分一致则显呆板、单调，变化过大又会失去统一感，显得杂乱无章。所以只有既多样又统一才会使人感到优美而自然。因此，园林中常要求统一之中有变化，或是变化之中有统一，这就是许多艺术中常提到的"多样与统一"原则。

园林是多种要素组成的空间艺术，可通过许多途径来创造多样统一的艺术效果。

（1）风格形式的变化与统一

进行园林设计前，首先要明确园林的主题和格调，然后决定切合主题的局部形式，包括园林建筑的体形、体量、功能，园林小品的形式，园林植物的修剪等，既要多样，又要有形式的统一感，同时还要避免形成"大杂烩"。

在总体布局上也要求形式的变化与统一。淡雅曲折的自然式（图4-12），严整对称的规则式（图4-13），或是建筑附近用规则式、远离建筑处采取自然式，使两者形成混合式。这些布局形式的使用，在设计之初就要考虑，按既定的形式统一全园，以免混乱。

（2）材料的变化与统一

园林中的布景材料，以及由这些材料形成的景物，也要求变化与统一。园林中的一座假山、一堵墙、一组建筑，以及小品中的指路牌、灯柱、栏杆、花架等，无论是单个还是群体，在选材方面既要有变化，又要保持整体的一致性，这样才能具有功能和艺术双重效用。在小庭园里配置的花木种类，在种类繁多的情况下，也要找出基调树种，达到变化中的统一。如杭州花港观鱼公园，全园应用了200多个树种，花木种类一多，就容易杂乱无章,不容易取得调和。但该园在全园的树种上,选用了常绿大乔木广玉兰作为基调,园林的树种布局形成了多样统一的构图。特别是面积为16 400m² 的雪松大草坪,由高大稳重的雪松与主干道南侧的广玉兰为基调树种,构成宽度为150m 的景观面,其整体的统一感,更体现出了气势非凡的空间气氛(图4-14)。美国明尼苏达州的"风景树木园",从入口处的告示牌到内部的指路牌、荫棚、花架、灯柱等,都用木料制成,造型上用方形斜尖的柱头,用棕色涂料,在高矮、大小、粗细方面,按照功能的需要变化丰富,朴素大方,有明显的统一感,这种用材的统一,是国外许多名园遵循的原则(图4-15)。

(3)线条纹理的变化与统一

除了园林的总体布局、花木的种植外,在园林的假山叠石上也要注意线条的变化与统一。成功的假山是用一种石料堆成的,它的色调比较统一,外形及纹理比较接近,互相堆叠在一起时,虽然形状各异,但要注意整体上的线条走向,以求线条纹理上的统一。如云南石林各峰形状都不同,但纵向线条十分明显,线条纹理也达到了变化与统一(图4-16)。无锡的中国杜鹃园,全园假山都用黄石堆叠,虽然假山形状各异,但其在横向线条上也达到了统一(图4-17)。

(4)形体的变化与统一

形体可分为单一形体与多种形体。如不同方向的斜面体组合,不同大小的长方体组合,圆形与椭圆形组合,甚至构成形体的不同线条之间的组合等(图4-18、图4-19)。形体组合的变化统一可运用两种方法:一是以主体的主要部分形式

图4-12 淡雅曲折的自然式

图4-13 严整对称的规则式

图4-14 "花港观鱼"雪松大草坪,以雪松为主基调,材料统一

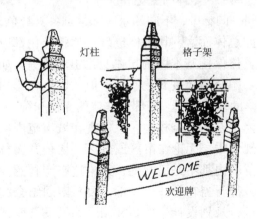

图4-15 "风景树木园"小品材料和造型的统一

图4-16　云南石林真山纵向纹理的统一
（引自：http://www.nipic.com/show/1/74/4718644k7a1520d7.html）

图4-17　无锡中国杜鹃园黄石假山横向纹理的统一
（引自：http://www.199u2.com/forum.php?mod=viewthread&tid=295122）

图4-18　方形与半圆形组成的红砖水池，形体变化中达到统一

图4-19　全园在直线直角的变化中布景，形体达到统一

去统一各次要部分，各次要部分服从或类似主体，起到衬托呼应主体的作用；二是对某一群体空间而言，用整体形去统一各局部形体或细部线条，以及它们的色彩和动势。

（5）局部与整体的变化和统一

在同一园林中，不同的景区和景点各具特色，但就全园总体而言，其风格造型、色彩变化都应与全园整体保持基本协调，在变化中求统一。如北京游乐园全园建筑五花八门，但其风格色彩均带有浓厚的童话气氛。局部与整体的变化和统一，不单是体现在同一园林中，也体现在城市范围内的整体规划中。无论在市区或郊区一块公共园林在城市范围内都不是孤立的，无论这座园林的性质如何，都要当它是一个局部，要与四周结合起来一并进行规划设计。如颐和园，如果没有西部的群山环抱和玉泉山的倒影，整个昆明湖的景致将会减色。相反，局部对外部的影响，可以扩大到几平方千米，甚至几十平方千米。园林中各局部的视觉协调才能给人以视觉美，各局部的功能协调才能产生功能美。总之，寓变化于整体之中，求形式与内容的统一，使局部与整体在变化中求协调，这也是现代艺术中的多样统一规律在人类审美活动中的具体表现。最伟大的艺术，就是把繁杂多样的艺术内容和形式组成高度统一体，给人以完整和谐的整体感，而风景园林空间正是这种伟大艺术的结晶。

4.2.3.2　对称与均衡

（1）对称

对称是客观世界的实际规律在艺术中的反映，在造型艺术中起着一定的作用，在园林的整体或局部空间，通过和谐的布置而达到感觉上的对称，使人舒适愉快。

对称有左右对称和辐射对称。对称轴两侧的形或点，都是等距离地呈左右对称的形式，称为左右对称（或两侧对称、轴对称）（图4-20）；以一点为对称中心，用一定角度回转所排列的称为辐射对称（或中心对称）（图4-21）。左右对称具有方向性，有向一个方向流动的性质，如人体的双手、双眼、双耳等，植物的对生叶、羽状复叶等；辐射对称具有向中心点集中的性质，如植物的轮生叶等。

提示：有些情况下，有些图形既是左右对称，也是中心对称。两者的区别在于：

左右对称图形一定要沿某直线折叠后，直线两旁的部分互相重合；中心对称图形是图形绕某一点旋转180°后与原来的图形重合。实际区别时左右对称图形要像折纸一样折叠，能重合的是左右对称图形；中心对称图形只需把图形倒置，观察有无变化，没变的是中心对称图形。

对称从希腊时代以来就作为美的原则，应用于建筑、造园、工艺品等许多方面。在这些艺术中，对称的形态有一条中轴线，形成左右关系的完全一致，获得安定的统一感，具有整齐、单纯、寂静、庄严等特性。可是另一方面也兼备了寒冷、坚固、死板、消极、令人生畏的特性。如南京中山陵、美国林肯纪念园、印度泰姬陵等纪念性园林都采用对称的形式，来体现庄严肃穆的感觉（图4-22、图4-23）。

对称之所以会给人死板的感觉，是因为其图形容易用视觉判断，见到一部分可以类推出其他。但部分的图样经过重复的对称就组成了整体，也会产生一种韵律美。如美国的Long wood花园和金山市政厅前广场，分别利用雕塑和灯柱，形成左右对称的形式，具有连续的韵律美（图4-24、图4-25）。西方的造园，尤其是古典造园，讲究

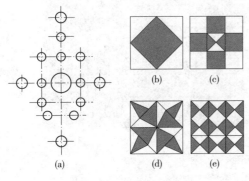

图4-20　左右轴对称

图4-22　南京中山陵

（引自：http://www.ivsky.com/tupian/nanjing_zhongshanling_v12226/pic_315278.html#al_tit）

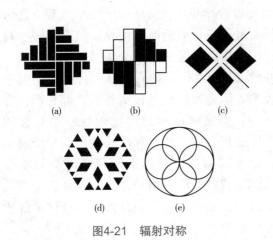

图4-21　辐射对称

图4-23　印度泰姬陵

（引自：http://image.so.com/v?q=印度泰姬陵图片）

图4-24 与雕塑左右列植，严整对称（美国Long wood花园）

图4-25 金山市政厅对称灯柱

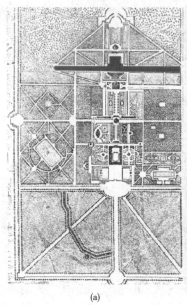

(a) (b)

图4-26 沃勒维贡特庄园
(a) 平面图；(b) 鸟瞰图
(引自: http://image.so.com/v?q=沃勒维贡特庄园)

明确的中轴、对称的构图，形成了图案式的园林格局。如法国古典主义造园家勒诺特尔的代表作之一，同时也是规则式园林的代表——沃勒维贡特庄园，设计者采用了严格的中轴线规划，并有意识地将这条中轴线作得简洁突出，不分散视线，花园中的花坛、水池、装饰喷泉十分简洁，并有横向运河相衬，因而使这条明显的中轴线控制着人心，让人感到主人的威严（图4-26）。

中国传统的城市和宫殿、寺院等建筑的布局方法，虽然不像西方那样一味地追求几何美，但也喜用中轴线引导和左右对称的方法形成整体的统一。如明清北京故宫，它的主体部分不仅采取严格对称的方法来排列建筑，而且中轴线异常强烈。这条中轴线除贯穿于紫禁城内，还一直延伸到城市的南北两端，总长约7.8 km，气势之宏伟实为古今罕见（图4-27）。此外，无论是唐代的长安城，还是明清时期的北京城，在城市规划上，均按棋盘的形式来划分坊里，横平竖直，秩序井然（图4-28）。除了城市、宫殿外，无论是一般的寺院建筑，还是住宅建筑，都是严谨方整的格局，围绕纵横轴线形成前后左右对称的布局，构成三合院、四合院形式的中国传统民居格局。但中国古典园林的造园和布局却与城市规划、建筑规整对称的格局相反，园林本于自然而高于自然，虽由人作，宛自天开，对称手法所占的比例较少。

图4-27　北京故宫
（引自：http://image.so.com/i?src=360pic_strong&q=北京故宫）

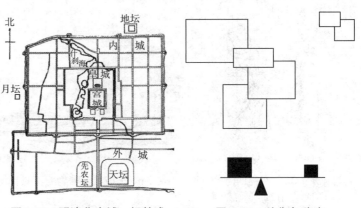

图4-28　明清北京城，规整式的城市规划布局　　图4-29　均衡与稳定

有对称就会有不对称，不对称的构图可以使园林显得生动活泼，使单一变得丰富，有更美的想象空间。自然景观中的山峦起伏、河流曲折、云霞飘移，都构成了不对称的形式，统一在大自然美妙的韵律当中，具有内在的和谐美。因此，自然景观的非对称画面，采用具有内在规律（即保持适度的比例和稳定的均衡）的不对称构图，更容易与周围的环境取得和谐统一。

（2）均衡

随着艺术脱离原始期，严格的对称逐渐消失，逐渐被另一现象——均衡替代。均衡是非对称的式样与布局，利用视觉杠杆将大小、高低等不同变化的形态处理成视觉平衡的形态（图4-29）。这里所指的视觉平衡是指没有出现倾倒、失去重心、过于拥堵、过于疏旷这些不安定的感觉。如在一幅画中，较大的和看上去较重的形应放在下半部，假如放到上半部，看上去就会轻重倒置，十分不稳定。同样大的形状或物体，左右的轻重也不同，右边的看上去要比左边的重一些，如想使左右看上去均衡（看上去一样大），左边的通常要画得大一些。在纵深上，也有轻重之分，假如把远处的物体与近处的物体画得同样大，那么远处的物体看上去就显得大得多。因此，要想使它们看上去差不多大，越远的就要画得越小。在色彩方面，红色看上去要比蓝色重得多，黑色要比白色重得多，因此，在绘画中，为了使红色与蓝色均衡，黑色与白色均衡，红色（或黑色）面积应该小一些，蓝色（或白色）面积应相应大一些。在形状方面，越是规则、简单的形状看上去越重，如圆形就比长方形和三角形显得重，垂直线比倾斜线显得重。因此，为了使它们达到均衡，圆形要比其他形画得小一些，垂直线要比其他线短一些。有时候，均衡还受到观看者的兴趣爱好、欲望等心理作用的影响，对于那些观看者十分感兴趣的或使他们十分吃惊的形或物，即使画得很小，也显得很重。另外，如果一种物体处于空白的环境当中，会比处于其他环境中显得重，这种情况是孤立物体（独立性）的超重性。例如，如果太阳和月亮处在万里无云的天空中，就显得比在有云朵和其他空中飘浮物时看上去重一些。

均衡可以是对称的均衡，也可以是不对称的均衡（图4-30、图4-31）。不对称的均衡可以借助杠杆原理来说明。一个远离均衡中心、意义上较为次要的小物体，可以用靠近均衡中心、意义上较为重要的大物体来加以平衡，这也让构图具有动中有静和静中有动的感觉。这种不对称的均衡，其均衡中心两边尽管在形式上不等同，但在美学意义方面却是相等的［图4-30（b）、图4-31］。如树、石是造园时常用的材料，在人们的经验中，石头的质感自然要比树的质感重得多，根据这一点，造园设计时就必须考虑到因两者质地不同而产生意义上的轻重感，这就必须运用形体的大小和数量的多少来加以均衡，形成石头不多放，树木成丛栽的布局，不对称的均衡、感觉上的均衡便产

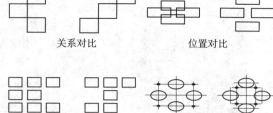
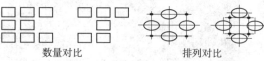
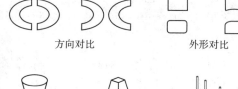

图4-30 两种均衡
（a）对称均衡；（b）不对称均衡

图4-31 一组组合景物的不对称均衡

图4-32 南京耦园入口，不对称但均衡

图4-33 北京双秀园入口，既不对称也不均衡

图4-34 各种关系的对比示意图

生了。如南京耦园的入口，在月洞门右侧摆放了山石，种植了相对低矮的植物，在其左侧便种植了树干较粗、相对较高的植物。虽然不对称，但却显得灵活和均衡（图4-32）。北京双秀园一个入口的布置却是个失败的例子。入口处两侧摆放了大小不一的2块石块，既显突兀，也没有任何的均衡感（图4-33）。再如树干总是少于树枝，而树枝总没有树干那么粗，也就是说，粗树干长而少，细树枝多而短，它们自然也会形成均衡。

过于对称的设计让人难以亲近，所以一般只在建筑附近，为了显示严整、雄伟豪华而少量点缀，不宜过多使用。

4.2.3.3 对比与协调

（1）对比

对比与协调是运用得最多的美的原则，也称对比照应的原则，在创作中把互相对立的事物合乎逻辑地联系在一起，以构成强烈的对比，增强作品的艺术感。各种对比的状态包括：关系对比——主从、强弱；位置对比——上下、前后；数量对比——多少、单双；排列对比——疏密、格律与非格律；方向对比——放射与收缩、相对与相背；外形对比——方圆、大小；重量对比——轻重、沉浮；线型对比——曲直、波折；空间对比——虚实、封闭与开敞；色彩对比——冷暖、高彩度与低彩度；肌理对比——光滑与粗糙、华丽与朴实；手法对比——繁简、写实与抽象（图4-34）。

一种形态关系的单一对比最为强烈，重复出现将会减弱对比的效果，对比的双方中，占优势的一方能起到支配的作用，支配力强则画面有统一感，支配力过强对比特征将减弱，如果双方势力均等，虽然强烈，但图面很难处理，而且容易形成生硬的感觉。对比的画面处理不好，会出现浮躁、粗野的弊端，在对比的画面中，要有局部的协调处理。

园林艺术作为一门综合艺术，在设计中也可以从许多方面形成对比，如布局、体量、开合、明暗、色彩、质感、疏密等，这些对比会带给参观者强烈、激动、崇高、浓重等感受。

①布局对比 建筑形象是人为的几何形象，山水风景是天然的自然形象，两者可以构成明显的对立。如果恰当处理好两者的关系，在对立中

求统一，便会产生特殊的艺术效果。如承德避暑山庄，是一座位于自然山水中的大型园林，整体由宫廷区、湖泊区、平原区、山岳区四大部分组成（图4-35）。在山庄南部的宫廷区，建筑采用了严格的对称布局，表现出皇家园林的特性，但这组建筑同一般的宫殿相比，体量较小，装饰简单，和自然山水的面貌相协调。同时，它的规整布局同正宫后面其他的山、水、桥堤等自然形态形成对比，利用空间变化，给人豁然开朗、渐入佳境的感受（图4-36）。

内向与外向也作为互相对比的两种布局形式存在于古典园林和一般建筑的空间组合之中。内向指的是园林布局中所有的建筑均背朝外而面向内院，形成以内院为中心的格局。内向布局的庭院大多会以水面作为中心，规模不宜大，大则显得院落空旷单调，且由于建筑的围合，从外看会显封闭、沉闷、无生气，一般只适合于小型庭园。外向布局的特点则是以建筑为中心，在四周布置庭园绿化，如西方花园别墅的布局是外向布局的典范。对于中、大型园林，特别是特大型皇家园林中的园中园，既要考虑人在内部活动的景观效果，又要兼顾人在外部活动的景观效果，通常采用的是内向与外向布局相加的两种手法。如苏州沧浪亭因园内以山地为主，没有水体，园外东北临水，为求得呼应，也把园外之水借景入园，设计临水复廊，使部分建筑、一侧回廊取外向形式，环绕园外水体，另一侧回廊则环绕园内山体，从而兼有内、外向两种布局形式的特点，也使得园林景观出现"山环水转""山因水而活，水因山而转"的园林艺术效果（图4-37、图4-38）。

②大小对比　把体量大小不同的物体，放在一起进行比较，则大者愈显其大，小者愈显其小，或把两个体量相同的物体放在两个大小不同的空间进行比较，可以给人不同的量感。园林空间的对比亦是如此，使大、小悬殊的两个空间连接，当由小空间进入大空间时，由于小空间的对

图4-35　承德避暑山庄宫廷区和其他区形成布局的对比
A.宫廷区；B.山岳区；C.平原、湖泊区

（a）

（b）

图4-36　承德避暑山庄
（a）山庄宫廷区，规整对称式布局，庄严；
（b）山庄湖泊区，自然式布局，开阔秀丽
（引自：http://image.so.com/i?q=承德避暑山庄&src=srp）

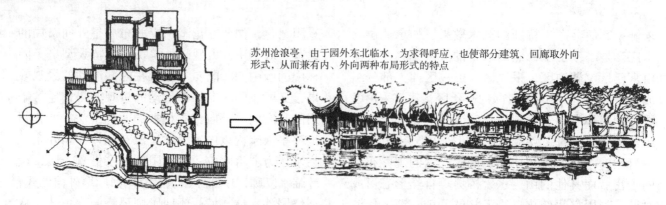

苏州沧浪亭，由于园外东北临水，为求得呼应，也使部分建筑、回廊取外向形式，从而兼有内、外向两种布局形式的特点

图4-37　苏州沧浪亭内向、外向布局对比（1）

（a）　　　　　　　　　　　　　　　（b）

图4-38　苏州沧浪亭内向、外向布局对比（2）
（a）复廊外向临水；（b）复廊内向环山
（引自：http://image.so.com/v?q=沧浪亭图片&src=srp&correct=沧浪亭图片）

比、衬托，使大空间给人更大的感觉。地处江南一带的私家园林面积有限，但为了求得小中见大的效果，多采取欲扬先抑的方法来组织空间序列，即在进入园区的主景观之前，先安排若干小空间，借助两者的对比来突出园内主景区。例如，南京的瞻园，入口部分便是根据这样的原则来组织空间的，尽管园内主要景区的空间规模有限，但经过一连串小空间之后来到这里，依然可以获得开阔的印象（图4-39）。又如一座假山基部设置一个体量很小的亭子，可显出山势的雄伟，古树下散置山石，愈显得古树高大参天，这正是大和小、高和低的对比。

③开合对比　合者，空间幽静深邃；开者，空间宽敞明朗。在古典园林中，空间的开合对比比较普遍，如扬州何园，分为东、西两个部分，主入口朝北，小而封闭，同时插在两个部分之间，由这里无论去往园的东部还是西部，都可借大与小的对比及开敞与封闭的对比使人心旷神怡。特别是走进园的西部，对比效果更显著（图4-40）。除此之外，还有颐和园中苏州街的河道由东向西，随万寿山后山山脚曲折蜿蜒，河道时宽时窄，两岸古树参天，空间时开时合，时收时放，交替向前，通向昆明湖。到了昆明湖，则更感空间宏大，湖面宽阔，水波浩渺，使游赏者的情绪，由最初的沉静转为兴奋，再沉静，再兴奋，把游人情绪引向高潮，感到无比兴奋。这种对比手法在园林空间的处理上是变化无穷的。

④明暗对比　光线的强弱可以造成空间明暗的对比，加强景物的立体感和空间变化。"明"给人以开朗活跃的感受，"暗"给人以幽深沉静的感受。明暗对比强烈的空间景物易使人振奋，明暗对比弱的空间景物易使人宁谧。游人从暗处看明处，景物愈显瑰丽灿烂；从明处看暗处，则景物愈显深邃。明暗对比手法在空间开合收放的对比

中，也表现得很明显。林木森森的闭合空间显得暗，由草坪或水体构成的开敞空间则显得明。运用先抑后扬的明暗对比，能极大地激发游兴，收到意外效果。如苏州留园的入口部分，游人在初入异常曲折、狭长、幽暗、封闭的空间时，感觉压抑而沉闷，但走到尽头而进入园内的主要空间时，便有豁然开朗之感（图4-41）。

⑤色彩对比 "万绿丛中一点红"，这是色彩对比的最好例证，在园林设计中，色彩的对比运用较多。用植物烘托植物、以常绿树作背景衬托花灌木，在体形色彩上均能产生对比，取得较好的观赏效果［图4-42（a）］；或以植物烘托建筑，如纪念性构筑物、园林雕塑的色彩宜与四周环境或背景的色彩形成对比，因为这些景物一般色块较小，对比虽强烈，但也容易调和［图4-42（b）］。而过于强烈的对比色，如大红大绿，除特殊氛围外，应慎重采用，以免形成不和谐之感。

⑥疏密对比 "疏可走马，密不透风""疏密相间，错落有致"，疏密对比在园林中比比皆是。在园林环境中，疏和密是相辅相成的。只有密集而没有稀疏，会让人感觉张而不弛，只有稀疏而没有密集，则使人感觉弛而不张。在园林艺术中，疏密关系在景点的聚散上表现为：聚处则密，散处便疏。在山石的布局上体现为：密集可形成千岩万壑和咫尺山林的气氛，稀疏则可缓解过于密集产生的局促感。在理水上表现在集中与分散的关系处理上。在植物配置方面则表现在片植与孤植的关系处理上。如苏州留园，建筑分布不均匀，疏密对比极强烈，东部以石林小院为中心，建筑集中，内外空间交织穿插，景观内容多，节奏变

(a) （b）

图4-39 南京瞻园空间的大小对比
(a) 园内狭小幽暗的小空间；(b) 中庭空间虽不大，但经过一系列空间对比，却显开阔
（引自：http://image.so.com/i?q=南京瞻园图片&src=srp）

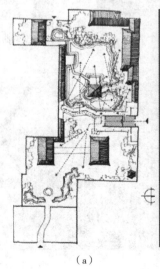

(a) （b） （c）

图4-40 扬州何园空间的开合对比
(a) 何园平面图；(b) 闭合空间，昏暗幽静；(c) 开敞空间，宽敞明朗

化快，人的心理和情绪也会兴奋而紧张，但有些部分的建筑稀疏、平淡，空间也显得空旷，心情自然恬静而松弛。中部景区的西部和北部主要是借密集的山石形成山林野趣，而其他部分，虽也配置了山石，却比较稀疏，形成异常明显的疏密对比（图4-43）。

⑦藏露对比　传统的造园艺术往往被认为露则浅而藏则深，为忌浅露而求得意境的深邃，常采取欲显而隐或欲露而藏的手法把精彩的景观或藏于偏僻幽深之处，或隐于山石、树梢之间，使其忽隐忽现，若有若无。这种藏从外看平淡无奇，但来到园内却别有洞天。藏可以是正面遮挡，如狮子林的卧云室深藏于石林丛中，四周怪石林立，松柏蔽天，仅楼之一角间或从缝隙中隐约可见，幽深莫测，从北面看就属于正面遮挡［图4-44（a）］；也可以是遮挡两翼或次要部分而显露主要部分，如留园中部水谷深处看曲谿楼，粉墙青瓦若隐若现于由山石形成的夹谷之中，"藏"意境耐人寻味［图4-44（b）］；也可藏建筑于茂密的花木丛中，如苏州壶园，由于藏厅堂于花木深处，园虽极小，但景和意却异常深远。藏多露少为深藏，有深邃莫测之感；藏少露多为浅藏，有增加层次之感，无论怎样，都要露出一些主体，让人感到有景的存在，而达到引人入胜的作用。

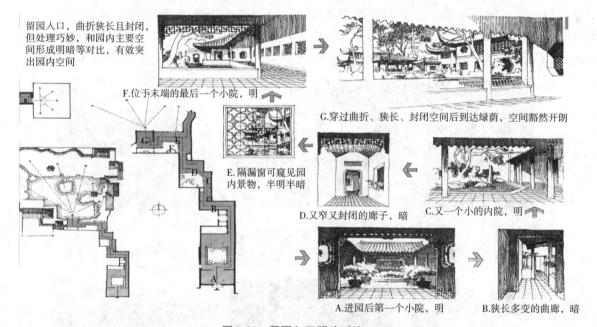

图4-41　留园入口明暗对比

图4-42　园林中的色彩对比
（a）植物色彩和环境色彩形成对比；（b）雕塑色彩和环境色彩形成对比

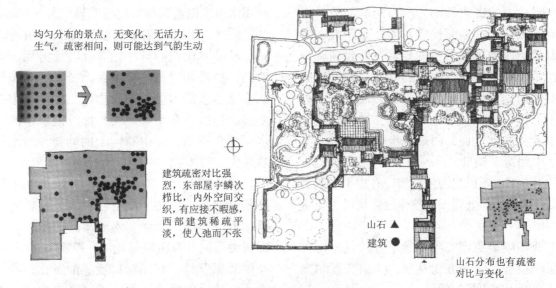

图4-43 留园布局的疏密对比

图4-44 园林中的藏露对比
（a）狮子林卧云室，正面藏（引自：http://image.so.com/v?src=360pic_normal&q=狮子林卧云室&correct=狮子林卧云室）；
（b）留园曲谿楼，次要部分藏（引自：http://blog.sina.com.cn/s/blog_6a1e0f8801016n0e.html）

⑧虚实对比 虚与实是一个既抽象又概括的范畴。所谓"虚"，也可以说是空，或清空、空灵，或者说是无；所谓"实"，就是实在、结实或质实，或者说是有。疏与密、藏与露，从某种意义上讲也包含了虚与实的特点。"虚"给人以轻松感，"实"给人以厚重感，山水对比，山是实，水是虚，山环水抱就是虚实两种要素的萦绕与结合；建筑与庭院对比，建筑是实，庭院是虚；建筑四壁是实，内部空间是虚；墙是实，门窗是虚；岸上景物是实，水中倒影是虚。虚实对比，使景物坚实又有力度，空灵又生动，园林处理虚的地方应达到"实中有虚，虚中有实，虚实相间"。如扬州何园的"水中月""镜中花"，"水中月"即利用水中假山的罅隙，让其投影到水中，形成类似于月亮的倒影，这样，在白天也能看到水中的月亮。更为让人称奇的是，在岸边，随着步移，景也发生了变化，水中月由初月变成了满月。这种利用光影的做法，其实也是以虚映实，意境油然而生［图4-45（a）］；"镜中花"则是将镜子镶嵌于墙上，镜子将对面的假山和植物收入镜内，加上墙上的漏窗形成的框景，让人产生镜中之花也为漏窗形成的框景的错觉，以实代虚，扩大了境界［图4-45（b）］。

江南园林中的廊或其他完全通透的部分，作为虚的要素可与实的墙面构成对比。介于虚实之间的漏窗等，作为半虚半实的要素，可起到调和过渡的作用。就是同一个园景的立面，也可按虚实处理不同而划分成若干段落，有的地方以实为主，实中有虚，有的地方以虚为主，虚中有实。如扬州小盘谷东部立面，两端建筑以实为主，实中有虚；中部留一缺口，设一石一亭，以虚为主，虚中有实；下部山石以实为主，实中有虚（洞壑），通过虚实对比关系的处理，使整体效果显得生动活泼（图4-46）。

虚实处理应避免虚实各半，平分秋色，而要使一方居于主导，另一方为从属，使虚实互相交织穿插，才能达到更好的效果。

⑨动静对比　六朝诗人王籍《入若耶溪》里有一联："蝉噪林愈静，鸟鸣山更幽"，园林中也可以利用水声，创造动静对比的效果，水声的动又反衬环境的静，能把庭院的空间提高到诗一般的境界。

动静对比在园林中表现在各个方面，动是绝对的，静是相对的。亭、台、楼、阁等园林建筑原本是静止的，但它的飞檐翘角在静穆中有飞动之势，静态中有动势之美。如沧浪亭中的复廊临水亭翼角飞举，静中有向上的动势，与水形成动静对比（图4-47）。

⑩质感对比　在园林绿地中，可利用植物与建筑、道路、广场、山石、水体等材料的不同质感，形成对比，增强艺术效果。即使植物之间也因树种不同，有粗糙与光洁、厚实与透明的不同，产生质感差异。利用材料质感的对比，可形成雄厚、轻巧、庄严、活泼，或以人工取胜、或以自然取胜的不同艺术效果。如颐和园万寿山、佛香阁和昆明湖，山石、建筑的浑厚和水体的细腻光

图4-45　园林中虚实对比（1）
（a）扬州何园"水中月"；（b）扬州何园"镜中花"

图4-46　园林中虚实对比（2）

图4-47 园林中的动静对比

图4-48 园林中的质感、方向对比

滑形成质感的对比（图4-48）。

⑪方向对比　园林规划设计中主、副轴线构成平面上方向的对比，山与水形成立面上纵横方向的对比，在建筑组合上的立面处理，有横向处理、纵向处理及纵横交叉处理等，可使空间造型产生方向上的对比。方向对比取得和谐的关键是均衡。如颐和园的万寿山和昆明湖，山体向上，水面延伸，形成立面上的纵横方向的对比（图4-48）。

对比手法在园林中比比皆是，不仅表现在上述的各个方面，它还错综复杂，但正如其他艺术理论里常提醒人们"对比手法用得频繁等于不用"一样，园林中的对比手法也要避免频繁使用，同时，更要注意突出主次，不可平均分配。

（2）协调

协调也称调和、和谐，指事物和现象的各方面相互之间的联系与配合达到完美的境界和多样化中的统一，是形成园林美的重要原则，有局部造型之间、局部与局部之间、局部与整体之间、整体与园林之间的协调。协调包括以下两种：

①相似协调　形状相似而大小或排列上有变化称为相似协调。园景的组成部分重复出现，如果在相似的基础上变化，可产生协调感。如一个大圆的花坛中排列一些小圆的花卉图案和圆形的水池等，可产生相似协调。

②近似协调　两种近似的体形重复出现，可以使变化更为丰富并有协调感，如方形与长方形的变化，圆形与椭圆形的变化都是近似协调。此种协调运用较多。

在园林中，如果只有协调，没有对比，则布局欠生动；如果过分强调对比而忽略了协调，又很难达到静谧安逸的效果，所以对比与协调是在园林中达到统一的两个对立面，要强调两者之间的渗透，而不是排斥与冲突。协调本身就意味着统一，对比协调与多样统一相互联系，有对比就有多样，有协调就有统一。在构图中，协调景物所占的比例要大，而对比是指与大量协调的景物进行对比，以突出协调景物的对立面，所以所占的比例要相应地较小。

4.2.3.4　比例和尺度

英国美学家夏夫兹博里曾说过："凡是美的都是和谐的和比例合度的"，比例合度指的就是比例与尺度运用恰当。比例与尺度原是建筑设计上的基本概念，但也同样适用于园林，有助于景观的布局与造景艺术的提高。

（1）比例

比例指在长度、面积、位置等系统中的两个值之间的比例，以及这个比例与另一个比例之间的共同性和协调性。换而言之，比例是部分对全体在尺度间的调和。由于古希腊人十分爱好形式美，当时最著名的毕达哥拉斯学派的大多数是数学家，他们认为，艺术的美来源于数的协调，从而发现了黄金分割比例，即将长度为1的线段分成两部分（X为较长的一段），使其中较长部分对全部长度的比等于较短部分对较长部分的比：$X:1=(1-X):X$，式中$X≈0.618$。按黄金分割的比例分成的两线段，以这两线段为边的长方形称为黄金长方形。对于古希腊人来说，黄金长方形就代表着数学规律的美。在古希腊最著名的古典建筑物——帕提农神庙里面，就包含着无数个黄金长方形。

在园林设计中，比例指的是园林中的景物在体形上具有适当美好的关系，其中既有景物本身各部分之间长、宽、厚的比例关系，又有景物之间、个体与整体之间的比例关系，这种关系不一定用数字来表示，而是属于人们感觉上、经验上的审美概念。在园林空间中具有和谐的比例关系，是园林美必不可少的重要特性，对园林的形式美具有规定性的作用。园林的分区也应讲究合适的比例，各区的大小既要符合功能的需要，又要服从整体面积的比例关系。园林设计若能使各个景物体型匀称，功能分区比例和谐，将赋予园林以协调一致性和艺术完整性。例如，日本的古典园林，由于面积较小，传统上的配置无论树木、置石或其他装饰小品，都是小型的，使人感到亲切合宜（图4-49）。而大型园林如华盛顿国会大厦前宽敞的轴线上，水池、草地、大乔木、纪念碑等都是大型的，使人感到宏伟，这种亲切感和宏伟感都是比例适当形成的（图4-50）。

（2）尺度

和比例密切相关的另一设计原则为尺度。所谓"尺度"，通常被认为是十分微妙且难以捉摸的，其中既有比例关系，还有匀称、协调、平衡的审美要求。在园林中，要体现园林的尺度，总要有一个借以比较的尺度单位。事实上，园林中的一切景物均是供人游赏、为人服务的。人的平均体高、肩宽、足长、坐高等都与园林中的许多小型构筑物和设备有着直接的关系（图4-51），因此，我们自身就变成度量园林景物的真正尺度了。园林设计时要注意到供人歇憩的坐凳、踏步的台阶、凭眺的围栏合乎人体本身的尺度，方便活动，形成自然的尺度（图4-52、图4-53）。

在园林尺度中，除自然尺度外，还存在着人们意识上的所谓"超人的尺度"。这种尺度的形式犹如文学中夸张的手法，往往是通过尺度对比而产生效果。体量较大的景物与较小的景物相并列，便会使较大景物的尺寸显得更大。设计比人的习惯稍大的景物单元，常会产生壮观和崇高的感觉。这种尺度形式往往被运用于一些为宗教或政治服务的建筑或园林中。如为了表现雄伟，在建造宫殿、寺庙、教堂、纪念堂等处，常采取大尺度。

综上所述，园林中所谓的尺度有两重含义，在造园时既要求景物本身的比例适当，又要与四周景物的比例适当。"增一分则太长，减一分则太短；施朱则太赤，傅粉则太白。"比例与尺度运用得当，就是合度，简而言之，就是"恰到好处"。

图4-49 日本庭园的精巧配置

图4-50 美国园林的宏伟比例

（引自：http://image.so.com/v?src=360pic_normal&q=华盛顿国会大厦&correct=华盛顿国会大厦）

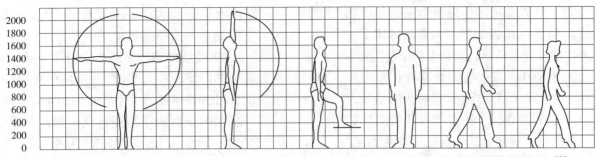
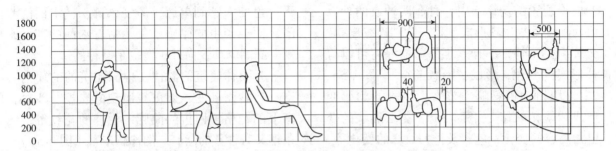

图4-51 人体基本动作与活动空间的尺度

图4-52 符合人行走尺度的汀步

图4-53 符合人坐靠尺度的"美人靠"
（引自：http://image.so.com/v?q=美人靠图片）

4.2.3.5 节奏与韵律

节奏与韵律意思相近，都来源于希腊文rhythmos，原意是艺术作品中的可比成分连续不断交替出现而产生的美感，是多样统一这个原则的引申部分，也是产生协调美（相似协调、近似协调）的共同因素，它原本是从音乐艺术而来，现已广泛应用在建筑、雕塑、园林等造型艺术方面。

园林的韵律是多种多样的，与音乐的韵律不同，园林的韵律感有些是可见的，如两个树种交替使用的行道树；有些是不可见的，如山水花草树木组成的风景，有含蓄的韵律感。在设计上，韵律是由曲线、面、形、色彩和质感等许多要素共同组成的。

节奏与韵律，可以从构成上和要素上进行分类。

（1）从构成上分类

①连续韵律　指一个组成部分的连续使用和重复出现的有组织排列所产生的韵律感。如路旁的行道树，用一种树木等距离排列便可形成连续韵律。

②交替韵律　运用各种造型因素做有规律的

纵横交错、相互穿插等，形成丰富的韵律感。如上所举连续韵律较为单调，如果两种树木，乔木与花灌木形成交替韵律，则会显得丰富生动。

③渐变韵律　某些造园要素在体量大小、高矮宽窄、色彩浓淡等方面做有规律的增减，以造成统一和谐的韵律感。如我国古式桥梁中的卢沟桥，桥孔跨径、矢高就是按渐变韵律设计的。

（2）从要素上分类

①植物配置的韵律　由一种、两种或两种以上的植物配置重复出现形成韵律。除"连续韵律"和"交替韵律"外，还有人工修剪的绿篱可以剪成各种形式的变化，形成"形状韵律"（图4-54、图4-55），用植物色彩随季节发生色彩的韵律变化，形成"季相韵律"（图4-56）。花坛形状的变化，植物内容的变化，色彩及排列纹样的变化等，也是富有韵律感的布置。沿水边种植的植物，倒影成双，也是一种重复出现，一虚一实形成的韵律。一片树林，树冠形成起伏的林冠线，与蓝天白云相映，风起树摇，林冠线随风流动也是一种韵律。

②山水道路的韵律　山峦起伏，山的轮廓线在天空中划出一组曲度近似的线条形成"渐变的韵律"；中国传统的铺装道路，常用几种材料铺成四方连续的图案，一边步游，一边享受这种道路铺装的韵律（图4-57）。有高差的山坡，必要时形成一层层的平台或用踏步形成组合，形成"踏步—平台—踏步"，这些重复的规律，既方便游人，又产生美好的韵律感。大水面一平如镜或水天一色使人感到单调，但轻风拂来，水面泛起涟漪，便会产生韵律感；鱼儿啃着水面的莲叶，出现一圈圈的环纹向外扩散也是一种韵律。

③园林建筑的韵律　中国建筑的韵律内容丰富，巧妙而渐变，如重复出现的屋檐、斗拱，门窗上的花格，回折的曲廊，栏杆的花纹等，既有条理又有含蓄的渐变，韵律感丰富（图4-58）。

④整体布局的韵律　一座园林是一个相对而言的整体，在其中少不了山山水水、花草树木及少量的建筑，这些景物不是单独出现的，既重复出现又不是呆板地相似重复，其中有十分复杂而活泼的韵律。如水景或水面的安排，自然式的园

图4-54　红色与粉红色花卉，形成交替韵律

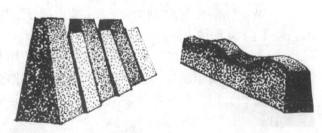

图4-55　绿篱形成的"交替韵律""形状韵律"

图4-56　同样植物四季色彩不同，形成"季相韵律"

图4-57 道路铺装形成的韵律

图4-58 建筑形成的韵律
（a）香山饭店窗与窗间图案形成连续韵律；（b）三亚喜来登酒店建筑立面形成连续韵律

林可以将溪流与湖沼，做出各种曲折形状的变化，形成有开有合、有宽有窄、有大有小的重复变化，比起单纯的一泓池水要富于韵律。

整体布局的韵律要和统一当中有变化的原则紧密相连。如果是重复的变化，各种景物要尽量避免相似的重复，因为这种布景的效果会让人感到索然无味。

4.2.3.6 联系与分隔

（1）联系

园林中的各个景物与景区都不是孤立的，相互间都要有一定的联系，这种联系可以通过道路、廊、水系等形成有形的联系，也可以在景观上形成相互呼应、相互衬托、相互对比、相互对称等无形的联系，在空间构图上形成一定艺术效果的联系。西方园林由于崇尚开敞，一览无余，所以在园林设计中联系运用较多，很少用分隔或封闭的方式。一般公园不设围墙，内部为草地与疏林，交通设施有汽车道、自行车道和步行道，草坪可以穿行，功能分区不用有形的围墙或绿篱，公共园林与附近的居民区连成一片，与周围的林荫路也连在一起，建筑小品也只是在位置上比较方便或使它突出，形式上整齐规则，色彩上较华丽，使游人在对比的情况下受到吸引。

（2）分隔

园林中的分隔可以用来遮挡不美观的部分，即所谓"俗则屏之"。也可以通过分隔，分为不同的空间景域，使各空间具有各自的景观特色。分隔可以采用实墙、建筑、密林等进行实隔，使相邻的空间互不透漏，可用水体、山谷、堤、桥、道路等进行虚隔，使两个空间相互渗透，还可以用开漏窗的墙、廊、花墙、疏林、花架等形成虚实隔。使两个空间虽隔又连，隔而不断，景观能相互渗透。以中国为代表的东方园林，崇尚曲折、幽深或若隐若现，较少出现一览无余的人造风景。园内常进行各种方式的分隔，但被分隔的部分也有方便的联系，经过分隔后的部分，也往往便于布置成具有特色的内容，与四周有不同的情趣。如北京北海公园是以大水面为主体的，但四周建立了数处小园且都与外界分隔开，形成"园中之园"。分隔可以达到不受外界影响，便于独创一格的目的，还可以达到大与小、开与合、闹与静等的对比效果（图4-59）。

4.2.3.7 象征与联想

艺术创作中象征与联想手法的运用在园林艺术中得到了充分的发挥。园林艺术不能像文学作品那样运用文字直接描写设计主题，构思立意的具体内容，因而借助象征、联想做到以物比物、以景抒情，表达对美好愿望的向往和寄托。

（1）象征

象征指的是一个形象除本身的含义之外，还具有理想的意念蕴涵其中。在园林中，象征手法的运用也较为广泛。可以用象征手段作为造园的模式，如中国古典皇家园林在宫苑中挖湖筑岛，象征太液池和蓬莱、瀛洲、方丈神山仙岛的手法成为延续2000多年的"一池三山"模式。可以用象征手法作为造园的重要手段，如中国古典私家园

图4-59 联系与分隔的艺术效果

(a) 何园复廊虚实相隔；(b) 颐和园十七孔桥分隔大水面，既隔又连，丰富空间；
(c) 京都桂离宫篱隔；(d) 植物相隔，若隐若现

林的文人山水园大量种植梅、兰、竹、菊以追求文人的风雅和情趣。也可以用象征手法作为园林的命名，如唐代柳宗元被贬为永州司马时建私园取名为"愚溪"，该园一切景物都以"愚"字命名，有愚地、愚谷、愚丘、愚岛、愚泉、愚亭，以发泄园主人对现实的不满，标榜其孤傲不逊的志向，在这里，园林的名称象征了某种哲理的寓意。还可以用象征的手法题写景点、匾额。中国传统园林中有大量以象征手法题写的景点与匾额，如茹古涵今、淡泊宁静、四宜书屋、平湖秋月、夹镜鸣琴、曲院风荷、坐石临流等这类以象征手法命名的景点富有诗情画意，又如涵虚、洗秋、留云、听雨轩、邀月门、与谁同坐轩、荷风四面亭等以象征手法题写的匾额言简意赅。

（2）联想

联想是以现实环境、景观所引发的想象空间，即所谓"触景生情"。联想有时因人而异，与欣赏者的文化背景、艺术修养有关。设计师首先应运用形式美的原则，赋予艺术作品想象的空间。在园林或建筑作品中，联想手法的运用，往往可以和自然现象以及人们的生活观念结合在一起。例如，在《诗经》中有对我国古代建筑的屋角起翘的描述"如鸟斯革，如翚斯飞"，这可使人联想到如展翅飞翔的鸟。古希腊的多立克柱式造型单纯简洁、粗壮有力，使人联想到男性的阳刚之美；而爱奥尼柱式造型则丰富细致，曲线婉转，使人联想到女性的温柔之美。这是与自然现象和各种现实形态结合在一起产生的联想。与人们在生活实践中形成的观念结合在一起也可以产生联想。人们在长期的生活实践中形成了对各种形态的格式、体态、线型、色彩表情的认知，在进行创作的过程中，选择恰当的形式把这种认知表现出来，如以庞大浑厚的体量使人联想到雄伟；以垂直高耸的造型使人联想到崇高；以流畅变化的曲面使人联想到优美。此外，各种材质与色彩等都有与之相适应的联想内容。如设计表现庄严肃穆的纪念性建筑时

采用对称、端正、轮廓单纯的平立面；采用坚固、耐久的建筑材料，做粗壮有力度的质感与细节的处理；运用色彩朴实稳重而不华丽，这些形式特征必然能唤起观赏者对其庄严肃穆氛围的联想。

总而言之，园林形式美的原则是园林设计的基本原理，也是人们长期实践的总结，因此，要创造出美的园林作品，必须在实践中加以融会贯通，综合运用。

思考题

1. 怎么理解美与园林美？园林美的特征有哪些？

2. 园林形式美的基本原则有哪些？结合具体的园林实例，运用园林形式美的基本原则分析作品中的园林美。

第5章 园林设计构成基础

学习目标

◆ 了解构成的基本内容。
◆ 了解构成与园林设计的关系及其在园林设计中的应用。
◆ 掌握工程字体的写法。
◆ 掌握变体美术字的设计方法,对设计有初步的认识。

随着社会的进步、科学技术水平的不断发展,人们的审美观念发生了根本的变化,对生活中的物品、环境等的设计提出了更新、更高的要求,将"科学"和"艺术"融为一体。美的形式不再是孤芳自赏,而是成为了实际功能的载体。对形态的存在和创造规律加以系统化的研究,是所有设计类专业必不可少的基础。

本章旨在从点、线、面、体、色彩等的特点以及构成形式的学习和理解上来构建学生对构成的认识。在强调基础构成训练的同时,结合专业应用,将点、线、面、体、色彩等要素具体化,使园林专业学生始终能抓住学习构成的目的。在了解构成知识的基础上,通过对变体美术字设计的学习,了解构成在实际工作和生活中的使用,从而拓展至本专业的应用。对教学内容与专业的关系进行了较为充分的说明与讲解,让学生学之有理、用之有据,为学生进一步深入学习专业起到启迪作用。

5.1 构成的含义

所谓"构成"是一种造型上的概念,它研究各种形态基本元素的分解、组合和创作。自然界的形千变万化,形的构成方式也多种多样,我们在研究形态时,可从两方面入手:一是研究形态构成的自身规律;二是找出符合审美要求的形态构成原则。构成不同于绘画中实景写生创作表现的具象形态并以实物为依据,构成通过抽象的思维,根据不同的逻辑将各种基本元素进行分析、组合,结合想象来创造全新的内容,对设计者的想象力和创新力是一种极大的考验。

构成有两个核心:一是理性要素;二是感性要素。理性要素主要指造型的要素,即点、线、面、体、色彩、结构、材料、技法、法则等,从构成的产生开始就为设计注入了理性的力量;感性要素则指形态通过视觉、知觉引起的情感心理反应,虽然这样的情感心理反应是人人都有的,但经过训练的画家或设计师会比一般人更敏感些。因此,要提升个人的设计能力,应该从对构成的学习和认知开始。在园林设计中,理性要素与物质要素、设计方法相联系;感性要素则与场地、空间给予人的心理反应有关。

构成根据表达主体的不同,分为三大类:平面构成(平面视觉效果)、色彩构成(色彩视觉效果)和立体构成(体量和空间),简称"三大构成",它们之间既有联系又有区别。离开了平面构成,色彩构成和立体构成便无法讨论;而平面构成要更加丰富、更加实用，也不能离开色彩构成和立体构成。

5.2 平面构成

5.2.1 平面构成的基本概念

平面构成是指在二维的平面范围内，按照一定的秩序和规律将既有的形态（自然形态、人工形态、抽象形态）进行分解、组合，从而构成新形态的组合形式。它所表现的立体空间并非实的三维空间，而是二维图形对人的视觉起引导作用形成的幻觉空间（图5-1）。

图5-1　二维平面表现三维空间

（来自 http://www.zcool.com.cn/work/ZNzMwMTc1Ng==.html）

平面构成的应用范围很广，从绘画到装饰艺术到实用美术的各个领域，几乎都是在平面中进行构成的，即使立体构成也离不开平面构成。这是因为，立体构成的最终制作效果总是要借助平面图形来展示的，并且立体构成的表面处理也涉及平面构成。因此，平面构成是最基本的造型活动，是设计人员从事设计的必需指南。学习平面构成的方法、技巧并不难，但想要做成出色的平面构成却着实不易，它不仅需要过硬的基础知识，还需要设计者对艺术的敏感和灵感。

5.2.2 平面构成的基本元素与基本形的创造

5.2.2.1 平面构成中的基本元素

一个完整的平面构成作品应该包含以下几方面的元素：

（1）概念元素

概念元素指不实际存在，而是被人们意识所感受到的东西，如点、线、面。强调的是人对事物的主观认识。

（2）视觉元素

概念元素必须通过可见的视觉形象才能表现在画面上。任何形象之所以能被人感知，都是因为它们具备了大小、形状、色彩、位置、方向、肌理等元素，形的差别也是指这些元素的差别。因此，大小、形状、色彩、位置、方向、肌理等被称为视觉元素。

（3）关系元素

在平面构成中视觉元素的编排、组合所运用的框架、骨格、空间、重心、虚实、有无等被称为关系元素。视觉元素的组织编排是受关系元素管辖的。

（4）实用元素

实用元素指平面构成被应用于实际设计时应考虑的设计对象的内容、意义、目的和功能等方面。

点、线、面作为最基本的概念元素，向其赋予大小、形状、色彩、位置、方向、肌理等视觉元素，使其形成各自独立的视觉单元，再将视觉单元按照不同的关系（框架、骨格、空间、重心、虚实、有无等）组织在一起，便能形成一个完整的二维画面（图5-2）。要使这个二维画面有意义、不空

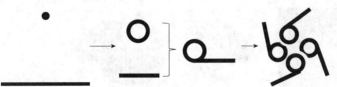

| 概念元素： | 视觉元素 | 关系元素1：叠压 | 关系元素2：轴对称 | 关系元素3：交叉 |
| 点、线 | 构成的单元 | 实用元素1：动感 | 实用元素2：稳定 | 实用元素3：中国结 |

图5-2　平面构成基本元素的组合

洞，实用元素是关键，而对实用元素的构思应当早于概念元素和视觉元素的呈现。二维的画面只有传达出作者设计的目的、含义、理念，才能成为一个完整的平面构成作品，4种元素缺一不可。

园林设计中的形态构成由表象、关系、性质3个部分组成。表象指的是物质的外在表现，它的作用对应平面形态构成中的概念元素和视觉元素，是园林设计中基本的设计单元，像血肉一般存在；而园林形态中的关系指的是各组成部分及环境内外的种种联系，它对应了平面构成中的关系元素，是将血肉组成整体的骨格；园林形态中的性质则体现了园林设计的深层含义，表现为环境的功能和文化价值的内在取向，它对应了平面构成中的实用元素，是园林设计的灵魂，有了这一部分，园林设计才具有了神采。缺少任何一个元素，我们都无法做出好的平面构成作品，园林设计也是一样，缺少任何一个环节，我们都无法呈现精彩的环境作品。学习平面构成的过程中，思考所学内容对园林设计的意义，对于园林设计初学者而言是更重要的任务。

5.2.2.2 平面构成研究的内容

平面构成主要研究3项内容：如何将概念元素与视觉元素结合在一起创造新的形象单元；如何根据已确定的使用元素构思关系元素与形象单元的结合；如何根据形式美的法则，用美的表现技法，将前2项内容传达出来。

提示：形象指的是能引起人的思想或感情活动的具体形状或姿态，包含着所有的视觉元素。

形象的表现在平面构成中主要有两大类：具象形和抽象形。具象形是以大自然中的景物为蓝本进行再创作的形象，抽象形则指的是将自然形进行高度概括和浓缩，将其提炼为最简洁的视觉元素——点、线、面，并按照形式美的法则进行组合而成的新形象。

平面构成是在二维平面中运用各种平面要素来构建形象，而园林设计则是将头脑中的概念、构思转化为二维图纸上的各种要素来构建园林虚体，以指导三维实体的建造。因此，平面构成与园林设计图纸表现都是以平面为媒介来传达抽象的想法，都是从概念到形式的转换过程。

5.2.2.3 平面构成中基本形的创造

在平面构成设计中，我们把一组相同或相似的形象看作一组单元，把它称为基本形，它是构成图形的基本视觉元素个体，也是构成复合形体的单位。基本形是相对而言的单位形象，它可以无限分割。例如，一棵枝繁叶茂的大树，其基本形可以看成为"一枝树叶"，由数个一枝树叶的基本形组成大树；而"一枝树叶"又由许多个基本形"树叶"组成；"树叶"又由无数个"细胞"基本形组成。另外，"大树"也可作为森林的基本形，大量的大树基本形组成森林。因此，基本形是一个相对的概念。

（1）基本形的种类

基本形有以下几种形象要素（图5-3）：

几何形：具有数学几何规律的图形。

有机形：有机体（具有生命的个体）的形态。有机形是具体生命个体形象的抽象化，特点是轮廓由圆滑而无规律的曲线构成，体现生命的韵律。

偶然形：偶然形成的图形。

人为形：人为创造的形态，如房屋、衣服、文字。

自然形：大自然中原有的可见形态。

（2）基本形之间的组合关系

基本形之间可以不同的关系组合在一起，从

图5-3 基本形的种类
(a) 几何形；(b) 有机形；(c) 偶然形；(d) 人为形；(e) 自然形

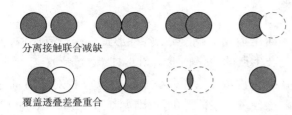

图5-4 形与形的组合关系

而形成新的形象单元,如图5-4所示。

5.2.3 点、线、面的构成与园林设计

自然界的所有形象都可以被抽象、概括成点、线、面的组合,认识点、线、面的构成是所有形态设计的基础。

5.2.3.1 点的构成

点是一切形态的基础,也是造型要素的最小单位。

（1）点的概念

在几何学上,点没有大小,没有方向,仅有位置;而在平面构成中,点是具备形状、大小和位置的可见视觉形象。

要注意的是,点其实是一个相对的概念,它的确定是由点与环境空间的对比决定的,如果点在空间中所占面积过大,它就由点变成了面。例如,颐和园中的廓如亭,面积虽逾100m²,但相对于290 hm²的颐和园而言,它只是其中的一个点,但当我们身临其境时,廓如亭就成为一个较大的面（图5-5）。

（2）点的形态类别

点一般被认为是圆形的,但实际上点在平面构成中的形式是多种多样的,有圆形、方形、三角形、梯形、不规则形等（图5-6）,自然界中的任何形态缩小到一定程度都能产生不同形态的点。

（3）点的视觉特征

点的基本属性是注目性,点能形成视觉中心,也是力的中心。

当画面中只有一个点时,人们的视线会集中于这个点,产生视觉中心的效果。而单个点在画面中的位置不同时也会使人产生不同的心理感受,居中会产生平静、集中感,注目性提高;点位于上方中央,平衡性较好,有上升的感觉;点位于下方中央,有下沉的感觉;位于画面2/3偏上的位置时,最易吸引人们的观察力和注意力（图5-7）。

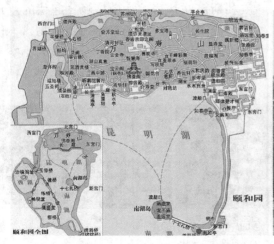

图5-5 廓如亭在颐和园中相当于一个点

（来自 http://www.zwbk.org/PictureShow.aspx?pid=20111027050246393_1686.jpg&title=%u9890%u548C%u56ED%u5E73%u9762%u56FE&lid=222980）

图5-6 点的形态类别　　　　　图5-7 单点在画面中的不同位置

当画面中有2个相同的点并各自有它的位置时，2个点之间会产生张力作用，使心理上产生连续的效果；当画面中有2个大小不同的点时，大点首先引起人们的注意，但视线会逐渐地从大点移向小点，最后停留在小点上。点越大越空泛，点越小积聚力越强（图5-8）。

当画面中有3个散开在不同方向的点时，点的视觉效果就表现为一个三角形，形成比较稳定的感受；当画面中出现3个以上不规则排列的点时，画面就会按邻近原则组合成图；当画面中出现若干个大小相同的点规律排列时，画面就会显得很平稳、安静并产生面的感觉（图5-9）。

由于点与点之间存在着内聚力，点的靠近会因人的视觉完形性而形成线的感觉（图5-10）。

提示：视觉完形性指的是人的眼睛有趋向于使不完整的形完整化的趋势。这一特点与人的认知经验有关。

（4）点的构成方法

散点式构成：不同大小、疏密的点混合排列，可以成为散点式的构成形式［图5-11（a）］。

线化构成1：将大小一致的点按一定的方向进行有规律的排列，给人的视觉留下一种由点的移动而产生线化的感觉［图5-11（b）］。

线化构成2：将点由大到小按一定轨迹、方向进行变化，使之产生一种优美的韵律感［图5-11（c）］。

面化构成1：把点以各种形式，进行有序的排列，产生点的面化感觉［图5-11（d）］。

面化构成2：将大小一致的点以相对的方向，逐渐重合，产生微妙的动态视觉［图5-11（e）］。

不规则构成：不规则的点能形成活泼或意想不到的视觉效果［图5-11（f）］。

（5）园林设计中的点

设计师们常利用点的视觉特征来进行园林设计。

一个大的场地或一个完整的景观布局里，总有一个力量的集聚处，能够产生视觉焦点的作用，才不会有单调乏味的感觉。如巴西景观设计师布雷·马科斯于1955年设计的达·拉格阿医院，三角形场地的右上方有一个圆形的花坛，成为整个庭院构图的中心（图5-12）。

中国古代官衙庙堂、豪门巨宅的大门外往往有两个威武的石狮子，既是为了彰显权威、避邪纳吉，也是为了从视觉上石狮子两点之间形成内聚力，最终起到强调和自然引导的作用（图5-13）。

美国园林设计师玛莎·施瓦茨设计的明尼阿波利斯市联邦法院大楼广场，起伏的草丘就是广场中分散的点，象征着冰川残留物，不仅使环境显得静谧，还形成了一个个独立的小空间，为在其中休息的人提供私密和遮挡（图5-14）。

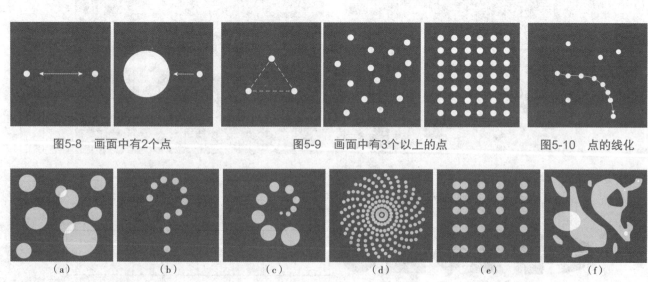

图5-8　画面中有2个点　　　　图5-9　画面中有3个以上的点　　　　图5-10　点的线化

（a）　　　　（b）　　　　（c）　　　　（d）　　　　（e）　　　　（f）

图5-11　点的构成方法

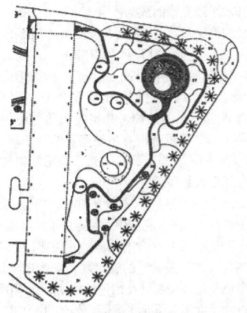

图5-12　园林中的点——聚集作用

图5-14　园林中分散的点——各自独立

图5-13　园林中的点——引导作用
（来自http://www.chinadaily.com.cn/hqcj/xfly/2015-05-06/content_13654635.html）

图5-15　园林中的虚点成线

园林设计中在一个环境的主路或主入口等处往往为了突出中轴线上的主体建筑，在两侧成列种植植物，利用虚点成线来引导人的视线到达主体（图5-15）。

5.2.3.2　线的构成

（1）线的概念

线是点移动的轨迹。线游离于点和面之间，具有位置、长度、宽度、方向、形状和性格等属性（图5-16）。当线的长度和宽度越来越接近时，线的感觉会越来越弱而面的感觉越来越强。

（2）线的形态类别

线概括起来分为两大类：直线和曲线。

①直线　垂直线、水平线、斜线、折线等。

②曲线　几何曲线（圆弧线、旋涡线、抛物线）、自由曲线等。

（3）线的视觉特征

线有很强的心理暗示作用，不同的线有不同的性格特征。线是最善于表现动静状态的元素，直线表现静，曲线表现动，曲折线则有不安定的感觉。

①直线　具有男性的特点，有力度、稳定。水平线平和、寂静，使人联想风平浪静的水面，以及远方的地平线；垂直线则使人联想到高大的树、大山，有一种崇高的感受；斜线则有一种速

度感（图5-17）。

②曲线　富有女性化的特征，具有丰满、柔软、优雅、浑然之感。几何曲线是用圆规或其他工具绘制的，具有对称、秩序和规整的美；自由曲线是徒手画的，是一种自然的延伸，自由舒展而富有弹性（图5-18）。

在园林设计中，常常利用直线的视觉特征来强调环境的氛围。位于美国华盛顿国家广场西侧的林肯纪念馆，与东端的国会大厦遥相呼应，正对面不远处是华盛顿纪念碑。几排长长的整齐的水平台阶，使林肯纪念馆具有宁静、亲和的感觉，也正呼应了林肯总统的平易近人。主建筑采用了36根超越正常人体量的高大石柱来渲染伟大、庄重的氛围，水平线与垂直线的对比，既有亲和力又有崇高的感觉。纪念馆正门正对的华盛顿纪念碑，是一座高度近170m的高塔，神圣威严，直插云端，令人心生敬畏之心（图5-19）。

日本建筑设计师安藤忠雄设计的光之教堂，垂直线和水平线交错而成的镂空十字在光影的变化下将宗教的神秘和崇高挥洒得淋漓尽致（图5-20）。

曲线是最受园林设计师青睐的一种线型，正如美国建筑师波特曼所说："人们对曲线形式感到更有吸引力，因为它们更有生活气息，更自然。无论你观看海洋的波涛、起伏的山岳，还是天上的朵朵云彩，哪里都没有生硬笔直的线条。"他还说："人们的才智与直线有关，但感情却与大自然的曲线形式相联系。"

美国艺术理论家、园林设计师查尔斯·詹克斯在他位于苏格兰的私家花园中大量运用了自由曲线，S形小丘和水塘的结合，被称为波动的景观（图5-21）。

玛莎·施瓦茨设计的亚维茨广场改造项目，S形浅绿色长椅围绕摆动在绿色的植物小丘周围，让人亲近的尺度不仅满足了人们户外休息的功能，更在形式上使环境一改原先的平庸无常（图5-22）。

（4）线的构成方法

①面化的线（等距的密集排列）[图5-23（a）]；

图5-16　构成中的线

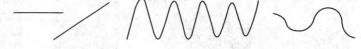

图5-17　直　线　　　　图5-18　曲线

图5-19　园林中的直线

图5-20　园林中的直线

（来自 http://hznews.hangzhou.com.cn/wenti/content/2016-06/05/content_6205822.htm）

图5-21　园林中的曲线

图5-22　园林中的曲线

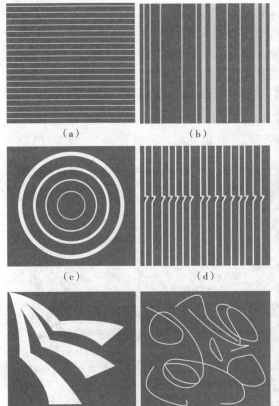

图5-23　线的构成方法

图5-24　园林中的线——道路

②疏密变化的线（按不同距离排列，产生透视空间的视觉效果）[图5-23（b）]；

③粗细变化空间（产生虚实空间的视觉效果）[图5-23（c）]；

④错觉化的线（将原来较为规范的线条排列进行一些切换变化）[图5-23（d）]；

⑤立体化的线[图5-23（e）]；

⑥不规则的线[图5-23（f）]。

（5）园林设计中的线

园林设计中除了可见的线，如通道、边界、装饰线条等；还有存在于设计师平面构图中不可见的线，如景观轴线、景观序列流线。

①可见的线

通道　指园林内的道路。中国古典园林中特别善于用曲线形道路来营造"曲径通幽"的视觉和心理效果（图5-24）。

边界　指各个设计要素的外形轮廓线、景观的天际线或不同质面的交界线，如陆地和湖水的交界线（图5-19至图5-22）。

线型　指园林设计要素材料表面的图案线条（图5-25）。

②不可见的线　景观中不可见的线有景观轴线和景观序列流线，这两种线不一定看得见摸得着，但它们在园林设计中所起的作用却是至关重要的，是园林设计中景物组合的框架，也是了解和认识园林的钥匙。

北京紫禁城和巴黎凡尔赛宫，一个是中国皇宫，一个是西方王宫，却都有着严格的中轴线，体现着王朝集权的强大和威严（图5-26）。

图5-27是杭州西湖西泠印社的景观序列流线。虽然序列流线在实际环境中不可见，但却是真实存在并对游人的游览路线起着引导作用的。

5.2.3.3　面的构成

（1）面的概念

面只有长度、宽度，没有厚度。面也称为"形"，在造型中形成的各种形态，是设计基础中重要的形态因素。面是线移动的轨迹（图5-28）。

①直线平行移动可形成方形的面；
②直线旋转移动可形成圆形的面；
③斜线平行移动可形成菱形的面；
④直线一端移动可形成扇形的面。

（2）面的形态类别

面的形态是多种多样的，总的来说有4类：直线形、几何曲线形、自由曲线形、偶然形（图5-29）。

①直线形　可以借助直线工具完成的形态。
②几何曲线形　可以借助圆规等曲线绘图工具完成的形态，讲究对称和秩序。

图5-25　材料表面的线型

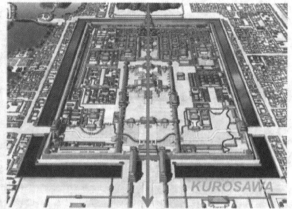

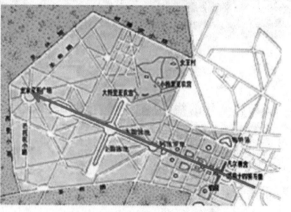

图5-26　园林中的线——轴线

（上图引自：http://mt.sohu.com/20160723/n460652375.shtml
下图引自：http://blog.sina.com.cn/s/blog_6314a97e0102v7ws.html）

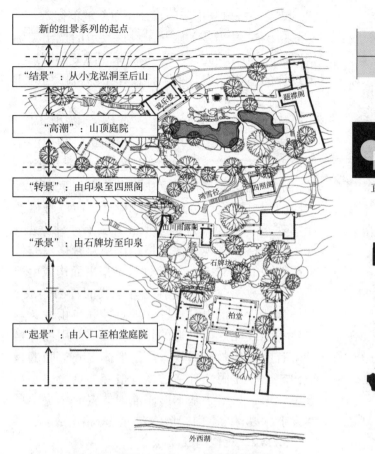

图5-27　园林中的线——景观序列流线

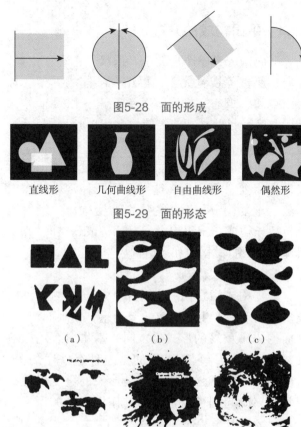

图5-28　面的形成

图5-29　面的形态

图5-30　面的构成方法

③自由曲线形　可徒手绘制，也可借助圆规等绘图工具来完成，随意性比较强。

④偶然形　不是有意创造，而是偶然所得或产生于自然中的形。

（3）面的视觉特征

直线形的面具有直线所表现的心理特征，有安定、秩序感以及刻板、僵硬的性格。

几何曲线形的面柔软、平滑、有弹性且理性感觉强。

自由曲线形的面比几何曲线形的面更生动、轻松、饱满，也更有个性，富于变化。

偶然形的面很难得到完全相同的形象，具有一种朴素、实在、自然的美。如水和油墨混合在一起，加入墨滴后随机产生的形状等，自然生动，有人情味。

（4）面的构成方法

①几何形的面　表现规则、平稳、较为理性的视觉效果（等距密集排列）[图5-30（a）]；

②自然形的面　不同外形的物体以面的形式出现后，给人以更为生动的视觉效果[图5-30（b）]；

③徒手的面　给人以随意、亲切的感性特征[图5-30（c）]；

④有机形的面　得出柔和、自然、抽象的面的形态[图5-30（d）]；

⑤偶然形的面　自由、活泼而富有哲理性[图5-30（e）]；

⑥人造形的面　具有较为理性的人文特点[图5-30（f）]。

（5）园林设计中的面

因为园林设计的现实性，在园林设计中，点和面构成的运用没有明显的界限。缩小范围来看，点可以被看成面；扩大范围来看，面也可以被看作是点。如图5-31为不同形状的面在园林中的具体运用及效果。

5.2.4 平面构成的方法

平面构成考虑图形大小、形状、色彩、位置、方向、肌理等视觉元素，再结合不同的框架、骨格、空间、重心、虚实等关系元素，以设计的含义、内容、目的、功能等使用元素，运用点、线、面等概念元素外化成不同的形式。

平面构成的方法有很多种，在设计过程中可以根据需要自行创造，这里介绍几种常见的构成方法：重复构成、近似构成、渐变构成、发射构成、特异构成、密集构成、对比构成、空间构成、肌理构成、打散构成和平衡构成。

5.2.4.1 重复构成

重复构成指在同一设计中，相同的物体再次或多次出现，产生有规律的节奏感，使画面统一。平面构成中重复的形式是：同一基本形有规律地反复排列组合，它所表现的是一种有秩序的美。重复的目的在于强调，也就是形象的重复出现在视觉上，既起到了强化整体的作用，又加深了印象和记忆（图5-32）。

在园林设计中，也常采用重复构成来形成节奏感。

图5-33是园林设计中的重复构成，地面上形状一致、整齐排列的步石形成了重复的韵律。

图5-34是玛莎·施瓦茨设计改造的位于美国华盛顿的HUD办公大楼广场，采用重复的圆形作为设计的主要元素，是园林设计中随机排列的重复构成形式。

重复由2个部分组成：一是骨格；二是基本形。

使形象有秩序地在限定的空间里排列，即将框架内的空间划分为均等的小空间，这就是骨格。骨格的最大功能是将形象在限定的框架里做各种不同的编排和组合，从而构成设计，所以骨格的作用就是管辖和编排基本形。骨格有4种类型：规律性骨格、非规律性骨格、作用性骨格、非作用性骨格（图5-35）。规律性骨格指平面构成由严谨的、以数学逻辑为基础的骨格线的骨格构成；非规律性骨格指由具有较大随意性和自由性，规律性不强或无规律可循的骨格构成。作用性骨格指由有明确的骨格墨线，给予形体准确空间的骨格构成；非作用性骨格指以骨格交叉点为中心塑造单元形，只给予基本形以准确位置而不决定形体大小、占有的空间、形体方向的骨格构成。

5.2.4.2 近似构成

近似构成是重复构成的基础上的轻度变异，它没有重复那样的严谨规律，比重复更生动、更

图5-31 园林设计中的面

图5-32 重复构成

图5-33 园林中的重复构成
（引自：http://lznewdesignyl.blog.163.com/blog/static/21049605520130141158816/）

图5-34 园林中的重复构成

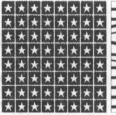
规律性骨格

非规律性骨格

非作用性骨格

作用性骨格

图5-35 骨格构成的类型

  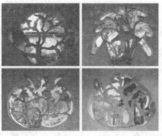 

图5-36　近似构成　　　　图5-37　园林中的近似构成　　　　图5-38　渐变构成
（引自：http://blog.163.com/riancnsz@126/blog/static/4754498020084183272436/）

图5-39　园林中的渐变构成
（引自：http://bbs.zhulong.com/101020_group_687/detail8268723?louzhu=1.2013-9-3）

活泼，也更丰富，但又不失规律感。近似构成的组成单元彼此之间相似，而又不相同，远看如出一辙，近看变化各异。在自然形态中，有很多种同中有异、异中有同的近似因素。

近似构成有基本形的近似和骨格的近似（图5-36）。

图5-37是一组苏州沧浪亭中的漏窗，在同样形状的方框中有相似却不同的图案，正如一幅近似构成的作品。因为园林设计的现实性，世间没有完全一模一样的实物，在园林中，我们把重复构成也归为近似构成。

5.2.4.3　渐变构成

渐变构成是以类似的基本形或骨格，渐次地、循序渐进地逐步变化，呈现出一种自然和谐的秩序，产生富有律动感的视觉效果。这是一种符合发展规律的自然现象，人类、动物、植物等的生长过程，就是循序渐进逐步变化的过程，例如，街道两旁的电线杆，由于距离产生近大远小、近疏远密的关系，形成了有韵律的进深感，表现出有节奏的秩序性（图5-38）。

渐变构成的类型大致有3种：基本形的渐变、色彩的渐变、骨格的渐变。

园林设计中的重复构成与近似构成、渐变构成有时并没有明显的界限。美国俄勒冈州波特兰市由美国设计师劳伦斯·哈普林设计的爱悦广场，其逐渐变化的台地就是一幅近似构成作品，灵感来自于自然地形中的等高线变化，表现出一种有秩序的韵律感（图5-39）。

5.2.4.4　发射构成

发射是一种常见的自然现象，所有发光体都能发射光芒，如太阳、电灯、火光等。由于发射是一种熟悉的常见现象，因此，在设计中发射图形容易引人注目，有着强烈的吸引力和极好的视觉效果（图5-40）。

发射构成的主要特征是重复的基本形或骨格单位环绕一个中心，常根据渐变方向排列，有较强的节奏和韵律感，也可以将发射构成看作渐变构成的特殊形式。

园林中的发射构成如图5-41所示，在某些园林平面中，用发射形构图来形成中心景观，组织整个环境。

5.2.4.5 特异构成

特异构成指构成要素在有秩序的关系里，有意违反秩序，使个别的少数要素显得突出，以打破规律性的构成（图5-42）。要注意特异的对象在整个构图中的比例不能超过30%，否则注目性会大打折扣；特异的对象也不一定要在图面的中央，因为图面中央通常也是视觉的焦点，两个焦点集于一处，反而不能突出特异对象的异质性。

特异构成的类型有：形象的特异，位置和方向的特异，大小的特异，骨格的特异等。

图5-43画面中呈现的是一栋建筑的外墙，闭合的窗户及窗帘加上空调的外机，几乎是墙面的标配，一扇没有关上的窗和窗帘与众不同，无疑吸引了所有人的视线。

5.2.4.6 密集构成

密集构成指基本形在整个构图中自由散布，有疏有密。最密或最疏的地方常常成为整个设计的视觉焦点。密集构成的特点是利用基本形的数量排列的多少，产生疏密、虚实、松紧的对比效果，结集的单形可以是具象的，也可以是抽象的形态（图5-44）。

图5-40　发射构成

图5-42　特异构成

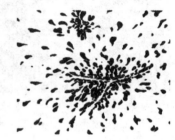

图5-44　密集构成

图5-41　园林中的发射构成

图5-43　建筑中的特异构成

（引自：http://blog.sina.com.cn/s/blog_4b3504d401000619.html）

图5-45 园林中的密集构成
（引自：http://www.ylstudy.com/thread-1624-1-1.html）

图5-46 对比构成

图5-47 园林中的对比构成

园林设计平面图诸要素一般都可以以密集的形式出现，如图5-45所示，园林中的景观以组团的方式聚集，如聚在水边、山下，以形成活动的区域。

5.2.4.7 对比构成

对比构成是一种比较自由的构成。它是依据单形自身的大小、疏密、虚实、形状、肌理等对比因素进行构成的。几乎所有的元素都可以作为对比的因素（图5-46）。

美国著名园林设计师玛莎·施瓦茨设计的亚特兰大购物中心庭院就是一个在园林中使用对比构成的典型案例（图5-47）。在这一环境中，设计师运用了各种要素来进行对比，有形状的对比：青蛙——自然形，球体——几何形；色彩的对比：水池——黑色池底铺装，青蛙——金色，球体——白色，天桥——红色；数量的对比：青蛙——300多只，球体——1个；体量的对比：青蛙——小，球体——大。从对比中来体现趣味，当然，在对比的同时也要取得统一和平衡，青蛙虽多，但却小，球体虽大，但却少，颜色纯度虽高，但高纯度的红色与金色被黑、白二色所中和，创造出欢快而奇特的视觉环境，与购物中心的氛围相适宜。

5.2.4.8 空间构成

平面构成是在二维平面上表示空间立体（图5-48）。空间有正与负、平面性与幻觉性以及矛盾性等。要在平面上表达空间的进深效果，最佳的方式是按透视学原理表现空间感和进深感。

空间构成的方法：利用大小表现空间感、利用重叠表现空间感、利用阴影表现空间感、利用间隔疏密表现空间感、利用平行线方向的改变表现立体感、利用色彩的冷暖变化表现空间感（冷色远离，暖色靠近）、利用肌理的变化表现空间感、利用矛盾空间表现空间感（图底关系）等。

园林中空间构成的体现是使用各种方法强化空间感，例如，使用色彩、明度的变化形成远近、轻重、立体感的变化来强调空间。如图5-49所示，Oasis21是日本名古屋的地标建筑，大面积的蓝色地面铺装，不仅使人有宛若水中的感觉，因蓝色是收缩后退色，更使空间显得深远，形成视线聚焦。

5.2.4.9 肌理构成

肌理指形象表面的纹理，又称质感。所有物质都有表面，不同的物质表面有不同的纹理，给人的感觉也不同，有干湿、粗糙和细腻、软硬、有规律和无规律、有光泽和无光泽等。

肌理有两大类：一是视觉肌理；二是触觉肌理。人们对肌理的感受一般是以触觉为基础的，但由于人们接触物体的长期体验，以至不必触摸，便会在视觉上感到质地的不同。在平面构成中，触觉肌理最终以视觉肌理的方式表现出来。如图5-50所示，左上为当彩色的油墨浮于水面上，用宣纸轻覆于表面吸色而成的纹理；右上为纸被熏烧后自然形成的残片；左下为美国印第安居留区山石的自然纹理；右下为一层薄雪覆在裸露的土地形成的自然纹理。这些各自不同的触觉与视觉最终通过可视的方式进行传达。

肌理的创造方法有笔触、印拓、喷绘、染、揉、拼贴等。

日本园林中的枯山水庭园就是一种运用肌理构成的园林，白色的沙石象征着水面，沙石上细细耙出的纹理，象征着水面泛起的涟漪（图5-51）。

图5-48 空间构成　　　　　　图5-49 园林中的空间构成

（引自：http://www.manshijian.com/articles/article_detail/192022.html）

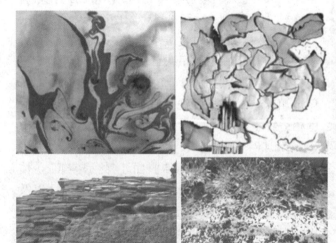

图5-50 肌理构成　　　　　　图5-51 园林中的肌理构成

图5-52 打散构成

图5-53 园林中的打散构成

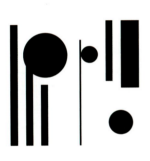

图5-54 平衡构成

图5-55 园林中的平衡构成
（引自：http://dhscape.com/projects）

5.2.4.10 打散构成

把一个完整的东西分解为各个部分，然后根据一定的构成原则再将其重新组合就是打散构成。打散构成是在不断的运动中求得变化，又在不断的变化中产生新的美感。打散从表现上看是一种破坏，实质是一种提炼的方法。这种提炼是以了解结构和特征为前提，对原形进行分解，提炼出分解后的元素，并在分解过程中了解局部的变化对形态的影响。自然的具象形象和抽象的自由形、几何形都可以成为打散构成的原形，分解重组后，可以产生层出不穷的新形象。如图5-52所示，是用打碎后的鸡蛋壳碎片在随意洒落的颜色上拼贴成的画面。

打散构成的方法有切割、分解、重新组合等。

打散构成通常出现在具有现代感的园林和建筑中，如图5-53所示的建筑模型用了打散构成的方式将建筑拆分成一个个小方块，再将其重新组合，形成奇特而又具有整体感的设计。

5.2.4.11 平衡构成

平衡构成是出于稳定、视觉的审美需要进行的构成，主要突出画面的安定静止感（图5-54）。

平衡的主要类型有：对称平衡——中轴对称（有中轴线，中轴线两侧严格对称）、非对称平衡——均衡（没有明确的中轴线，因此没有绝对的对称存在，以画面中点为中心，四周力量达到平衡）。

园林中的平衡构成，如图5-55所示，种植池两侧的建筑形式及空间处理虽然不是完全对称，却能取得一种力量的对等和平衡。

5.3 色彩构成

著名色彩学家约翰·伊顿曾说过："色彩就是生命，因为一个没有色彩的世界在我们看来就像死的一般。""通过色彩向我们展示了世界的精神和活生生的灵魂。"由于色彩与生活息息相关以及设计与生活的密切联系，色彩在构成设计基础中占有举足轻重的地位。色彩构成指从人对色彩的知觉和心理效果出发，用科学分析的方法，把复杂的色彩现象还原为基本要素，再按照一定的规律去组合各要素之间的相互关系，创造出新的色彩效果的过程。不能简单地将色彩构成理解为一门研究色彩客观规律的科学，而应将其研究重点放在人们主观意识对色彩的反应上。因此，在本节的学习中，主要从人与色彩的关系上对色彩构成进行讨论。

5.3.1 色彩基础知识

5.3.1.1 光与色

有光才有色，光是一切色彩的主宰，是人们感知色彩的必要条件。在光线下才能观察到色彩，漆黑的夜晚什么也看不到。不同的光源会使色彩呈现不同的效果，在人造光源下观察色彩往往会失真。因此，一般所讨论的色彩都是在自然太阳光下观察与研究的。

5.3.1.2 色彩的三要素

视觉所感知的色彩虽然千变万化，但对其进行分析和总结，我们会发现，任何色彩的变化都是在色相、明度和纯度上的变化，因此，把色相、明度、纯度看作为色彩最基本的3个构成要素（图5-56）。三要素具有相对独立性，但又有相互交叉、相互制约的特性。

（1）色相

色相即色彩的面貌、名称。不同色相是反射不同波长光的结果。光谱中红、橙、黄、绿、蓝、紫为基本色相。

（2）明度

明度即色彩的明暗程度。明度可以用明度色阶来表示。明度色阶分别以白色和黑色作为最高明度和最低明度的极点，在黑白之间按顺序划分从亮到暗的过渡色阶，每一个色阶表示一个明度等级。每一种色彩都有与其相一致的明度关系，例如，在基本色相中，黄色的明度最高，紫色的明度最低。

（3）纯度

纯度指色彩的鲜艳程度。当一种颜色混入另一种颜色，纯度降低。黑、白、灰系列被认为是只有明度没有纯度的无彩色系。

5.3.1.3 原色，间色，复色

（1）原色

原色就是不能用其他颜色调出的颜色。在色料中，红、黄、蓝不能用其他色料混合而得，因此，它们是色料三原色，把等量的红色、黄色、蓝色色料调和，得到的是黑色，这是一种减色混合，混合后明度比混合前降低了。在色光中，红、绿、蓝3种色光不能由其他色光混合得到，因此，它们是色光三原色，把红光、绿光、蓝光聚在一个光束可得到白色光，这是一种加色混合，混合后明度比混合前提高了（图5-57）。

提示：不同品牌的颜料因加工工艺和色彩命名方式的不同，三原色相对应的颜料并非是完全一致的，每使用一个新品牌的颜料，应多比较和研究，找出所用色料之间的色相、明度、纯度关系。

（2）间色

间色，又称为二次色，是用原色两两等量相混得到的。红加黄为橙，黄加蓝为绿，红加蓝为紫，这3种颜色是色料中的间色。色光中的间色是：黄光、品红光、青光（图5-57）。在调配时，由于难以做到严格的等量相加，相混的2种原色在分量上不同时，会产生丰富的色彩变化。

（3）复色

复色为三次色，由间色与原色相混，或间色之间相混而成，或由3种原色按不同比例调配而成。复色纯度低，种类繁多，千变万化。在色料混合中，变化原色或间色的量，可调出色彩效果含蓄而沉稳、协调的复色，但若掌握不好比例，则易把复色调得过于灰暗，显得很脏。间色与复色如图5-58所示。

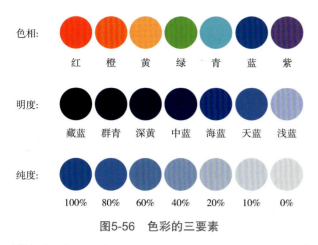

图5-56　色彩的三要素

（引自：http://www.zcool.com.cn/article/ZMTUzNzY4.html?switchPage=on）

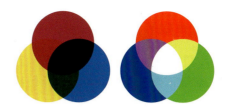

图5-57　色料（左）以及色光（右）的三原色

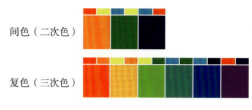

图5-58　间色与复色

5.3.1.4　相同色，同类色，相似色，对比色，补色

图5-59为24等分的伊登色相环，我们从色相环上各色之间的角度来认识相同色、同类色、相似色、对比色和补色。

相同色是指＜5°范围内的色彩，相同色之间只存在非常微小的差异；同类色是指在色相环上＞5°且＜30°范围内的色彩，以同一种颜色成分作为主导；相似色是指在色相环上＞30°且＜90°的色彩，相似色中均含有相同的成分。

对比色是指在色相环上＞90°且＜180°的色彩，对比色中有可能含有少量相同的成分，对比的感觉比补色略弱；补色是指在色相环上呈180°对角的2种颜色，补色中不含有相同的成分，是彼此独立的颜色，如红与绿、黄与紫、蓝与橙，补色是最强烈的对比色。

5.3.1.5　色彩的冷暖

色彩的冷暖与人的生活经验有关，太阳、火焰让人感到温暖，它们的颜色——红色、橙色就与温暖的经验联系在一起；海水让人感到凉爽，它的颜色——蓝色就与凉爽的经验联系在一起。当看到某个颜色时，与之相关的生活经验会带来冷暖的心理感受，因此，我们将色彩的冷暖感进行了归类（图5-60）：

暖色系包括红、橙、黄等颜色，给人以温暖、兴奋、热情的感觉。

冷色系包括蓝、绿、紫等颜色，给人以平静、理性、幽深的感觉。

暖色与冷色的过渡地带是中间色，如黄绿、红紫等。

无彩色系的黑、白、灰称为中性色。

值得注意的是，色彩的冷暖不仅表现在固定的色相上，还通过比较表现出来。例如，绿色与橙色相比较冷，而与蓝色相比又偏暖；紫色与红色相比偏冷，与蓝色相比却偏暖。

图5-59　伊登色相环

图5-60　色彩的冷暖

5.3.2 人对色彩的知觉

由于人们自身的生理和心理特征,在实际生活中,人眼对于色彩的疲劳与平衡有正常的生理反应。在色彩的刺激下,人的知觉会产生某些反应。

5.3.2.1 色彩的对比

色彩的对比指 2 种或 2 种以上的色彩放在一起时,由于相互间的影响而呈现出差别的现象。

(1) 根据对比的时间不同分类

根据对比的时间不同,有同时对比和连续对比 2 类。

① 同时对比 同时看到由 2 种色彩所产生的对比,会把另一种颜色推向自己的补色。如图 5-61 所示,红色和绿色在一起,显得红的更红、绿的更绿;白色和黑色在一起,显得白色更白、黑色更黑;相同的灰色分别与蓝色和橙色在一起,与蓝色在一起的偏橙,与橙色在一起的偏蓝。

② 连续对比 先看了某种颜色,接着再看另一种颜色时产生的对比。后看的颜色就会被混入前一种颜色的补色残像。如图 5-62 所示,先看红色,再看灰色,会感觉灰色偏绿。

(2) 根据对比的种类不同分类

根据对比的种类不同,有色相对比、明度对比、纯度对比、冷暖对比和面积对比 5 类。

① 色相对比 当同一种橙色分别与黄色和红色进行对比时,与黄色在一起的橙色显得红,而与红色在一起的橙色显得黄(图 5-63)。英国园林设计师钱伯斯设计的丘园(图 5-64),园中大量的小建筑模仿中国或古罗马特色的建筑,图中的中国塔位于一片郁郁葱葱的树林环抱之中,中国塔大红色的柱子与周围植物的浓绿产生了强烈的对比,显得红更红、绿更绿,有一种静谧中隐含的热烈。

② 明度对比 当相同明度的灰色与黑和白同时对比时,与黑色并置在一起的灰色显得亮,与白色并置在一起的灰色显得暗(图 5-65)。江南园林中非常善于使用不同明度的黑白灰来进行对比和衬托,如图 5-66 所示,这是拙政园中的一条波形水廊,青灰色的屋顶以洁白的墙壁和明朗的天空为背景,显得明度更低,有一种含蓄深沉的效果;而白色墙壁上有青灰屋顶、下有灰色太湖石的衬托,则显得更洁白无瑕。

③ 纯度对比 2 种或 2 种以上不同纯度的色

图5-61 同时对比

图5-62 连续对比

图5-63 色相的对比

图5-64 园林中的色相对比

(引自:http://photo.blog.sina.com.cn/photo/5f6dec9dg7f21dd60e140)

图5-65 明度对比

图5-66 园林中的明度对比

(引自:http://photo.blog.sina.com.cn/photo/1420386403/54a9606349787cbef390e)

图5-67　纯度对比

图5-68　园林中的纯度对比

图5-69　冷暖对比

图5-71　面积对比

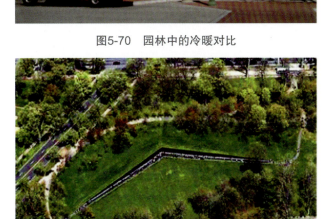

图5-70　园林中的冷暖对比

图5-72　园林中的面积对比
（引自：http://mini.eastday.com/mobile/161127061410837.html）

彩放在一起时，能够使人产生色彩的鲜艳或浑浊的感受（图5-67）。在图5-68中，建筑不同部位纯度不同的红色与自然中各不相同的红色花朵形成了有趣的对比与呼应，营造出一种静谧的热烈气氛。

④冷暖对比　当暖色与冷色同时对比时，暖色显得更加暖，冷色显得更加冷（图5-69）。在图5-70中，干净的蓝色天空与房屋的红色屋顶，形成强烈的对比效果，蓝的清爽，红的热烈。

⑤面积对比　面积大小不同的色彩并置在一起，面积大的色彩容易形成调子，面积小的容易突出，形成点缀色（图5-71）。位于美国华盛顿的越战纪念碑（图5-72）由华人设计师林璎设计。黑色花岗岩砌成的V字形纪念碑静静地卧在一大片绿色的草地之中，象征着战争与和平——小面积对大面积，伤痛与健康——黑色对绿色。得之不易的"胜利"就像大地上一个小小的伤口，是用57 000多人的生命换来的。对比的效果震撼人心。

5.3.2.2　色彩的适应

人对色彩的适应有暗适应和明适应2种，主要与光线有关系。

（1）暗适应

当明亮的环境突然变暗，刹那间什么也看不清，过几秒后才能在暗的环境中辨别物体轮廓，人眼这种从明到暗的视觉适应过程叫作暗适应。

（2）明适应

当人们置身于黑暗的环境突然进入到明亮的环境中，一瞬间会看不清，眼睛发花，几秒以后才恢复正常，人眼这种从暗到明的视觉适应过程叫作明适应。

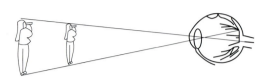

图5-73　视觉的大小恒常

图5-74　视觉的明度恒常

园林设计中有各种各样的光环境，分析每种光环境的特征，并呼应人的心理、生理特性，是每个设计师义不容辞的责任。对于美国建筑师弗兰克·劳埃德·赖特，他善于将环境的特质融合在建筑之中，他对于光线的控制也是信手拈来。他设计的位于美国亚利桑那州凤凰城的建筑学校及住所西塔里耶森其中的一个主会议室，因室内无大面积的窗户，一进入室内，光线就会变得很暗。为了避免暗适应产生的不适，赖特设计了两层空间，从室外进入室内要先经过一个光线略暗的过渡空间，再进入光线较暗的室内空间时，不会再产生暗适应现象。而当暗环境中的讲演结束，灯光打开时，有5个梯度由暗到明的光线，又避免了明适应时产生的不适，让人倍感亲切和人性化。

（3）色适应

当我们从橙黄色灯光照射的地方来到蓝白色灯光照射下的环境时，一开始会觉得两个环境的灯光颜色差别很大，但一会儿便不知不觉习惯了，觉得没什么差异，这种适应叫色适应。

5.3.2.3　色彩感觉恒常

在观察景物时，人会不自觉地进行心理调节，力求不被进入眼睛的光的物理性质所欺骗，进而能认识景物的真实特性，视觉的这种自然或无意识地对物体的色知觉始终想保持原样不变和"固有"的现象叫作色彩感觉恒常。

（1）大小恒常

当前方有两个等高的人分别站在远处和近处时，虽然近处的人在视网膜上的成像比站在远处的人大，但人眼能够辨别出这是同样大小的人，只是距离远近不同而已，这种视觉现象就是大小恒常（图5-73）。

（2）明度恒常

如图5-74所示，这是一张同时处于阳光照射下和阴影中的白纸，当我们观察它时，能够判断出这是白纸受光和背光时所呈现的不同明度，而不会认为是白纸和灰纸被阳光照射的效果，当物体因受到光线影响而使明度发生不同的变化时，我们仍能准确地分辨出其原有颜色，视觉的这种对物体明度的观察特质就是明度恒常。

（3）色彩恒常

红色光照在白纸上与白色光照在红纸上，也许呈现出的颜色是相同的，但眼睛仍能区分出纸的本来颜色，将"固有色"与照明光色区分开来，这种视觉现象就是色彩恒常。

5.3.3　色彩的情感

色彩是一个非常丰富的世界，在这个世界里，不同的色彩有着不同的性质和特征，引起人们不同的情感反应，这些情感反应为我们做"人性化"的设计提供了依据；反过来，人的内心情感、审美情趣也可以通过色彩来体现。

5.3.3.1　色彩的冷暖、轻重和软硬感

（1）色彩的冷暖感

色彩本身没有温度，人们根据自身生活经验产生的联想赋予了色彩温度感，变化多端的色彩因此而具有了生命的活力。例如，人们都认为美国纽约中央公园最美的季节是秋天，如图5-75所示，大片红色、黄色的树林在秋季清冷蓝天的映衬下显得格外温暖和亲切。详见本书5.3.1色彩基础知识。

（2）色彩的轻重感

色彩的轻重感是从人的心理感受上来讲的，如白色的物体有轻柔飘逸的感觉，让人联想到棉

花、轻纱、薄雾；黑色使人联想到金属、黑夜，具有沉重感。一般认为色彩的轻重感主要与明度有关，明度高的颜色轻快、爽朗；而明度低的颜色稳重、厚实。当明度相同时，纯度高的颜色感觉轻，纯度低的颜色感觉重（图5-76）。以色相分，轻重次序排列为白、黄、橙、红、灰、绿、蓝、紫、黑。

在园林设计中灵活运用色彩的轻重感来处理画面的均衡，往往能取得良好的视觉效果。如图5-77所示，美国景观设计师托马斯·丘奇设计的唐纳花园，肾形泳池中白色的S形雕塑呼应远处海湾的形状，轻松而又愉悦，试想，如果把白色换成具有重量感的黑色，会有怎样的效果呢？

（3）色彩的软硬感

色彩的软硬感主要和色彩的明度、纯度有关。与低明度色调和高纯度色调相比，浅色调、灰白色调等高明度的色彩比较软，色调比较柔和。纯色中加进灰色，使色彩处于非活性状态，易显得色彩柔和稳定、没有刺激、柔美动人。而纯度较高、明度较低的色彩给人的感觉则较为阳刚、坚硬。在实际应用中，色彩的软硬感还要借助平面构成中的点、线、面要素以及构成方法来进行传达。

位于美国亚利桑那州旗杆镇的La Posada酒店，是世界上唯一现存的哈维家园（图5-78），由女设计师玛丽·科尔特设计，既有大量的粗犷线条和色彩，同时也有充满女性特点的细腻、甜美的色彩，西部的苍茫和牛仔的冒险精神、哈维女郎的亮丽浪漫结合在一起，硬与软的色彩碰撞出了奇妙的火花。

重　轻　　　重　轻
同一色相明度对比　同一明度纯度对比

图5-76　色彩的轻重感

图5-75　自然环境中的冷暖色
（引自：http://blog.sina.com.cn/s/blog_e7357f7e0101g3cd.html）

图5-77　运用色彩的轻重取得画面的平衡
（引自：http://mp.weixin.qq.com/s?__biz=MzA3NDU4ODgzNg==&mid=200350371&idx=2&sn=05993f85b67386eda5dad03571c374ed）

图5-78　La Posada酒店的刚与柔

5.3.3.2 色彩的个性

（1）红色

红色是一种纯度高、刺激性很强的色彩。在自然界中，很多芬芳的鲜花、成熟的果实、美味的肉类都呈现红色，容易引起注意；在生活中，红色象征着吉祥、兴奋、欢乐；同时，红色也被看成是危险、战争、灾难、警告、禁止的象征。园林设计使用红色要注意把握好度，适时将其正面的含义传达出来。

（2）橙色

橙色是太阳光的颜色，也是丰收的颜色，让人联想到金秋时节收获的果实。它是一种明亮、华丽、辉煌、兴奋、喜悦、充满活力、时尚的颜色，比较受女性的喜爱。它是色彩中最温暖的颜色，但也是容易造成视觉疲劳的色彩。橙色明度较高，明亮刺眼，可用作警示色。

（3）黄色

黄色光感最强，象征着希望、光明、摩登、年轻，是所有颜色中最明亮的。在我国历史上，帝王与宗教均采用辉煌的黄色，作为服饰、家具、宫殿、庙宇的颜色，给人以崇高、华贵、威严、智慧的感觉。但是，缺水的树木、昏黄的天空所呈现的灰黄色，易使人产生枯萎、酸涩的感受。因此，纯度不高的黄色有时反映的是病态、反常、不健康的心理。

（4）绿色

绿色介于冷暖色之间，属于中性色，给人以和睦、宁静、安全、希望、健康之感。在自然界中，植物大多为绿色，因此绿色代表了活力和生机，是生命的象征。由于绿色生命体各个阶段的颜色变化不同，不同的绿色具有不同的含义：嫩绿、淡绿象征着春天和稚嫩的生命力；翠绿、深绿象征着夏天和健壮的植物；墨绿象征着繁茂和成熟；灰绿、橄榄绿意味着秋冬临近和植物的衰老。

（5）蓝色

蓝色能够给人以冷静、沉思、智慧、安宁的感觉，同时也使人产生遥远、寒冷、梦幻、忧郁等感觉。大海、天空都是蓝色的，令人感到神秘莫测，人们把大海、天空视作科学探索的领域，所以蓝色还具有现代科学、高科技的象征意义。

（6）紫色

紫色最特别、最有魅力、最神秘的颜色。它是红色和蓝色的混合，是火焰的热烈和冰水的寒冷的混合，而两种相互对立的颜色又同时保持了它们潜在的影响力。明亮的紫色让人心神愉悦，令人感到美好；灰暗的紫色让人联想到腐败、恐怖、忧伤。在我国历史上，紫色是尊贵、权力的象征，所以称故宫为"紫禁城"；在现代，紫色具有强烈的女性化性格，因此更多地用于女性化的设计上。

（7）黑色

黑色是所有颜色的集合，属于无彩色系。黑色的象征意义有两类：一是积极类，象征高级、雄壮、高雅、严肃、刚正、忠毅等；一是消极类，象征阴森、恐怖、烦恼、消极、沉睡、悲痛、死亡。黑色在某种环境中给人以距离感，具有超脱、与众不同的特征。任何一种颜色在黑色的陪衬下都会表现得更加激烈，黑色提高了有彩色系的纯度，使周围世界变得更加引人注目。

（8）白色

白色由全部可见光混合而成，是一种光明的颜色。白色具有洁净、纯真、浪漫、神圣、清新、朴素、雅致、明快的特征。在东方，白色还用于表达死亡和悲哀；而在西方，白色更多地象征爱情的圣洁和坚贞不渝。白色同任何颜色混合，都可提高色彩的明度，给人以柔和、抒情、高雅、甜美的感受，但是白色也会产生空虚缥缈、单调凄凉的感觉。

（9）灰色

灰色位于黑白之间，属于中等明度的无彩色，它对眼睛的刺激适中，不炫目也不暗淡，是最不容易让人产生视觉疲劳的颜色。灰色同样也具有积极和消极两种象征意义：积极的象征意义是柔和、高雅、精致、含蓄、耐人寻味等；消极的象征意义是平淡、无聊、沉闷、寂寞、颓废、无主见、随便、灰心等。

每种颜色都有与众不同的个性，多观察、多体会、多思考、多感悟，才能在设计中游刃有余。

5.3.3.3 色彩的联觉

某种色彩形成的心理效应往往与某种感觉产生的心理效应具有一定的同构性，这就是色彩的联觉。色彩的联觉是对色彩的进一步认识以及由此而产生的情感升华。由于人是一种很复杂、极富动态性的动物，因其个性、情感、气质、社会地位、文化水平、宗教信仰等诸多差异，色彩的联觉会有差别，但联觉的生理机制是基本相同的，我们可以从中求得共性。

（1）色彩与听觉（音乐）

色彩变化与音乐的旋律之间有着共性。通常我们形容一种色调看起来热闹，或说两种色彩很和谐，热闹与和谐的概念均属于听觉的范畴，对某些旋律我们可以使用同样的描述方法。

物理学家们研究了色彩与音乐之间的关系，并根据音乐的音符及律动的节奏来寻找适合的色彩，并因此设计出播放器彩色变化的背景，使背景与正在播放的音乐产生合理的呼应。我们可以将乐曲三要素与色彩三要素对应起来，声音的高低对应色彩明度，声音的强弱对应色彩的纯度，音色则对应色彩的色相（图5-79）。某些失明的人可以通过音乐去感受色彩，同样，失去听觉的人也可以根据色彩去体会音乐的情绪。图5-80中两幅水彩虽然表现形式不同，但都画出了乐曲《风之国度》中轻快缥缈的感觉。

（2）色彩与触觉

从色彩中能感受到的软与硬、冷与暖，都属于人的触觉。色彩明亮会使人感觉到柔软和温暖，色彩混浊暗沉会使人感觉到冰冷坚硬，纯度高的色彩会使人感受到尖锐、洁净。对比强烈的色彩使人感到有棱有角，对比弱的色彩使人感到柔软光滑（图5-81）。触感有多少种，色彩就能表达多少种。在设计中，适当的色彩搭配，会使观察者从另一个侧面加深对触感的体验。图5-82中，校园中的座椅，左边的色彩明亮，右边的色彩暗沉，冬天到来的时候，人们往往选择左边的座椅，因为它带来更温暖的触感。

（3）色彩与嗅味觉

人们在吃喝时，不仅依靠嗅味觉器官进行判断，还依靠视觉信息及深藏在心里的记忆联想来判断味道。色被放在首位，因为它是先于其他因素经由视觉被食用者接受的信息。同一种食物处于不同的色彩环境中，食用者体会到的味道会大有不同，这是因为色彩对于人们嗅味觉起到引导作用。食品

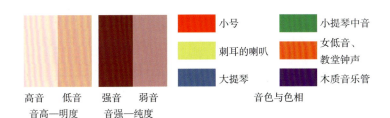

图5-79　乐曲三要素与色彩三要素的对应关系

图5-80　用色彩表达音乐

（学生作品：《风之国度》）

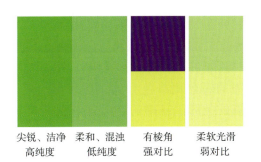

图5-81　色彩与触感

图5-82　明亮的色彩在冬日带来更好的质感

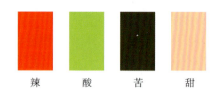

图5-84　不同色彩对应的嗅味觉体验

图5-83　不同口味牛奶使用不同包装诱发联想
（引自：http://www.k1982.com/design/584429.htm）

图5-85　色彩加强嗅觉

包装的色彩对食品的销售起着重要作用，它可以使消费者在购买之前对食物的味道产生联想，从而推断食物的口味及美味程度。图5-83中，3种不同包装的牛奶，你会选择哪一种呢？

一般来说，红色、橙色、橙黄色等暖色系色彩能刺激食欲，给人以美味的感觉。相反，冷色调的色彩则会抑制食欲，如蓝色、深紫等。

色彩与嗅觉之间本没有直接联系，但人们潜意识中会有一个联想的中介，人们在接触某一色彩时，会联想到与该色彩有关的食物，继而想象到食物的香味。就如同看到黄绿色，就会联想起酸酸的柠檬；看到红色，就会想起火辣的辣椒，等等（图5-84）。

在园林设计中，结合色彩与植物本身的香气，能够给人带来更加美好的嗅觉体验（图5-85）。

5.3.4　色彩的空间效果

5.3.4.1　色彩的视觉认知度

色彩的视觉认知度取决于视觉主体与背景的明度差，这个明度差决定了视觉认知度的高低。色相、明度、纯度对比强的色彩，视觉认知度高；反之，视觉认知度低。对比图5-86中的两个图，左图给人带来的视觉冲击更强，认知度也更高。

5.3.4.2　前进与后退

色彩的前进与后退是一个视觉进深的概念。我们生活中常可以体验到不同的色彩造成空间远近感的不同，感觉比实际空间距离近的色彩称为前进色，反之则是后退色（图5-87）。从色相上看，由于色光的波长不同，颜色具有前进后退感。波长长的暖色，如黄色、红色、橙色等在视网膜内侧成像，前进的感觉更强；波长短的蓝色、紫色等在视网膜外侧成像，后退的感觉更强。从明度上看，明亮的颜色看起来比深沉的颜色显得距离更近一些。纯度方面，高纯度的色彩有前进的感觉，低纯度的色彩有后退的感觉。

5.3.4.3　扩张与收缩

色彩的扩张和收缩与视觉面积感有关。色彩面积相等的条件下，看起来比实际面积更大的色叫扩张色，反之，则称为收缩色。一般前进的色彩易有扩张的感觉，后退的色彩易有收缩的感觉。

色彩的扩张与收缩规律（图5-88）是：同样面积的暖色比冷色看起来面积大；同样的面积，明亮的色彩比灰暗的色彩显得面积大；色彩的扩张收缩感还与色彩的相对明度有关，"底"（即背景色）的明度越高，"图"的面积显得越小；反之，如果"底"为低明度背景，"图"色的面积显得大；在黑暗中，高明度色的面积看起来比实际面积要大，这是因为光的渗透作用。

在懂得色彩的扩张与收缩规律后，设计时就可以根据所需要的视觉效果进行色彩处理。

5.3.5 色彩构成在园林设计中的应用

色彩作为一种最为动人的要素，可以赋予景观不同的性格，如用暖色营造喜庆、热闹的氛围，用冷色营造一种宁静、深远的气氛。在园林设计中，可以利用色彩来使人们产生某种心理上的共鸣及联想，进而更加突出景观效果的艺术感染力，为环境增添情感和情趣。

5.3.5.1 园林色彩的类型

园林中色彩的物质载体为园林要素，包括2类：一类是山石、水体、植物等天然色彩，种类多且富于变化，大多属于生物色；另一类是人工色彩，如建筑物、道路、地面铺装，大多属于非生物色。

一些天然色彩虽然不能人为控制，但可以通过各种方法使其为景观设计所用。例如，西湖十景中的"断桥残雪""雷峰夕照""平湖秋月""柳浪闻莺"就巧借自然色彩与人工构筑物交相辉映来营造美景（图5-89）。

还有一些天然色彩有规律可循，可通过掌握它们的规律为人所用，如山石、水体、植物等，它们在景观环境中所占的比重最大。山石的色彩种类繁多，以复色为主，不论在色相、明度还是纯度上都与景观环境中的基色——绿色形成不同程度的对比。如图5-90所示，天然水虽然无色，但因水的面积、深浅及洁净程度不同或受光源色

图5-86 色彩对比强视觉认知度高

（引自：http://cd.daxieyi.cn/Photo/view/1049.html）

图5-87 前进色（左）与后退色（右）

图5-88 色彩的扩张与收缩

图5-89 园林中的自然色彩

（引自：http://www.niubb.net/a/2015/05-01/342870.html；http://blog.sina.com.cn/s/blog_4a8f7403010005i0.html；
http://blog.sina.com.cn/s/blog_72c1fe750102vqip.html；http://bbs.unpcn.com/showtopic-882830.aspx）

图5-90　天然水色的不同变化

（左下图引自：http://www.photofans.cn/album/showpic.php?year=2008&picid=773196）

图5-91　人工水色的不同变化

（右上图引自：http://www.ela.cn/2011/elaworks_0810/10534.html；右下图引自：http://www.kinpan.com/Detail/International/20150615145705156250067605 08857）

图5-92　植物的季相景观

（引自：http://blog.sina.com.cn/s/blog_4fcb06430102w4w6.html；
http://wu-nong.blog.163.com/blog/static/15922538201191 12249334；
http://www.chla.com.cn/htm/2010/1230/71563_2.html）

图5-93　利用色彩形成视觉冲击力

（引自：http://blog.sina.com.cn/s/blog_596dc5050100ld2h.html）

与环境的影响而呈现不同的色彩；人工水池则可根据水面的大小和深浅，配上不同的池底材料和水下灯，营造出多样的水面色彩（图5-91）。植物的色彩是景观环境中最丰富、最有表现力的要素，它可通过自身的花、果、叶、枝干、树皮、树根在不同的时间、季节呈现出变化多样的色彩，来形成景观环境的整体基调，如图5-92所示，春季看柳，夏日赏荷，秋季闻桂，冬季观梅。

园林中的人工色彩如建筑、道路、铺装、雕塑及小品设施的颜色，在园林环境中多充当重点色。尤其是对于一些园林中的主要建筑物，其色彩往往比造型更具有视觉冲击力和吸引力。如图5-93所示，颐和园中的主体建筑佛香阁，其金碧辉煌的色彩在万寿山一片葱茏之中夺人眼目，彰显皇家气派和宗教威严。铺装色彩决定着园林环境整体的氛围，如图5-94所示，左图为蓝色建筑、浅灰色铺装位于某大学校园，渲染安静的气氛；中图中性色建筑是某教堂，渲染神圣纯洁的

图5-94 不同色彩渲染氛围

氛围;而右图高纯度的用色为某商业广场内,吸引并刺激顾客的视觉。

5.3.5.2 园林设计中色彩的运用原则

园林中色彩的选择和运用,首先,一定要结合使用对象的心理需求和生理需求。例如,在以老人为主要使用者的环境里应尽量少用纯度过高的暖色,以免对老人造成刺激,要尽量使明度对比明确不含混,以对老人起到视觉上的提示作用;而以孩子为主要使用者的环境里则可以多用鲜艳的色彩,刺激孩子的视觉发育;在文教类的园林环境中既要避免刺激度过高的色相、明度、纯度对比,同时又要保证有一定的刺激度,使环境不单调乏味。

其次,要根据环境自身的特性和功能需求运用色彩。例如,在纪念性的园林中,较少出现大面积跳跃的暖色;在商业性质的园林中,可使用色相、明度、纯度有多重变化的色彩;在南方热带区域,多使用能够使人感到清凉的冷色,而在北方寒冷的地区,则多使用暖色;在萧瑟的自然环境中造园,可利用鲜艳的天然色彩来活跃气氛,等等。

总之,在园林设计中,对于色彩的设定从来就不是单一表现方式,而是通过色彩与人的心理间的配合,色彩与形式的配合,色彩与环境之间的配合,色彩与色彩间的配合来实现的。

5.4 立体构成

立体构成(图5-95)是在三维空间中,把具有三维的形态要素,按照形式美的构成原理,进

图5-95 立体构成是三维的形态构成

(引自:http://www.dedecms.com/news/inland/2013/0521/28550.html)

行组合、拼装、构造,从而创造一个符合设计意图的、具有一定美感的、全新的三维形态的过程。它是研究形态存在的规律以及形态存在的可能性的方法之一,是多向度的艺术,是利用各种材料按照美的原则在三维空间中创造出具有生命力的新形态的过程。

5.4.1 立体构成的特征

立体构成属于典型的人工造物范畴,是非常重要的三维设计基础训练科目。立体构成的基本特点是:以实体占有空间、限定空间,并与空间一同构成新的环境、新的视觉产物。归纳起来,立体构成有5个特征:立体空间性、轮廓的不确定性、触觉艺术、光的作用、动态的稳定性。

(1)立体空间性

平面构成中的立体形象虽然能表现出三维空间感,但只是在平面纸张上表达的一种视觉幻象,靠形状和色彩的组织通过视觉被感知,它并不占有实际的立体空间,也没有实际材料的可触摸性。而任何立体形态都是具有宽度、厚度和高度的,

看得见摸得着的形体，都占据一定的空间，且利用实际材料做出具有实在体积与空间的艺术形象，能表现出造型的意境及特殊氛围。

（2）轮廓的不确定性

在平面构成中，任何形象无论从哪个角度观察，看到的都是同一个固定的形象，其外形轮廓只有一个。而立体构成是存在于空间的实体，从不同空间位置有着不同的外形轮廓，也就是轮廓线会随着观察点的变化而产生很大变化，具有不确定性。也正是这种不确定性，使立体构成具有多种可能性。

（3）触觉艺术

平面构成所表现的形态是视觉幻象，无论多么美好逼真的形态，用手都触摸不到真实的体积，不存在触觉和肌肉的活动，只有眼睛能感受到其存在。而立体构成是通过具体材料来实现的，是以造型和材料创造三维空间，它不但可视，而且可触摸到实体，具有材料的质感和表面肌理效果。正是通过触觉，使人们得到了软与硬、粗糙与光滑、暖与凉等不同的感觉。

（4）光的作用

立体构成形态在光线照射下会产生明暗变化，产生体量感，对立体形态的造型效果起着重要作用。同时，光线本身也是一种造型元素，可以构成丰富的空间感。

（5）动态的稳定性

立体构成符合物理规律，满足物理力的平衡，同时符合人的心理稳定的需要。立体构成形态的稳定性是一种动态平衡，具有生命的活力，而不是凝固在空中绝对静止的形态。

5.4.2　立体构成的要素

5.4.2.1　核心要素

立体构成是三维度的实体形态与空间形态的构成，给人一种深入到形态知觉和心理层面的立体感觉，其核心要素包括量感、空间感及错视感。

（1）量感

量感指心理量（重量感、内实感、薄弱感甚至扩张的量），是建立在物理量基础上力感的形体表现，被视为生命活力。无论表面多漂亮，不能让人感到生命活力的形体都是不可取的。生命活力也有增长和衰退的不同表现，只有反映人类本质力量的（即前进的、向上的、勇往直前的）形态，才能算是美好的形态。给形态注入生命力的方法，是在厚重感的基础上创造动势，形成对外力的反抗感、生长感、一体感、速度感等。

①生长感　生长的形式非常复杂，从孕育、出生、发育、成长、成熟到复苏、再生……而且，每种生物在每个生命阶段的生长表现形式又各不相同，这就给构型提供了极其广泛的参照对象。如果能将生物生长变化的表现形式抽象地借用到构型中来，就可以使人产生欣欣向荣的精神力量，这种形态又被称作"仿生形态"（图5-96）。

②一体感　所有的生物，其肌体都是一个有机的整体。这种形态的整体特征是整体的稳定平衡，中心线的相互贯穿，表面过渡自然（图5-97）。

③速度感　生命的存在本身就是一种新陈代谢，一种永不停息的运动。速度感是运动的表现形式，传达着生物的各种不同情绪。速度感是对单位时间内移动距离的感受，由节奏的快慢或运动轨迹的断和连、运动方向的突变和旋转来表现（图5-98）。

（2）空间感

空间感即心理空间，其实质是面的扩张和立体的扩张（外部空间），又称为"知觉力场"。形态不仅具有平面的空间扩张感觉，而且在上下方向上也有力场。处理空间感的技法是造型中的"造动势"和"取间隔"（两个形态一起配置时，或让人感到舒适、凌乱或窘迫不畅，都是由其间隔大小来决定的）它能够形成空间紧张感、进深感、流动感。

①空间紧张感　当形与形十分接近时，由于它们之间引力的相互作用，会形成一种紧张感。一般人只会看到形体，除非有意识地将注意力转移到间隙上来，才能看到空间形态。所以，巧妙利用这种空间的紧张感，是艺术设计师的重要任务。例如，规则的间隙空间可以形成巧妙的"适合"形态，如游廊墙上的漏窗，作为"取景框"起到"对

景""借景"的作用，丰富了空间效果（图5-99）。

②空间进深感　进深，指前后距离。强化进深，指在物理进深的基础上创造心理进深，扩展空间。具体做法主要是利用透视经验：加速透视消失线的变化，如根据门和门框的相互关系，来判断门开的大小（深浅）；利用阴影和明暗；多数形体前后遮挡效果以及大小渐变造成的空间层次等（图5-100）。

③空间流动感　空间流动感指的是通过物体之间的分离和联系创造出空间的渗透和层次，因而创造出空间的流动感。空间流动感在心理学方面被称为审美注意的转移，人们通过视线的流动和思维的流动来观察整个空间的全貌，在这个空间里人们的注意力从一个物体转移到另一个物体，如此一来对物体就如同扫描一般，一直扫描下去，最终在人脑里形成一个可感知的整体的空间形象，并产生联想。创造空间流动感可以形体作为诱导，通过空间之间的分隔与联系来创造空间层次，使得空间感得以扩展，并引领视线的运动。

（3）错视感

错视又称为视觉假象，意为视觉上的错觉，它是由于人们的思维、经验、习惯等个人条件的差异，造成的主观视觉感受与客观存在现象发生不一致的状况。如图5-101所示，墙上的书架似乎从中间破裂，书本从架子下掉落下来，但实际却是设计师故意为之，利用断裂的手法来产生趣味，引起注意。

提示：人们由于受思维、经验、习惯的影响，在平常生活中对物和人的知觉有时是正确的反应，但有时也有不正确的反应，而这种人脑对事物的不正确反映称为错觉。它是一种知觉现象，广泛地存在于人们的日常生活当中。错觉的种类很多，最常见的就是错视。

5.4.2.2 形态要素

立体构成中，形态是指立体物的整个外貌，形状是指物体的外形轮廓，也就是说，形态是由无数形状构成的一个综合体。衡量一个立体形态是否具有整体美感的方法，就是看它是否从任何角度观察都能给人以美的享受。形态可划分为以

图5-96　仿生形态　　　图5-98　速度感

图5-97　一体感　　　图5-99　空间紧张感

（引自：http://mt.sohu.com/20160421/n445319074.shtml）

下几种类型：

（1）自然形态

自然形态是指存在于自然界的一切可视或可触摸的物质形态，也就是自然生成的形态。包括有机形态和无机形态2种。如动、植物属有机形态；卵石、山体属于无机形态。

（2）人工形态

人工形态是指经过人的加工、创造而成的物质形态。如建筑、雕塑、车辆。

（3）具象形态

具象形态是指没有经过概括提炼的客观存在的形态，它是外在世界的直接反映。在艺术领域中，是指自然形象的艺术再现。

（4）抽象形态

抽象形态是指用造型要素点、线、面、体、色等经过高度概括与提炼而形成的非具象立体形态。

5.4.2.3 造型要素

立体构成中的点、线、面、体既是视觉化又

图5-100　空间进深感

图5-101　空间错视感
（引自：http://www.niubb.net/a/2015/04-17/231020.html）

是触觉化的实体，点材、线材、面材、块材是构成形态的基本单位要素，它们可以构成任何形态，同时任何形态也都可以还原成点、线、面、体。

（1）点

立体构成中的点，是构成一切形态的基础，它相对小而集中，视觉效果活泼多变，主要起到点缀、装饰、划分空间的作用，并有较强的视觉导向作用（图5-102）。

（2）线

立体构成中的线具有极强的表现力，它能决定形的方向，其不同的组合方式，可构成千变万化的空间形态。线相对于面和体更具速度与延伸感，更显轻巧（图5-103、图5-104）。从形态方面可将线分为直线和曲线两大类。直线具有男性特征，曲线具有女性特征。

（3）面

面是立体形态的主要特征，也是体的外在反映，面具有充实感、延伸感和扩张感（图5-105）。立体构成中的面可分为平面和曲面两种形式。

（4）体

与其他造型要素相比，体更浑厚和有分量（图5-106）。立体构成中的体有几何形体、自然形体和不规则体。

5.4.2.4　材料要素

材料是立体构成的物质基础，不同材料有不同的特性。构成中材质的运用，能给人以丰富的心理感受。我们主要从自然材料与人工材料来讨论材料要素。

（1）自然材料

自然材料是指自然界中天然形成的造型材料。随着现代科技的发展，各类新型人造材料层出不穷，然而人们还是会对自然材料情有独钟，自然材料的原始、质朴、清新和生命力深深地感染着人们的内心，给人以亲切、舒适、自然的感受。常见的自然材料有木材、石料、泥土等。

（2）人工材料

人工材料是指通过人为因素合成、生产、制造出的造型材料。人类对材料的应用并不满足于有限的自然材料，我们总是在不断地探索、发明、生产着人工材料，过去有青铜、铁、纸张等，近代以来人工材料更是多样化，有玻璃、塑料、合成纤维、橡胶等。

5.4.2.5　加工要素

（1）材料加工的种类和方法

①加法　指单体群化组合构成的加工方法。

②减法　与"加法"相反。可以用切割、凿刻、钻孔、锯、锉、打磨以及车、铣、刨、镗等工艺手段加工完成。

③模具成型法　依靠模具来完成材料成型的加工方法。通常有铸造成型、冲压成型、注射成型、

吹塑成型、挤压成型、弯曲成型、锻造成型等。

（2）组装

组装，是将立体形态的各组成部分通过一定的结合方式构成有机整体的过程。各部件的连接点称为"节点"。节点是立体构成的重要组成部分。节点的结构有3种：

①滑节点　靠自重和摩擦相结合，可以在接触面上自由滑动和滚动，是3种节点中最不牢固的一种连接方式，可以通过设置结构（如在接触面刻上小槽、增加凸凹结构）来增大摩擦力，以增加造型稳定。如超市堆积的商品货物、家具的卯榫结构、衣服拉链、推拉门等。

②铰节点　轴构造。虽然不能移动，却可以随意旋转，是较为牢固的一种连接方式。如门合页、车轮、剪刀等。

③刚节点　完全固定死的一次性连接，是3种节点中最为牢固的一种连接方式。如焊接点、胶黏点。

（3）表面处理

有些立体构成形态在完成组装之后，需进行必要的表面处理，才能达到预期效果。表面处理手段主要是抛光和涂饰。

5.4.3 立体构成的类型

与构成的基本造型要素点、线、面、体相对应的有粒材、线材、面材和块材。立体构成通过线材构成、面材构成和块材构成以及点线面体综合构成等方法，把材料组合在一起，创造出新的立体形态。立体构成的表现是立体构成的重要环节，体现了想象、创意、选材、加工、造型的综合处理。

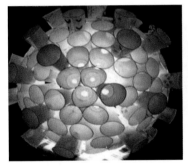

图5-102　点的构成

（引自：http://www2.sdca.edu.cn/picview/html/Students_works/Undergraduated_Students/20060428125702(24).htm）

图5-103　线的构成

（引自：http://fuwu.hlgnet.net/info/742/）

图5-104　线的构成

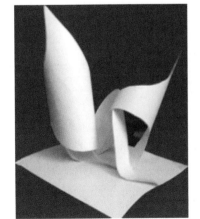

图5-105　面的构成

（引自：http://tieba.baidu.com/p/4411882801）

图5-106　体的构成

5.4.3.1 半立体构成

半立体又称为二点五维构成，是在平面材料上进行立体化加工，使平面材料在视觉和触觉上有立体感，但没有创作物理空间的构成方法，故称为半立体构成（图5-107）。

半立体构成是平面材料转化为立体的最基本的构成训练。半立体构成的材料多为纸张、塑料板、有机玻璃、木板、泡沫板、石膏等。具有平面感的面材（如纸张）转变为具有立体感，是源自深度空间的增加。而折叠、弯曲及切割拉引都可以使深度空间增加，所以，半立体的主要构成方法是折叠、弯曲、切割等。

5.4.3.2 线立体构成

立体构成中的线是有决定长度特征的材料实体，通常称这种材料为线材。用线材构成的立体形态称为线立体。线材因材料强度的不同可分为硬质线材和软质线材。在生活中，常见的硬质线材有条状的木材、金属、塑料、玻璃等；软质线材有毛、棉、丝、麻以及化纤等软线和较软的金属丝。

（1）硬线构成

硬线构成即硬质线材的构成。硬质线材的强度较好，有比较好的自身支持力，但柔韧性和可塑性较差。因此硬质线材的构成不依靠支架，多以线材排出、叠加、组合的形式构成，再用黏结材料进行固定。硬线构成具有强烈的空间感、节奏感和运动感（图5-108）。

（2）软线构成

软线构成又叫作软质线材的构成。软质线材的材料强度较弱，没有自身支持力，柔韧性和可塑性好。所以，软质线材通常要用框架来支持立体形态（图5-109）。

5.4.3.3 面立体构成

面是线移动的轨迹，因此面不仅具有面的充实之感，还有线的方向性。在立体构成中，面材具有平整性和延伸性，在形态上具有明显的堆叠和层次感。观看方向不同，可以产生不同的视觉效果。面材的立体构成造型形式大体可分为连续性面材构成和非连续性面材构成。连续性面材构成强调面材表面本身的起伏、卷曲、折叠、翻转等形态。连续性面材只使用一个单独的面，不管面形是几何形还是自由形，也不管造型是规律性的还是随意的，都能体现出面本身的连续意义，常见的有空心柱立体构成（图5-110）。非连续性面材构成是指一定数量的单元按照一定的规律进行排列、转动得到新的空间形态。这种面材造型主要是通过调整不同面材的相互位置关系（距离、接触、平行、垂直等）与相互结构关系（插接、黏接、叠压等）来实现的，因此统称为非连续性面材构成。非连续性面材构成常见的有面的插接构成、面层排列两大类（图5-111）。

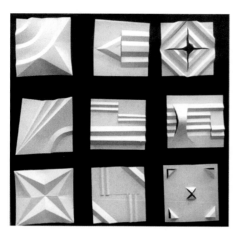

图5-107　半立体构成

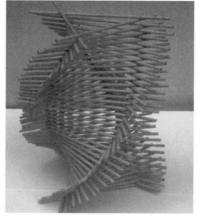

图5-108　硬线构成

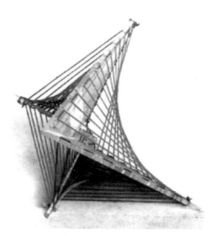

图5-109　软线构成

（引自：http://www.chunxiaosuliao.cn/qpeepwuiw/）

第5章 园林设计构成基础

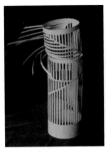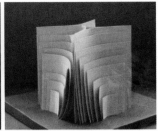

图5-110 连续性面材构成——空心柱立体构成
（引自：http://hhdhanxue.blog.163.com/blog/static/532008312010111144317602）

图5-111 非连续性面材构成
（引自：http://m.kmhimafx.com/index/56uL5L2T5p6E5oiQIOmdouadkA==.html；http://blog.sina.com.cn/s/blog_4b2e6375010093q3.html）

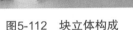

图5-112 块立体构成
（引自：http://blog.sina.com.cn/s/blog_4b2e6375010093q3.html）

图5-113 园林中的线材构成（1）　　图5-114 园林中的线材构成（2）

5.4.3.4 块立体构成

块立体是立体提造型中最常见的表现形式，它是具有长宽高的三维封闭实体（图5-112）。体块的空间封闭造型使其占有一定的空间和体积，并具有充实感和重量感，给人以稳定感和安全感，体现了庄严、厚重的感情色彩。块立体有单体和组合体。单体又有几何形体和有机形态。无论何种形体，它们都可以通过变形、减法、加法等方式得到。组合体是单体按照一定的形式美法则进行积聚，主要通过相似形的积聚和对比形的积聚得到。

5.4.3.5 综合式构成

前文展示了不同立体构成元素的构成形式，而在日常的构成设计中，往往会同时出现多种元素的综合运用，在此将两个元素以上的立体构成元素的综合运用称为综合式构成。

5.4.4 立体构成在园林设计中的应用

前文已经讨论过平面构成研究的是二维形式的组合与分解，但实际在景观中没有纯粹的平面形式，所有的构成要素几乎都是以体的形态存在的，只是景观的场景通常比较宏大，个体在大面积的对比下往往显得微不足道，因此，可将平面构成的形式放大为体的构成形式。我们根据构成单元的不同，把园林设计中主要运用的立体构成形式分为3种：线材构成和面材构成、块材构成。

5.4.4.1 线材构成与园林设计

立体构成中的线与平面构成中的线要素一样，有可见的线与不可见的线，只要以长度的表现为主要特征，且粗细限定在必要的范围之内，与其他视觉要素相比能显示出连续的性质，都可看为线。立体构成中线的语言非常丰富，线的活力和动感使得以线为主材的构成在园林应用中具有速度感、延伸感、空灵感等。

图5-113、图5-114为园林中利用线型材料构筑的小品，具有时代感和科技感，吸引人前往。

5.4.4.2 面材构成与园林设计

平面构成中的面是二维的空间，只具有长度

图5-115　园林中的面材构成（1）

图5-116　园林中的面材构成（2）
（引自：http://www.chla.com.cn/html/c82/2009-05/35811.html）

图5-117　园林中的块材构成（1）

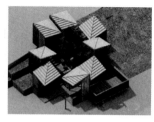
图5-118　园林中的块材构成（2）
（引自：http://www.010lm.com/roll/2016/0319/1288886.html）

和宽度而不具有厚度，立体构成中的面在三维空间内必须占据一定的体积，虽然具有厚度，但厚度与长和宽相比要小得多。园林设计中运用的也不是单纯的平面，主要指空间的顶面、侧面、底面等，通过叠加、组合、渐变、旋转、扭曲等方法来加强在立体构成上的表达（图5-115、图5-116）。面的感觉虽薄，但它可以在平面的基础上形成半立体浮雕感的空间层次，也可以通过卷曲延伸形成空间的立体造型。面立体构成在园林应用中具有方向感、视觉感等。

5.4.4.3　块材构成与园林设计

块材是立体造型中最基本的表现形式，它具有长、宽、高三维空间的封闭实体。块材有一定的体量，在园林中占据较大的空间。园林中块材的形态可以是实心的，也可以是空心的；可以是规则几何形，也可以是自然形，充分利用层次感、凹凸高低的变化及光影作用来表达体块关系。图5-117、图5-118为园林中的块材，运用了模数化设计的概念，将园林构筑物模块化，降低成本的同时也带来了组合的乐趣和时尚感。

对于初学者来说，很难区分立体构成与空间构成。在立体构成中，我们主要探讨物质构成的基本形式，是在物理层面上的研究；而在空间构成中，我们不仅探讨物质构成形式，还要进一步讨论这种形式对人的心理造成的影响，是在物理和心理两个层面上进行的研究。学习立体构成可以为造型设计打基础，但园林设计中空间构成涵盖的范围更广、深度更深，我们应该在学习过程中多积累和思考。

5.5　字体设计

字体设计是平面视觉传达设计的重要手段，主要任务就是要对文字的形象进行符合设计对象特性要求的艺术处理，以增强文字的传播效果。

本节之所以引入字体设计的内容，是因为字体设计是在学习了三大构成之后，最能够将其所学与实践结合起来的一种简单易学的设计，以字体设计作为设计的入门来探讨什么是设计，来检验对构成部分学习的成果，难度适中，又卓有成效。

5.5.1　字体与字体设计

从世界文字体系的演变来看，一开始文字的产生都始于用图案对自然物、自然现象的形进行模仿，然而随着社会的发展，世界文字出现了两个走向：以汉字为代表的文字系统，以记录语义为主的表意文字，字形与字义紧密结合；以拉丁字母为代表的文字系统，以记录语音为主，快速表达语言本身。

在做字体设计的时候，大部分初学者没有灵感，不知道从何入手。根据文字的发展历史来看，如果能够了解一个文字在造字之初所表达的意义以及所经历的发展阶段，是不是可以从中发现有意义的思路，激发出设计的灵感呢？答案是肯定的，从历史中来寻找创新的方法，是最简单而有效的。

5.5.1.1　汉字造字方法对字体设计的启示

汉字共有6种造字方法：象形、指事、会意、假借、转注、形声。其中，象形是用文字的线条或笔画，把要表达物体的外形特征具体地勾画出来；指事是用象征性的符号或在图形上加上指示性符号来表示文字的意义；会意是把两个或两个以上的部分，按意义合起来表示一个新的意义。这3种造字方法都直接来源于生活经验，有模仿、有总结、有联想，如果进行汉字字体设计时，能够从这些方面把文字分析透，总能得到不小的收获。

例如，"鱼"字的象形写法有几种（图5-119），每种写法有细微的不同，但都是在模拟鱼的形态，仔细研究可以发现，每种写法都抓住了鱼的形状、鱼嘴、鱼鳞的特点，在设计"年年有余"这组字体时，很容易想到民间的"年年有鱼"，因此可以用鱼的形象来做设计，如图5-120所示，把"年年"变形成为鱼鳞，把"有"变形为鱼嘴，用"余"字来勾画鱼形和鱼尾，既生动有趣，又能将书面表达与民间俗约相互呼应起来。

"友"是一个会意字，古字写法有若干种，如图5-121所示，上边的部分代表左手，下边的部分代表右手，当左手和右手抓握在一起，表示结交之意。当设计"友"字时，能否以此为灵感，将友的上下两部分变形成两只紧握在一起的双手呢？读者可以亲自动手试试看。

5.5.1.2 字体设计的种类

通常所指的字体设计包括中英文字体设计。英文字母的外形相对简单，它的笔画也不像汉字的笔画那样蕴含深义，因此设计方法相对来说并不复杂，本书中我们主要以汉字的字体设计为主。

汉字的字体设计主要有两种：设计体与书写体。设计体指的是结合成熟的构思，借助尺子、圆规等各种工具绘制而成的字体，需要"描字"，比较耗费时间；书写体则指利用各种书写工具，不借助尺子、圆规等，不需"描字"，直接手写而成的字体，随意、自由、不受约束，常受到书法的影响，因书写体不需"描字"，大多一气呵成（图5-122）。

提示：设计体的传达方式有手写设计和电脑设计两种。电脑设计需要专门的软件，只能节省做图的时间和步骤，并不能节省构思的时间和步骤。

设计体有变体美术字和工程字体两种。工程字体有严格的章法可循，对于字体的结构、重心、笔画都有规范的要求，是变体美术字的书写基础，而变体美术字是在工程字体的基础上进行变形和艺术加工而成的。本书着重讲述工程字体与变体美术字的书写和设计。

5.5.2 工程字体

风景园林设计中常用的工程字体主要有宋体、黑体、浮云体，对这3种字体务必要掌握并熟悉其书写规则。

图5-119 鱼字的不同写法

图5-120 "年年有余"

（引自：http://wfsysl.blog.163.com/blog/static/1768736122011156358878）

图5-121 "友"的象形写法

图5-122 书写体示例

5.5.2.1 宋体

宋体是为了适应印刷体而出现的一种汉字字体，而印刷体出自宋代，因此，将其命名为宋体。宋体是一个统称，它包括老宋体、仿宋体和长宋体。

（1）老宋体

老宋体是在北宋刻书体的基础上发展而来，因其外形庄严，便于雕刻，阅读醒目，成为16世纪以来汉字的主要印刷字体。老宋体字体方正，笔画上都是横细竖粗（手写老宋体时，横：竖≥1:4），副笔均与竖划等粗。横划及横竖划连接的右上方都有钝角（图5-123）。

提示：主笔指横划与竖划，副笔指除横竖划外的点、撇、捺、挑、折等笔画。

图5-123　手写老宋体

（2）仿宋体

仿宋体外形细长，高宽比为3:2；笔画粗细均匀，横划从左至右略向上方倾斜，副笔较长，吸收并加强了楷书起落笔顿笔的特点，使之更加规范化（图5-124）。仿宋体因其笔画纤细又有顿角的变化，兼有清秀和力量之感，常用来书写工程图纸上的文字（详见2.2.5节内容），但不宜写得太大，太大则显得过于柔弱。

（3）长宋体

长宋体是综合了老宋和仿宋体的特点而成的。吸收了老宋体的笔画特点，横细竖粗；吸收了仿宋体的字体结构特点，字体细长，副笔较长（图5-125）。

图5-124　仿宋手写体 　　图5-125　长宋手写体

5.5.2.2 黑体

我们日常所说的黑体是一个统称，它包含了黑体字、长黑体、粗方体和圆黑体4种字体。

（1）黑体字

黑体字是现代汉字体系中最重要的字体之一。尤其是20世纪末计算机和互联网的普及，黑体字的价值得到了进一步的体现，它简洁的笔画特征与屏显介质特性相符，从而成为了当今各种屏幕媒介中最有发展前景的字体。黑体字字体方正，结构严谨，笔画等粗，横平竖垂，方头方尾。手写黑体字时，黑体字的笔画末端往往要略为加粗，显得更加稳重（图5-126）。

图5-126　黑体字示例

（2）长黑体

长黑体分别吸收了黑体和宋体的特点。在主笔上用黑体字的特点，横平竖垂，方头方尾；副笔上采用宋体的方法，撇如刀、点如瓜子、捺如扫。既新颖大方，又庄重活泼（图5-127）。

图5-127　长黑体示例

（3）粗方体

粗方体的笔画主副笔粗细一致，方头方尾，与黑体不同的是，字体结构的内部空间被尽可能地缩小，看上去比黑体更周密严谨，方方正正，稳重有力（图5-128）。

图5-128　粗方体示例

（4）圆黑体

圆黑体是从黑体字演变而来的，主副笔粗细一致，与黑体不同的是，圆黑体的笔画应向四周尽量伸展，字体向外扩张，笔画的末端由方形改为圆弧，圆头圆尾，显得轻松活泼（图5-129）。

图5-129　圆黑体示例

因为黑体字笔画写法相对简单，要求对结构的掌控能力强，在书写过程中如果不能很好地把握字的重心，以及安排好各笔画之间的关系，即便能写出好看的笔画，也写不出好看的字，在书写前花一点时间分析一下所写字体的结构特点和力量分布很重要。

5.5.2.3　浮云体

浮云体是一种设计性较强的工程字体（图5-130），同样的字，不同的人写出来的感觉是不同的。浮云体字体笔画中空，不须涂黑，只需勾边，笔画之间相互叠压，一笔压一笔，层次分明，充实饱满，有很强的艺术感染力。浮云体的字体笔画叠压规律是：副笔压主笔；按汉字笔顺，后一笔压前一笔；主笔相连不叠压；笔画面积越少越在上层。虽然有章法可循，在书写浮云体时仍应发挥我们的主观创造性和审美能力，灵活处理笔画，使之更美观、更具有灵性。如图5-131（a）所示，虽然笔画较圆润，有可爱之感，但在叠压关系的处理上显得主笔较重，图5-131（b）笔画不够圆润可爱，在叠压关系的处理上副笔压主笔，显得轻松活泼，两组字各有所长。

图5-130　浮云体示例

图5-131　浮云体写法比较

5.5.2.4　工程字体的书写规则

（1）上紧下松

人的视觉有这样的特点：在站立时，人的视平线略低于水平线10°左右，坐时视平线低于水平线15°左右（图5-132），因此，当人眼自然观看正前方物体时，所观察到的中心比实际中心略低。要使人的视觉中心与字体的中心正好吻合，必须将字体上部收紧，使中心往上移，才能满足人眼的均衡。

图5-132　人的视线规律

（2）左右结构的字要分配好其比例

正常来讲，左右结构的字应该左居左中，右居右中，各占一半，但这样的书写方式容易使左右两部分分离为2个字体，因此，笔画较少的左右结构应尽量往中心调整，一部分笔画少、一部分笔画多，则笔画较多的部分可多占一些空间，如图5-123中的"设"字与"计"字。

（3）根据字体的大小、形状、笔画来调整笔画粗细及结构

对于笔画较少的字体，笔画可适当加粗；对于笔画较多、较复杂的字，则可适当缩细笔画，如图5-126中的"景"字与"建"字；对于菱形结构的字，可以略扩大字形，如图5-133所示。在实际书写中，要针对具体文字进行具体的分析，既要遵循汉字的书写规则，又要顾及到形式美的要求，因此，工程字体的书写虽有一定规律，但也带有设计的意味在里面。

图5-133　字形调整

（4）有些字的结构要留有一定的空白

如飞、卜、厂等，本身字形中就有大面积留白，如果硬要把其填满，字体就会产生较大的变形，甚至影响识读。如图5-134所示，对比左右两种写法，左边虽然有大量留白，但字体端庄稳重，右边虽然留白较少，但笔画发生了较大变形，既不美观也不合理。

飞飞

图5-134　字体留白对比

（5）全包围的字要缩小来写

国、园、圃等全包围的字只有缩小来写，才能与其他字体保持均衡的关系，如图5-123中的"园"字。

除了以上5个方面，还有一点值得注意，徒手绘写的工程字体与印刷体是有差别的。电脑印刷体由计算机自动执行书写规则，不论字号大小，严守固定的规范，大字号的字空间结构较宽裕，能够很好地将字体笔画特点表现出来，但字号较小时，空间较小，笔画容易粘连在一起无法识别。为了使大小字号的文字都能被清晰识别，计算机书写规则中只能弱化工程字体的笔画特点，例如，老宋体本是横细竖粗，但电脑印刷体中的小字号老宋体横竖划并无肉眼可查的差别，这样才能看清笔画，识别字体；并且，因为宋体中笔画有钝角的特点无法在小号字体中表现出来，电脑书写规则中只能把其进行适当的夸张，才能有所体现，当字号放大，就会显得钝角特别的锐利。另外，电脑中生成的浮云体也是严守条条框框的规则，无法从字体的角度去分析叠压的处理，而手写浮云体时，人会根据所写字体的特点和审美的规律来灵活处理叠压关系，使所写字体更美观、更符合人的视觉特点。

当我们观察印刷体印刷与手写工程字体时，会发现印刷体虽然符合形式美规律，但略生硬、呆板，而好的手写字体则美观、灵活、大气（图5-135）。在学习过程中，如果盲目临摹印刷体来进行手写训练，会适得其反，一定要将书写规则理解透彻，反复练习，才能写得一手好字。

图5-135　印刷体（上）与手写工程字体（下）对比

5.5.2.5　工程字体的书写设计程序

工程字体的书写程序（图5-136）共有5步：①用铅笔在图纸上按所需大小打好田字格；②根据所写字形在田字格里定骨架进行布局，可用绘图工具进行调整；③在所定骨架的基础上双勾字形，根据所写字体特点绘出笔画；④用黑色墨水在双勾的字形内进行填绘，浮云体则只勾边；⑤借助绘图工具进行笔画修饰，让字体工整、精确、美观。

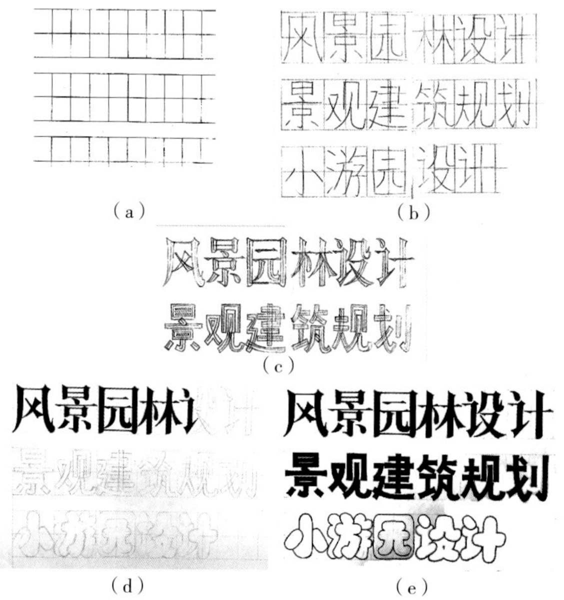

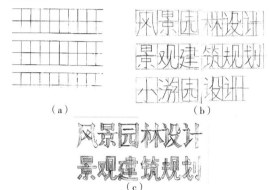

图5-136　工程字体书写程序

（a）打田字格；（b）按字形定骨架布局；（c）双勾字形；（d）用墨水填绘；（e）调整、修饰笔画

5.5.3　变体美术字

变体美术字是一种有图案意味或装饰意味的字体，它来源于工程字体，在工程字体的基础上进行装饰、变化、加工等得到。它在一定程度上摆脱了字形的笔画约束，根据文字内容，运用想象力，艺术性地重新组织字形，以达到加强文字内容含义和富于感染力的目的。

5.5.3.1　设计基本原则

变体美术字的设计首先要从功能上满足识别性强、具有信息传达性、思想性强、方便阅读的特点；其次要从审美上满足具有艺术性、美观大方的特点。这也是评价变体美术字设计好坏的标准。

5.5.3.2 设计方法

变体美术字的设计方法有很多，不同的人有不同的思路，以下的总结仅仅是为初学者提供一个可参考的方向，并不拘泥于这7种类型。并且一个设计中可能出现多种设计方法。

（1）字体外形设计

一般字体局限在正方形、长方形、扁方形、阶梯形中，如果在设计中能够打破这些格式的束缚，往往会取得意想不到效果，当然，字形的突破要与字义内容紧紧相扣（图5-137）。

图5-137　突破字形

（2）笔画设计

笔画设计有2种形式：一种是直接在笔画本体运用平面构成的技法进行处理，如重复、渐变、特异、硬性处理、软性处理等［图5-138（a）］；另一种是在抓住文字的主要形式特征的基础上，不影响有效识别性的前提下，增减部分笔画，使之与字义内容完美配合［图5-138（b）］。

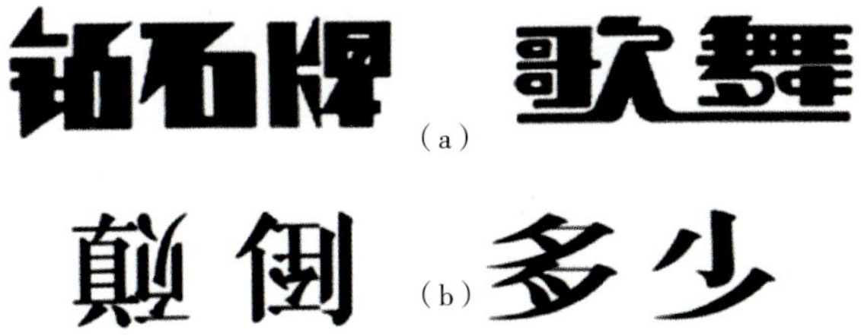

图5-138　笔画的设计

（3）结构设计

结构设计指有意识地把某些笔画缩小或夸大，改变一般字体结构之间的均衡分布状态，或移动部分笔画的位置，改变字的重心（图5-139）。

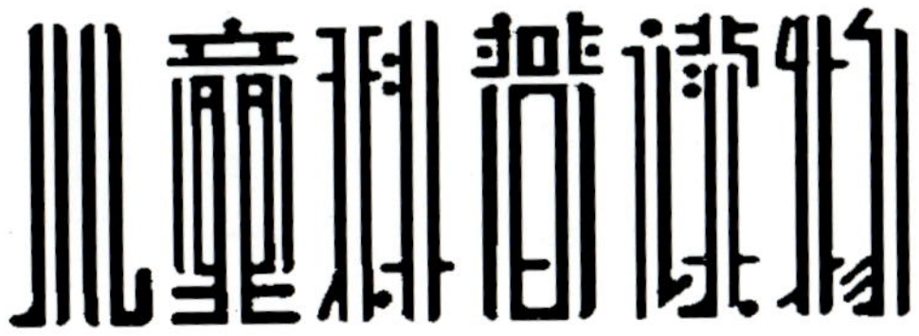

图5-139　结构设计

（4）字体的意象、象形设计

字体的意象、象形设计就是将文字的特定含义用字体笔画和结构展现出来，通常是通过添加形象的方式。这种方式简单，易出效果，但对于初学者来说，不容易控制分寸而使添加的形象眼花缭乱，反面破坏了字体设计的识别性以及简洁易读性（图5-140）。

图5-140　字体意象、象形设计

（5）整体形象化

整体形象化指把文字的字意和形象结合为一个整体，使形象既成为传达信息的文字，又是一副可观赏的画面，字就是画，画就是字。这是一种高阶的设计方法，既要考虑画面的存在不影响字体的识别性，又要考虑画面的结构与字体的结构、笔画正好吻合，难度很大，但最能引起观者的共鸣和联想（图5-141）。

图5-141　整体形象化

（6）字体背景装饰

字体的背景装饰是在字体的背景上进行附加图案或纹样图案的设计，使字体更加突出（图5-142）。

（7）文字编排设计

合理的文字编排，使人感到充满活力、自然

图5-142　字体背景装饰

图5-143 文字编排设计

（引自：http://xinxiangnazou.blog.sohu.com/15809049.html；
https://life.yxlady.com/Creative/201511/340788.shtml）

轻松、节奏分明，当文字编排的节奏符合人的心理节奏时，能形成和谐的阅读气氛，给人留下深刻印象（图5-143）。

每种设计方法并不是孤立使用，互不干涉的，它们之间彼此联系，不可分割。能把字体的字义、外形、笔画、结构进行完美结合的设计才是好的设计。

5.5.3.3 设计要求

变体美术字设计完成后，用以下设计要求进行对照，有助于逐步提升设计水平：

（1）构思新颖，敢于突破

要学会逆向思维，想人之不想，或把人之想用较新颖的方式表达出来，做到生动传神。如图5-144所示，看上去像"毒"字，又像"寿"字，当黑色的部分完整，有毒无寿，当红色的部分完整，有寿无毒，两部分不能同时存留，这样的构思与主题正好吻合——远离毒品、珍爱生命，仅用了2个意思对立的汉字就充分地表达了设计者的意图，虽然不走寻常路，却令人印象深刻。

图5-144 变体美术字设计

（2）意思表达要含蓄，留给人一定的想象空间

有时形象要素太多太直白，往往使人感到信息过剩，无所适从。如图5-145所示，"狂"字所使用的狂草书法以及"狂"字的红色背景形状都与字义相吻合，引起读者的共鸣。并且在颜色的使用上运用了红、黄、蓝三色的强烈对比，更进一步呼应主题。只是在添加的形象上，过多的雨点削弱了"狂""暴"之感，过犹不及。

图5-145 变体美术字设计

（3）图形和文字统一

如图5-146所示，上海电影制片厂的老标志，是用"上影"两个字在保持原字体笔画特点的基础上变形成摄像机的形象，图形内容和文字字义高度统一。

图5-146 变体美术字设计

（4）充分考虑各种形象要素在字体中所起的作用

如图5-147所示，这是著名的2008年北京奥运会标志，主字只有一个"京"，点明是在中国北京举办的奥运会，"京"字的写法借用了中国传统书法中的篆体，红底白字正巧符合中国印章的一般特点，点明了奥运会的中国特色。同时，"京"字略有变形，像一个正在运动的运动员，可能正在奔跑，可能正准备掷铅球，也可能准备撑竿跳，每个人看到这个形象会有不同的联想。即便是下方手写的"Beijing 2008"也是经过上千遍的推敲

选定的字形，有古典的韵味又不死板，有现代的灵活多变又不轻浮。每一个视觉传达要素都对设计的内容和主题突出有着不可或缺的作用，没有任何多余，分寸的把握恰到好处。

图5-147　变体美术字设计

（5）相互之间不能混用

一个字中不能出现多种字体特点，一个字体群中不能出现多种字体。以上提到的案例中，除了北京奥运会标志作为整体视觉传达系统，出现了不同的字体特点；以及图5-145中"狂风暴雨"的设计因字义的需要出现不同字体，在正常情况下，随意混用不同的字体特点或不同的字体会造成意思表达的混乱及视觉上的无秩序。

（6）注意结合使用场合

凡是设计作品都应注意其实用性，纯艺术的设计除外。如图5-148所示，这几组变体美术字的设计分别运用于刺绣、书籍封面、广告招贴、包装中。

5.5.3.4　设计程序

①通过各种方式（查资料、头脑风暴等）来分析文字所蕴含的意思，确定设计的主题。

图5-148　变体美术字设计

（引自：http://blog.163.com/xuefeng_8888/blog/static/5457920420097194597909/?COLLCC=758289226；
http://blog.sina.com.cn/s/blog_8272b2490102vl2p.html）

②借助工具将所设计文字以适合的工程字体绘制出来，用铅笔在纸上根据不同的创意构思徒手绘制字体。

③将基础字体根据不同的创意构思进行变形处理，或添加各种所需形象要素，或将字义呼应的形象与字体进行结合，以适合的设计方法来处理字体。

④修改方案，反复推敲。

⑤以不同构成方式画出多幅不同类型的草稿。

⑥反复比较，选择最佳方案定稿、上色。

5.5.3.5　学生作业点评

图5-149的"鱼"字变体美术字设计，其灵感来源于甲骨文的"鱼"字，将"鱼"用简洁的线条勾勒出来，既生动活泼又不影响字形的识别，下面的水花象征鱼儿的生存环境。红色和蓝色形成强烈的对比，既突出了主体"鱼"，也使整体效果更简洁、大气。

图5-149　变体美术字设计学生作业（1）

图5-150字体设计的主题为"龙马精神"。作者巧妙地将"龙""马"的繁体字形与"龙""马"的形象结合在一起，浑然一体。伸出的两条腿，同时象征了驯马师和驭龙者，动感十足，与"龙马精神"所蕴涵的意义高度契合。

图5-150　变体美术字设计学生作业（2）

图5-151所设计的"明暗"二字是一个含有对立意义的词语。作者用明度对比大的黄色和黑色，突出了"明"与"暗"之间的巨大差异，并加入"日"的形象对应"明"，"夜"的黑色对应"暗"，赋予词语具象的想象。

图5-151　变体美术字设计学生作业（3）

图5-152中的"舞"字像一个身着民族盛装的舞者正打开双臂、单腿起跳。形象鲜明，含义清晰。

图5-152　变体美术字设计学生作业（4）

图5-153设计的是"灯"。有跳跃的火焰、燃烧的火炉、轻盈的灯笼，更有那似笑非笑的表情……黑色为主、红色点缀的色彩搭配，更为字体增添了几分神秘和亦正亦邪的感觉。

图5-153　变体美术字设计学生作业（5）

图5-154是以城市"海口"作为字体设计对象。笔画的曲线化处理使整个设计显得轻松活泼，呼应了海口的城市特点，色彩清新明快。

图5-155中的字体，通过像古城墙、城门又形似古代战士铠甲的"石"字，充满古典韵味的钟形"家"字，以及有古代酒器和现代楼房的"庄"字，勾勒出一座既具有历史、文化底蕴，又现代化的城市。

图5-155　变体美术字设计学生作业（7）

图5-156的"唐山"，笔划的断裂、错位、扭曲以及红、黑色的对比再现了人们对于灾难的记忆，明快的色彩和火鸟则象征了人们不屈不挠的精神和今日的唐山新貌。

图5-156　变体美术字设计学生作业（8）

图5-157中的字体远看像一幅画，画里是一座古城的城门和城头。将大理古城最具标志性的城门头用近乎写实的手法描绘了出来，"大理"二字的笔画巧妙地结合在画中，突出了大理的古典韵味和民族特色；下方的英文又彰显着大理多元化的今天。作者还将自己姓的LOGO做成红色中国印的形式，成为整个设计中的亮点。

图5-154　变体美术字设计学生作业（6）

图5-157　变体美术字设计学生作业（9）

图5-158中"山西"的设计，将两个知名度很高的形象形态结合到字体笔画的变形当中，一个是山西五台山的地标大白塔，一个是山西祁县的乔家大院。同时，字体的主笔使用粗方体的框架结构，给人以四平八稳的感觉，象征着晋商的稳重、踏实、严谨。

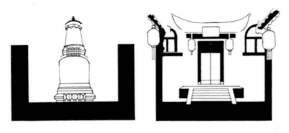

图5-158 变体美术字设计学生作业（10）

5.5.4 字体设计与园林设计

字体设计作为初学者接触设计的首次实践，可以使初学者快速了解设计的程序、方法以及设计的思路。第一阶段，广泛查阅资料，了解设计目标，了解所设计字体的内涵外延，与园林设计的第一阶段是一致的。园林设计也必须从了解项目背景，收集跟项目有关的资料，对项目的现状进行深入的学习开始，做足准备工作。第二阶段，根据前期收集的资料，紧紧围绕确定的主题，以各种方法来对设计对象进行处理，所不同的是，字体设计主要考虑二维的效果，用的是平面构成的方法，园林设计是三维甚至四维的设计，设计要素更加复杂，使用的方法也更加多元化。第三阶段，对于字体设计和园林设计来说，都是一个不断调整和进步的过程，通过对初步方案的反复推敲进行持续的改进，哪怕是一个细节的修改，也要用"推翻——重做——推翻——重做……"的"自我肯定—否定"的精神来对待，这一阶段困难，出图量最大，精神压力也最大。第四阶段在第三阶段的基础之上，综合各种因素，对已形成的多个方案进行反复比较，选择最合适的方案绘制完整的精美的图纸，至此，设计完成。

通过一个完整的训练过程，让初学者领略到设计与模仿是不同的，设计水平的提高不是一蹴而就的，要成为一名合格的设计师需要付出时间、体力、意志力、细心、耐心、恒心和信心；要成为一名优秀的设计师，除了以上所讲，还需要一点天赋的灵感、一颗谦逊的心，以及对世间万物的尊重。

思考题

1. 思考生活中的平面、色彩和立体构成。
2. 用学到的构成原理来分析一个你最熟悉的园林环境。
3. 图纸上的构成怎样落实在园林设计中？
4. 从字体设计的学习中可以得到怎样的启示？

第6章 园林设计传达方式

学习目标

◆ 了解园林设计传达的概念、特点，认识其重要性。

◆ 掌握园林设计传达的方式（绘画表现、计算机表现和模型展示）的基础知识。

◆ 初步掌握专业的绘图表现技法，具备基本的园林设计传达能力。

从园林设计的开始到完成，设计师需要通过一些恰当的传达方式将自己的设计构思和设计内容有效、清晰并艺术性地呈现。这不仅是在掌握制图基础和规范、设计要素及园林图例画法等相关内容后，设计师能绘制出严谨、准确的设计图纸，而且是能恰当选用钢笔画、马克笔、彩色铅笔等表现技法对图纸进行技术处理，或配合使用计算机辅助设计软件与模型制作等多样的传达方式，使设计构思和设计内容表现得更直观、更易于解读和理解，增强其表现性和艺术性。这些传达方式是设计师需要掌握的基本技能，同时也有助于提高设计师自身的艺术修养、鉴赏能力和综合素质。

本章对于作为传达方式支撑但在专业体系课程中有相关安排的基础知识，如空间形体表达（画法几何和阴影透视）、素描和色彩等，按"点到为止""删繁就简"的原则，不再赘述，着重对几种最常见、最常用的园林设计传达方式进行阐述，为后续设计课程的学习做好铺垫。

6.1 园林设计传达概述

6.1.1 概念

在园林设计领域传达就是设计师运用各种媒介、材料和技术手段，以直观、生动的方式来阐述设计思想、表达设计意图、传递设计信息的工作。它是对设计构思的直观表达，是设计方案实施的预想形式，是设计师与设计师之间或设计师与非专业人员之间沟通的媒介，同时也是传递设计师情感和体现设计师艺术修养的技术语言。

提示：技术语言是指在技术活动中进行信息交流的特有的语言形式，包括图样、图表、模型、符号、手势等种类。

6.1.2 方式

6.1.2.1 根据设计阶段不同分类

根据园林设计阶段的不同，方案传达可以分为设计推敲性表现和展示性表现两种。

（1）推敲性表现

推敲性表现是设计师形象思维活动最直接的记录和展现，它的作用体现在以具体的空间布局和空间形态强化形象思维，从而扩展构思的范围，并作为设计师分析、判断和抉择方案的依据。

推敲性表现主要应用于方案设计初期的构思阶段，包括草图和方案模型两种。草图是常规的、传统的、实践性较强的表现手法，设计师通过简练、概括的线条，把转瞬即逝的种种意念、想法快速地记录下来，从而引发设计过程，并经过反复修改、涂擦，使园林设计中的特定主题逐步明朗化，接近为完善的构思意图［图6-1（a）］。方案模型是对空间造型的内部整体关系以及外部环境关系突出表现的方式，它充分发挥三维空间的优势，使设计师能够全方位地进行观察和分析，对空间设计构思具有直接地推动作用［图6-1（b）］。

（2）展示性表现

展示性表现是方案设计成果的最终表现。它要求传达形态完整、准确、更加系统化，图面或空间符合人眼透视及审美习惯，美观得体，确保把所有设计内容（方案的立意构思、空间形态、色彩质感及风格特点等）充分地展现出来，同时可以使文字的表述更加鲜活。

展示性表现根据设计的内容和特点，分为绘画表现［图6-1（c）］、计算机表现［图6-1（d）］和模型展示等。

6.1.2.2　根据工具、材料不同分类

根据选用工具、材料的不同，方案传达方式可分为绘画表现、计算机表现和模型展示。

（1）绘画表现

"图"是园林设计传达最传统、最主要的方式，设计师使用绘图工具按照一定的规范和技巧，以理性的方式进行专业性地表现，我们称之为"园林制图"；除了理性的思考外，设计师采用不同的绘图工具和感性的笔法，饱含个人情感，创造性地进行形象思维活动，将设计图纸进行某些技术处理，从而表现得更加生动、更具有较强的可视性和观赏性，这个处理过程称为"表现"，经过表现技术处理的图纸称为"园林绘画表现图"，简称"绘画表现"［图6-2（a）］。

（2）计算机表现

设计师通过计算机辅助设计软件规范性地操作，利用其中大量的素材、数据分析等自动生成

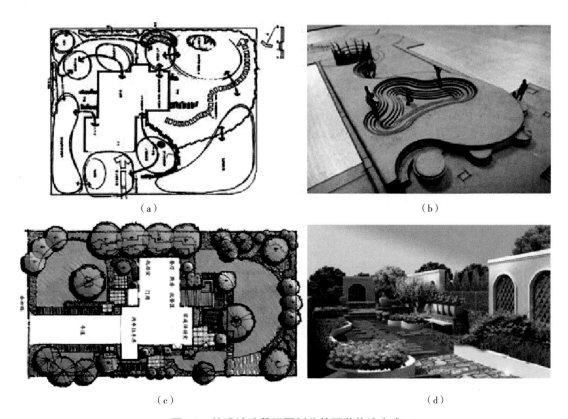

(a) (b)

(c) (d)

图6-1　按设计阶段不同划分的两种传达方式

（a）推敲性草图表现；（b）推敲性方案模型表现；（c）展示性绘画表现；（d）展示性计算机表现

（引自：http://www.tjdaziran.cn/tyjg/bsty/2014/0810/1434.html）

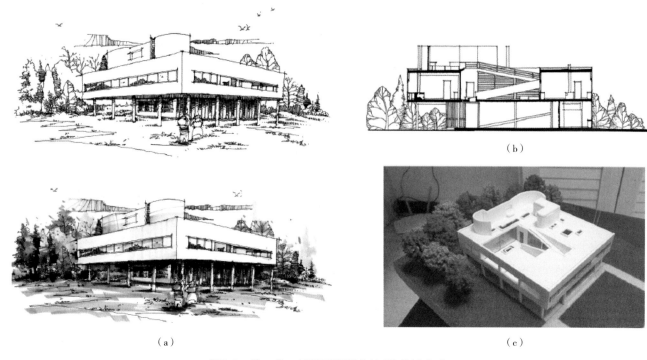

图6-2 按工具、材料不同划分的3种传达方式

（a）绘画表现（引自：http://zyk.bucea.edu.cn/pub/houses/shjd/dszp/sfybs/index.htm）；
（b）计算机表现（引自：http://zyk.bucea.edu.cn/pub/houses/shjd/dszp/sfybs/index.htm）；
（c）模型展示（引自：http://tieba.baidu.com/p/2843773804）

的图像信息，能够使园林要素的描绘更加真实，使设计传达得更加规范、准确、快捷，甚至可以模拟出逼真的场景空间形态、材料质感和光影效果，制作出清晰、生动的园林表现图，或以三维动画的形式让观者漫游其中，进行仿真性地体验，为设计思考带来了更多的可能性，同时也极大地丰富和拓宽了园林设计的传达方式［图6-2（b）］。

（3）模型展示

园林模型是按照一定比例微缩，将设计要素及其所处环境的关联表现得更实在和直观，并通过声、光、电、雾和多媒体等多种高科技手段，以独特的方式向人们展示一个仿真、立体、多维的空间视觉形象，让观者有身临其境的感受［图6-2（c）］。

理想的园林设计传达状态是综合运用绘画表现、计算机表现、模型展示和必要的文字说明，完整、清晰、立体地呈现设计师的方案构思及设计的全部内容，但在实际的操作中，要根据实际需要、时间和经济等多方面的因素，有选择地运用不同传达方式或相互组合，达到满意的效果。

6.1.3 特点

园林设计传达是设计师将抽象思维转化为可视二维图像和三维空间的过程，它的最终目的不仅是通过熟练的技法使设计师实现自己的创作意图，表达自己的设计构想，形成物化的景致，真实、有效地建立起设计者与观者之间的互通，具有客观性、技术性和说明性的特点。而且，设计传达更是运用各种符号、元素转变为意趣和内涵的精神诉求，体现艺术品质，传达情感和审美价值，具有表现性和艺术性特征。因此，园林设计传达具有工程（技术）和艺术的双重性。

6.2 园林设计传达的基础——透视

透视图是一种与视线所见的空间或物体情况非常相近的图，它在二维平面上表现出三维空间的特质，虽然平面、立面图和剖面图非常适合表现水平面、垂直面上各种可量度和可被直观评价的关系，然而它们并没有空间的深度感，在描述运动的朝向、空间的穿越或包围方面参考价值都是有限的，透视图在这方面则表现不俗。

透视图可塑造深度感，它可以用来表达空间的封闭性、私密性及开放性等方面的特性；也可以表现空间、时间和光的关系；更可以在其之上直观地分析和预测空间中视觉的丰富性，如阴影、反射、质感、明暗调子、色彩及外形，这些很难在平、立、剖面图中表现出来。透视图上可以表达一切与三维甚至四维有关的概念，不需要文字说明、注解或抽象符号，便可使人一目了然。

如图 6-3 所示，假设观测者面对一个透明的平面，这个透明的平面就是成像面。以观察者的眼睛为中心投影到成像面上，在成像面上形成图形。以下是图 6-3 中所出现的基本术语和缩写。

P.P.（画面）——假设为一个透明平面；
G.P.（基面）——建筑物所在地平面，为水平面；
G.L.（基线）——地线和画面的交线；
E.（视点）——人眼所在的点；
H.P.（视平面）——人眼高度所在的水平面；
H.L.（视平线）——视平面和面画的交线；
H.（视高）——视点到地面的距离；
D.（视距）——视点到画面的垂直距离；
V.P.（灭点）——不在画面上相互平行的直线，消失在 H.L 上的点，也称为消失点；
C.V.（视中心点）——过视点作画面的垂线，该垂线和视平线的交点，简称心点；
S.L.（视线）——视点和物体上各点的连线。

透视图主要有两种用途：一种是作为一种设计工具，可以表现为一种快速、随意、不确定、漫不经心的速写形态；另一种则是将透视图本身作为最终成品来进行展示。对于第一种用途而言，在设计过程中，能够把透视图作为说明性图画跟客户对方案进行交流的设计师，往往更容易被理解和信任。因此，设计过程中能够引发更多思考、更多画面，可以提出改良意见或是说明何处应作

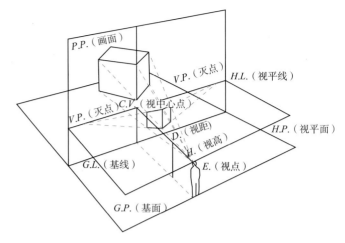

图6-3 透视图的基本专业术语

修改的透视图，才是最有价值、最应该被重视的。对于第二种用途而言，更具有表现和装饰意味，需要在美术技巧方面投入更多的时间和精力。本节的讲述以第一种用途为主。

6.2.1 透视表达方法

根据选择的观察及描述角度的不同，常用的透视方法有一点透视、两点透视以及三点透视、轴测图、鸟瞰图。

6.2.1.1 一点透视

景物上的主要立面（长度和高度方向）与画面平行，宽度方向的直线垂直于画面，只有一个灭点，这样的透视图，称为一点透视（图 6-4）。一点透视的绘制相对简单，容易掌握，只要视高的选择（主要是地平线和视平线的选择）符合人眼的观察习惯，掌握好比例，一般不容易出错。一点透视适合表现纵深感和安定感比较强的空间，显得平稳严谨，但也比较容易显得呆板。

6.2.1.2 两点透视

景物的主要表面与画面之间有一定的夹角，但物体的铅垂线与画面平行，所作的透视图有左右两个灭点，称为两点透视（图 6-5）。两点透视图适应范围最广，画面效果相对自由、活泼，能比较真实地反映空间，也最接近人的真实视感。园林设计作快速两点透视效果图时，视高通常选择为 1.7m 左右（与人的身高相符），透视角度多

在30°以内，使一个灭点在图纸之内，可基本准确地求出透视线，另一个灭点在图纸之外，可根据透视方向估计出透视线。

6.2.1.3　三点透视

景物的长、宽、高3个方向与画面均不平行时，所作的透视图有3个灭点，称为三点透视（图6-6）。三点透视多用于高层建筑的透视效果图中，能表现出建筑高耸入云的挺拔和气势，在园林设计透视效果图中较少用到。

6.2.1.4　轴测图

将物体连同确定其空间位置的直角坐标系，沿不平行于任一坐标面的方向，用平行投影法将其投射在单一投影面上所得的具有立体感的图形叫作轴测图（图6-7）。轴测图作图简便，形成视觉形象快，由于其中各平行边或面依旧保持平行的特性，各个方向的尺度和三视图一样，虽然不符合人眼的视觉规律，缺少视觉纵深感，但它不会产生和透视图一样的变形，因此，反映的景物实际比例关系准确，成为一种比透视图更理性和真实的建筑空间表现形式，我们常用轴测图来反映全局特征或作空间分析图，同时也可以替代鸟瞰图来反映整体形象（图6-8）。

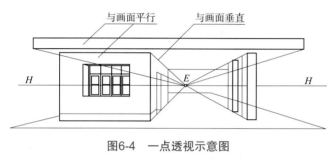

图6-4　一点透视示意图

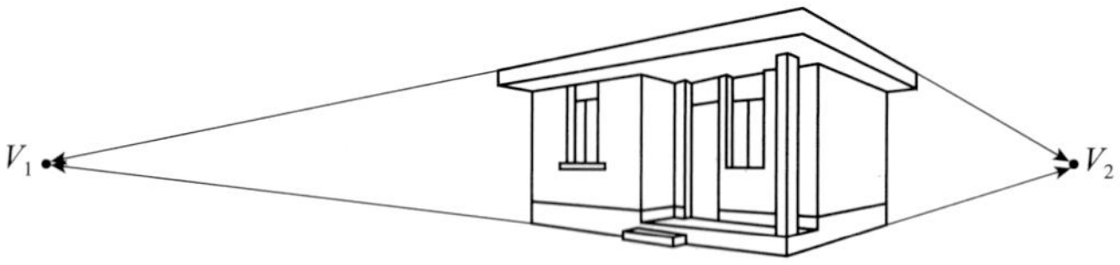

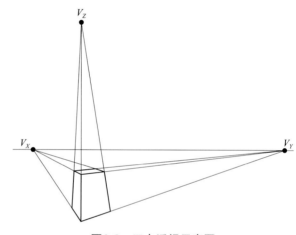

图6-6　三点透视示意图

（引自：http://bbs.zhulong.com/101020_group_201861/detail10135019）

图6-5　两点透视示意图

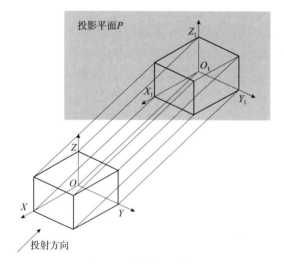

图6-7　轴测图示意图

（引自：http://www.qinxue.com/index.php?r=tutorial/chapters&tuid=92）

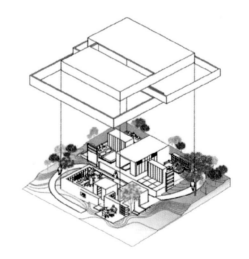

图6-8　园林中的轴测图

图6-9 园林鸟瞰图

6.2.1.5 鸟瞰图

根据透视的原理,以高于人的正常视高的视点从高处某一点俯视地面某一地区所绘制的立体图就是鸟瞰图。因为是从高处俯瞰,能看到一个完整的区域,场地中景物之间的关系能清晰地呈现出来,它比正常视点的透视图更加具有场所感(图6-9)。

6.2.2 园林设计的快速透视表现

两点透视在园林设计中作为表达效果的主要手段,运用最多,更注重其准确性与效率,因此,快速作出理想角度的透视效果图是一项基本技能。另外,在园林设计过程中,鸟瞰图作为一种能快速、直观展现整体设计方案,剖析各部分相对整体合理性的最佳表现手段,普遍受到园林设计师的重视和青睐,在本节中也会对鸟瞰图的绘制进行详细介绍。而关于透视的基础知识以及尺规作图精确求透视的方法在前修课程中已有详尽的说明,本书不再赘述。

6.2.2.1 理想角度透视法绘制两点透视效果图

(1)理想角度透视法概述

我们在制图课中学习的是利用视线法和量点法来求透视,但实际徒手绘制透视图时,一般不采用视线法求解,因为视线法必须利用平面图作图,图幅较大,但所得透视图却相对较小,不便于快速制图。在实践中,我们大多运用量点法作图。但量点法的作图过程存在如下问题:首先,为求得理想角度需反复试验视点的位置和视角的取值;其次,在两点透视图中,如果所得建筑透视图的高度不小于10cm,且2个灭点都在图面内,那么图幅至少为A2(虽然已远优于视线法,但仍不够理想),并且要求使用工具为90cm规格的丁字尺;最后,透视图在图中位置受到灭点的限制。理想角度透视法建立在量点法的基础之上,结合作图经验,省略根据平面图、视点求量点、灭点的步骤,并且缩小作图所需的图幅,使透视图在图纸版面中的位置基本不受限制,也不必经过精确的计算和特殊的辅助工具,使用普通圆规和尽可能短的直尺,甚至在熟练后可以徒手作图,最大限度地简化作图过程,缩短作图时间。

(2)理想角度的定位

以量点法来分析理想角度的定位。如图6-10所示,设定透视方向 x、y 为垂直关系,过 E(视点)分别作 O_x、O_y 的平行线与画面 $P.P.$ 相交得灭点 V_x'、V_y',则 $EV_x' \perp EV_y'$,即 E 在以 $V_x'V_y'$ 为直径的半圆上。根据量点作图法的原理,M_x、M_y 是分别以对应的灭点为圆心,以灭点到 E 的直线距离为半径作圆,与画面 $P.P.$ 相交所得的交点,也就是量点。

根据以上方法,分别以 E_1、E_2、E_3 3个不同的视点作图,平面投影1、2、3分别对应 E_1、E_2、

E_3 视点，得出透视图 a、b、c。通过比较可以看出，当灭点 V_x 越远离 O 点时，透视图中往 OX 方向的透视线条变化越平缓，OX 方向的立面内容表达更多更细，可以其作为主立面；$\angle V_xOV_y$ 大于等于 $120°$，V_xO 与基线之间的夹角小于等于 $30°$，透视效果最好，最符合人的观看习惯；E 点越接近物体的 O 点所在垂线，透视图效果越理想。因此，透视图 b 为较理想的透视图，它的特点是：视点 E 尽量接近物体的角点 O 所在垂线，O 点引出的直角物体边沿两条透视线条之间夹角不小于 $120°$，主立面的灭点远离 O 点。

以一个长方体为例，运用上述规律求作透视图。在图6-11中，定出 V_x、V_y，$AOFC$ 为主立面，为使其透视图形平缓，V_y 远离 O 点。在透视图上方作一条平行于 $H.L.$ 的直线 $P.P.$，作 V_x、V_y 在 $P.P.$ 上的垂足 V_x'、V_y'。以 $V_x'V_y'$ 为直径作半圆。延长 OA，在半圆上离 OA 较近的位置（左右皆可）取一点 E，分别以 V_x'、V_y' 为圆心，EV_x'、EV_y' 为半径作圆弧与 $P.P.$ 交与 M_x'、M_y'，反求出 $H.L.$ 上的 M_x、M_y。求得的长方体透视图处于 M_x 与 M_y 之间，图形效果较理想。基于这种以理想角度求解建筑透视图的方法，能较好地表现建筑形象，并省略了根据平面图、站点求灭点、量点的步骤。

（3）灭点在图板外时的透视求法

当灭点 V_y 在图板外时，如果仅凭尺规作图，则需通过设置辅助灭点求得垂直面上和水平面上往 y 方向消失的透视线。

如图6-12所示，已知 $G.L.$ 和 $H.L.$ 和由 B 往 V_1 方向消失的透视线及高度 AB、AC、AD，求 A、C、D 向 V_1 方向消失的透视线。在 $G.L.$ 上任作一垂线 $A'B'=AB$，在该垂线上量 $A'C'=AC$、$A'D'=AD$。在 $H.L.$ 上任取一点 V，连 B'、C'、D'、A' 与 V。VB' 交 B 往 V_1 方向消失的透视线于 b，过 b 作垂线分别交 VA'、VC'、VD' 于 a、c、d 点。由透视基本规律可知，Aa、Cc、Dd 均为往 V_1 方向消失的透视线。这一原理解决了垂直面上水平线的消失问题，其中 V 为辅助灭点，$A'B'$ 为辅助真高线。

水平面上往 y 方向消失的透视线可利用辅助灭点 V_{45} 来求得。以图6-11中的长方体为例，如图6-13所示，平分直角 $\angle DAB$，得 $\angle B_2AB=45°$。ABB_2B_1 为正方形，AB_2 为对角线，过 E 作 AB_2 的平行线交 $P.P.$ 于 V_{45}。在透视图中，通过 M_x、M_y 求得 B、B_1 的透视 b、b_1，连 b_1、V_x 得 B_1B_2 的透视线，连接 A、V_{45} 交 b_1V_x 于 b_2，bb_2 即为 B 往 y 方向消失的透视线。灭点在图板外时的透视求法大幅度缩短了作图直尺的长度，30cm长的直尺即

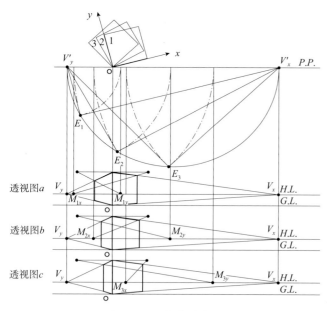

图6-10 理想角度定位

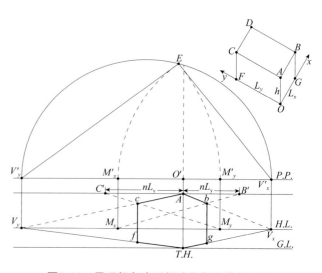

图6-11 用理想角度透视法作长方体的透视

可满足使用要求。

(4) 分量点的运用

当一个灭点在图板外时，图6-12中所示的方法因缺少条件而无法求得量点，这时可通过相似形来反求量点、灭点。如图6-14所示，通过任意设置一个辅助点 T 将 V_x、V_y、M_x、M_y、E 所形成的几何关系进行等比例缩小。在以 V_xV_y 为直径的半圆上方任意位置画一条与 $H.L.$ 平行的直线 $H.L.'$，连接 T 与 V_x、V_y、M_x、M_y、E，分别交 $H.L.'$ 于 V_x'、V_y'、M_x'、M_y'、E'，求得一个等比例缩小的相似形。在无法直接通过 V_x、V_y 求取 M_x、M_y 时，便可利用这个缩小的相似形进行反求。M_x'、M_y' 称为分量点，按这一逻辑，可称 V_x'、V_y' 为分灭点。如果作图需要用到辅助灭点如 V_{45}' 也可用这个方法求取。分量点的原理解决了一个灭点在图外时的问题，并大幅度缩小了作图图幅。

在实际运用这种以理想角度作两点透视图的简画法时，可根据需要进行绘图步骤的取舍。选取理想的角度，准确求取形体主要表现部分的透视线条，次要表现部分的透视线可酌情求取，而对于一些无关紧要的透视线，如门窗凹进的厚度，则可以按照经验估计，便可进一步提高作图速度。在方案构思表现和快速建筑设计中，不必苛求每一处透视线、透视宽度的绝对精确，只需保证透视大关系和建筑体量准确，能正确表现设计信息即可。在对理想角度透视法经过长期的练习之后，可以只通过视点、灭点、真高线几个重要参照，徒手凭经验来快速绘制透视效果图，比较适合于快题表现等需要在很短时间内作出相对准确透视图的情况。如图6-15至图6-18所示，可在10min内快速建立透视模型。

6.2.2.2 景观鸟瞰图的画法

鸟瞰图是以类似于鸟的视点俯瞰建筑物得到的透视图，多用于表达某一区域的建筑群或园林总平面的布局，对于这类鸟瞰图通常采用网格法来绘制。这里介绍的鸟瞰图是建立在画面仍然垂直于基面，只是提高视平线的情况下所作的透视图。

提高视平线也应增加视距，否则图形会出现失真。实际画图时可以通过下述方法控制图形中

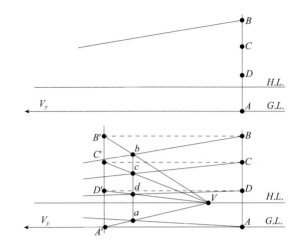

图6-12 灭点在图板外时垂直面上透视线条的作图方法

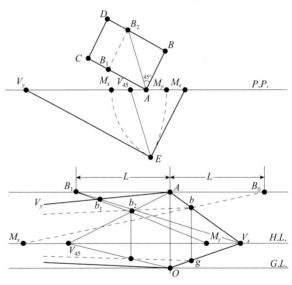

图6-13 灭点在图板外时水平面上透视线的作图方法

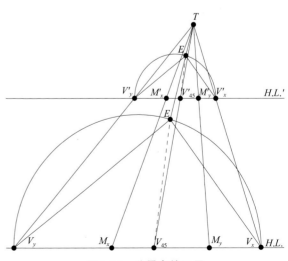

图6-14 分量点的运用

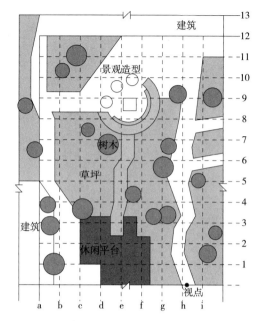

图6-15 用快速透视法求园林透视图——平面图

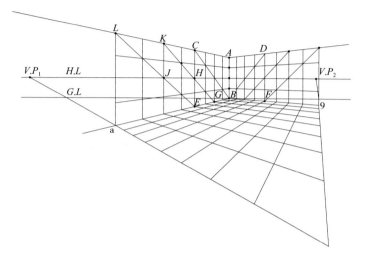

图6-16 快速透视法求园林透视图——求长度和高度、定出网格

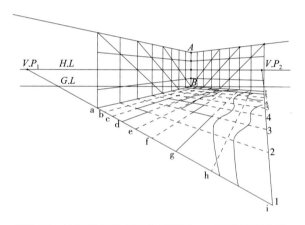

图6-17 快速透视法求园林透视图——画出平面布局

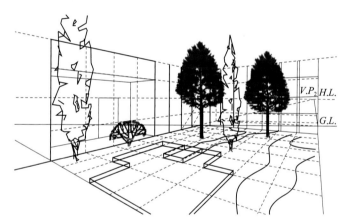

图6-18 快速透视法求园林透视图——拉伸透视高度、延伸透视深度

的失真。如图6-19所示是水平面上正方形网格的透视，以两灭点 M_1 和 M_2 的连线为直径画圆，凡与圆周相接或超出圆周的透视正方形都是失真的，最近角点出现 $\leq 90°$ 的夹角，这不符合视觉印象。圆周内透视正方形最近角虽然大于 $90°$，但许多正方形的透视看起来也是失真的，其中越偏离主视线的透视正方形看起来越失真，在主点到灭点的中点画2条铅垂的双点划线，它们与灭点圆周的范围称为允许误差的范围。试验表明：在这个允许的范围内，能保证与视觉的一致性并满足设计

要求。在此范围内先定最近角点 $O°$，过 $O°$ 画一条水平线作为基线。

（1）一点透视鸟瞰图

如图6-20所示的总平面图，建筑、树木、道路的方向各不相同，也不规则时，可用一点透视方格网来绘制鸟瞰图。

①在总平面图上，留够足够的空间，在合适的位置先确定画面 OX，按选定的方格宽度画出正方形网格，使一组网格线平行于画面，另一组网格线垂直于画面（图6-20）。

② 在图纸上画视平线并选定主点 E' 位置,在 E' 的一侧设置距点,即正方形对角线的灭点 M_d。按选定的视高画基线 $O'X'$,在 $O'X'$ 上定出垂直于画面的格线的迹点 1、2…连接各迹点和主点,就是垂直于画面的一组格线的透视。将 O 点与 M_d 相连即是对角线的透视,过交点作基线 $O'X'$ 的平行线,就是平行于画面的另一组格线的透视,从而得到一点透视方格网,如图 6-21 所示。

提示:距点指的是将视距的长度反映在视平线上心点左右两边所得的两个点,通常以 d 表示。

③ 根据总平面图中,建筑、道路、树木在网格中的位置,尽可能准确地定出它们在透视网格中的位置,画出透视平面图。

④ 透视高度可按下述方法量取:如图 6-21 所示,如墙角线 $a'A'$ 的真实高度相当于 1.2 个网格宽,则于 a' 处作水平线与相邻网格交于 c'、d',$c'd'$ 即为 a' 处一个网格的宽。于是在 a' 处作铅垂线量取 $a'A'=1.2c'd'$,即得墙角线的透视。这是因为 $a'A'$ 和 $c'd'$ 在空间对画面的距离相等,其透视变形程度是相同的。同理可求取其他墙脚线和树木的透视。据此方法可求出一点透视鸟瞰图。

(2)两点透视鸟瞰图

如图 6-22 所示的总平面图,大部分或全部建筑的纵横方向一致,排列整齐,可用两点透视绘制鸟瞰图。

① 总平面图中的网格应与建筑物方向平行,选定合适的位置画面 OX,如图 6-23 所示。

② 用量点法绘制透视网格,如图 6-24 所示。

③ 在图纸下方适当位置画一条水平线并在其上取一点 O,以 O 为圆心,以任意长为半径画圆,与水平线交于 m_1 和 m_2。根据偏角 β 在圆周上定出

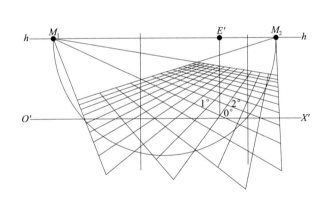

图6-19 控制鸟瞰图中的透视失真

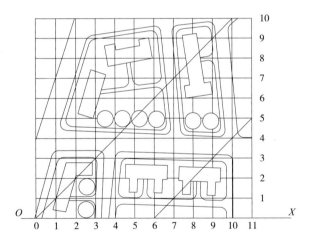

图6-20 利用网格法画一点透视鸟瞰图

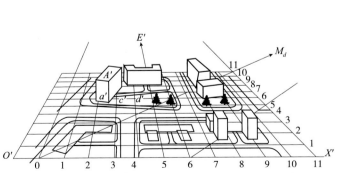

图6-21 利用网格法画一点透视鸟瞰图

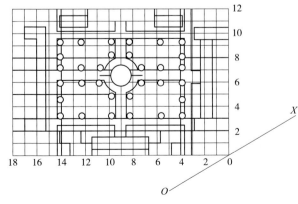

图6-22 两点透视画鸟瞰图

站点 E。过 O 作铅垂线与圆周交于 k，连 Ek 与水平线交于 m_d。分别以 m_1、m_2 为圆心，Em_1、Em_2 为半径画圆弧，与水平线交于 l_1 和 l_2（图6-24）。

④在圆周内定角点 $O°$，过 $O°$ 作水平线为基线 $O'X'$。连 $O°m_1$、$O°l_1$、$O°l_2$、$O°m_2$（图6-24）。

⑤在图纸上方画视平线 $H.L.$，视平线与 $O°m_1$、$O°m_2$、$O°m_d$、$O°l_1$、$O°l_2$ 交于 M_1、M_2、M_d、L_1、L_2（图6-25）。通常 M_1 超出图板，画图时也可以不用。

⑥作网格的透视。在透视图上确定网格的宽度，应使透视网格位于允许误差的范围内。然后利用对角线的灭点 M_d 和量点 L_1、L_2 完成作图（图6-26）。

⑦如偏角 $\beta=30°$，则可直接画图。如图6-27所示，在图板上方画视平线并设置两灭点 M_1 和 M_2。平分 M_1M_2 得 L_2，平分 L_2M_2 得 E'，平分 $E'M_2$ 得 L_1。在图板下按前面讲过的方法定基线，并画出透视网格。

⑧画透视图（图6-28）。将建筑和树木引到画面作真高线，画图比例按平面图网格宽与透视图在基线上所定网格宽来确定。

在实际运用中，我们一旦非常熟悉鸟瞰图的画法，就可以舍弃烦琐的作图过程，选择视角夹角为30°，凭经验徒手快速绘制网格图，再根据平面图中各部分景观的相互关系，得出鸟瞰图。

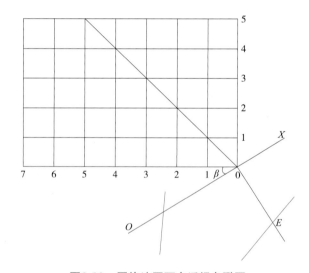

图6-23 网格法画两点透视鸟瞰图

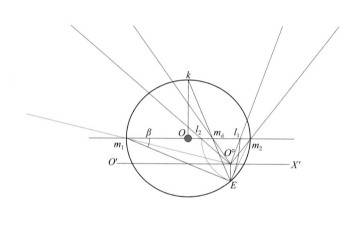

图6-24 两点透视鸟瞰图——求分量点

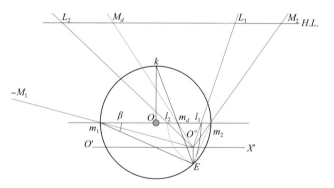

图6-25 两点透视鸟瞰图——求量点

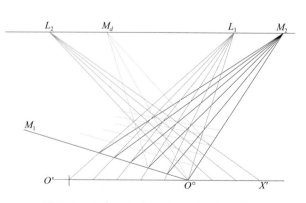

图6-26 两点透视鸟瞰图——求透视网格

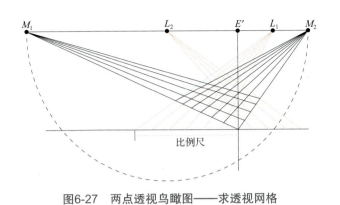

图6-27 两点透视鸟瞰图——求透视网格

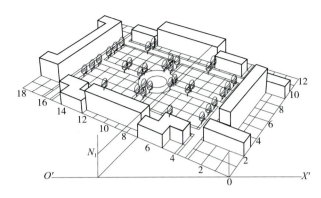

图6-28 两点透视鸟瞰图——延伸高度，画出透视图

6.3 园林设计绘画表现

园林设计绘画表现是设计师经过眼观察、手操作、大脑思维和感知反复交替而生成的图示语言，主要通过针管笔墨线、钢笔画和水彩渲染、马克笔或彩色铅笔等色彩表现来传达设计内容。

作为园林设计师创作思考、沟通交流和即兴展示自我设计思想的重要手段，绘画表现形式丰富多样，或寥寥数笔，洒脱写意，或细腻刻画，力求精致，迥异的画面效果反映了设计师对园林景观对象的认知及或收敛、或发散的思维。根据实际设计的内容和特点，设计师使用不同的表现工具及技法，通常在设计创作过程初期到方案深化过程中，先采用铅笔或者钢笔为主的推敲性草图表现，辅以彩色铅笔、马克笔等简单快速的色彩处理，满足设计方案频繁修改和快速、直观把握设计信息的需要，待方案最终确定后，以钢笔绘画结合水彩渲染、彩色铅笔或马克笔等综合表现技法精致、细腻地展示出设计的全部内容。

6.3.1 绘画表现的通用原理

无论绘制哪种园林绘画表现图（平面图、立面图、剖面图、透视图等）或使用何种绘画工具（针管笔、钢笔、水彩、马克笔、彩色铅笔等），都需要使用一些技术手段最大限度地传达园林设计信息，使其易于被阅读和理解。从这个意义上说，园林绘画所使用的技术手段即表现技法没有本质差异，都离不开4条通用原理，即线条加工、明度分级、色彩安排和阴影绘制。

6.3.1.1 线条加工

线条是绘画表现中最基本的元素，也是组成图面的基本条件。绝大多数表现图都要依靠线条来勾勒对象的形体、边界和轮廓，它是反映思维图像最直接的媒介。

对线条的加工处理是将信息清晰地表现出来的第一步，通常采用的方法是参照园林制图标准、规范和行业习惯，将线条区分为不同的线型和线宽（粗细等级），使线条本身带有工程数据的特征。例如，在平面图中，粗、中、细的不同线宽可以区分信息的主次，使建筑、道路、水体、植被、场地等关系明确；在剖面图中区分主要构造和次要构造；在立面图和透视图中增强物体的立体感及表现物体之间的空间距离（详见2.2.3 图线）。因此，线条的加工不能由绘图者随意取舍或进行单纯地艺术处理。

6.3.1.2 明度分级

线条加工是以"线"的形式强化图中不同信息的轮廓，而明度区分则是以"面"的形式进一步清晰地表现信息。简单地说，明度可以理解为画面某一区域的亮度，无论是彩色还是非彩色都有明度，线条的疏密也会形成某种级别的明度。将画面的明度分成黑、白、灰3个不同等级，图面的信息易于区分和归类，便于观者识读。

（1）平面图的明度分级

平面图的明度划分为黑、灰、白3个层次。规划图表现的场地尺度大，重在表现道路、绿地、

图6-29 规划平面图的明度分级
（引自：http://supermew.blog.163.com/blog/static/14573162520122811538898）

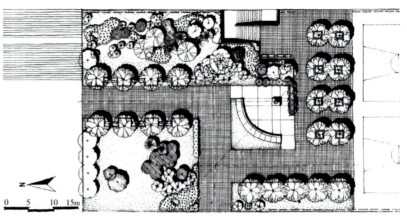

图6-30 设计平面图的明度分级

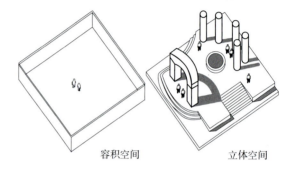

图6-31 立体空间和容积空间

水体、建筑之间的布局关系，信息较抽象、简单，作用以定性为主，黑、白、灰3个明度等级划分的重点在于区分不同类别的信息。图纸中占比例最大的部分如草地、铺装为灰色层次；道路、建筑等为白色层次；对景观格局起决定性影响的绿地等为黑色或深灰色层次（图6-29）。设计图表现的场地尺度小，重在表现设计细节，信息较具体，作用以定量为主，明度等级重点在于区分相同类别的信息。墙体、道牙、树池边界等重要信息为白色层次，铺装、植被、水体等为灰色层次，并作为图面的基底，物体的投影为黑色层次，以显现白色的关键信息。在此基础上，灰色层次可根据需要再进一步细分灰度，如不同植物图例之间的区分（图6-30）。

（2）透视图的明度分级

在透视图中，画面的表现对象一般分为前景、中景和背景3个层次，中景为重点描绘的对象，是画面的视觉焦点。现实中，中景往往以两种形态出现：实体和空间。有文献称之为"立体空间"和"容积空间"（图6-31）。立体空间是指场地中有建筑物或者构筑物等实体；容积空间是指场地以一个具有四周边界的空间为存在形态。

当中景为实体时，将前景、中景、背景分别赋予不同等级的明度，即前景为白、中景为黑、背景为灰。中景画黑，能有效表现出实体的体积感和重量感（图6-32）。

当中景为虚空间时，前景为黑，中景为白，背景为灰，中景画白能有效地表达出场地的光感，体现出空间的层次和距离（图6-33）。

黑、白、灰大体上区分了空间层次，但要把画面的视觉焦点集中在中景还需要利用另一种方法——对比。一个物体在某个光源的照射下，会出现最亮面、次亮面、暗面和影子，这些内容形成的关系称为明暗对比［图6-34（a）］。为了将画面的焦点集中于中景，中景的明暗关系应是完整的，前景为了衬托中景应减弱明暗对比，背景由于空气透视的缘故，明暗对比很弱。如果画面中每一个物体都完整地画出明暗对比，或者前景、中景和背景的明暗对比不分主次，那么画面会含混不清，信息表达不清晰。对于立体空间和容积空间，近景为了显示与中景之间的空间距离，对比度要低或无对比；远景为了衬托中景，交代中景所处的环境，对比度也要低或无对比；中景作为主要的表现对象，对比则应该强烈和完整［图6-34（b）（c）］。

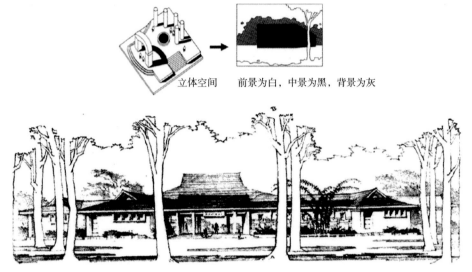

图6-32　立体空间透视图的明度分级：白、黑、灰

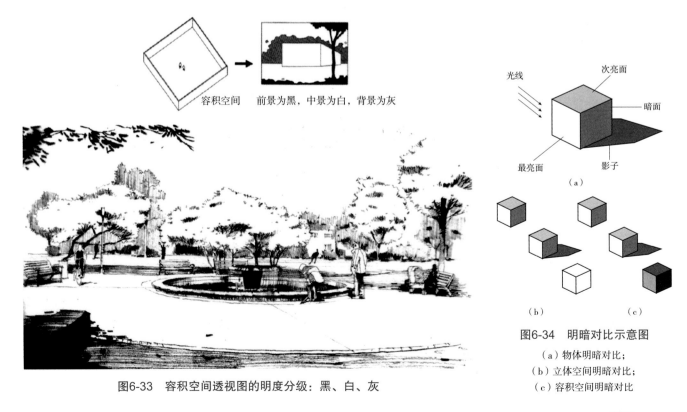

图6-33　容积空间透视图的明度分级：黑、白、灰

图6-34　明暗对比示意图
（a）物体明暗对比；
（b）立体空间明暗对比；
（c）容积空间明暗对比

6.3.1.3 色彩安排

园林绘画表现在完成基础的线条绘制后，如果需要上色，其原理并不等同于静物色彩画法，不能完全从色彩艺术的角度理解园林绘画表现图的色彩。因为图中的色彩除了表现实物的色彩和增强图面的直观性和感染力外，还有区分、凸显和传达设计信息的功能。

（1）平面图的色彩安排

一般采用与实物相近的色彩，以相似色表示同类信息，以对比色区分不同性质元素的信息，如道路、绿地、场地、水体、建筑等。

规划平面图中的色彩表现应加大不同类信息之间的色彩对比，缩小同类信息之间的色彩差异。结合前面的明度分级原理，通过纯度和冷暖对比区分不同类信息，占大面积的色块应保持近似的纯度和冷暖色调，作为图面的基底；小面积的重要信息用纯度高的对比色表示，但要控制其数量（表6-1）。例如，建筑一般可以采用鲜艳的色彩表示，一方面使规划图中面积相对较小的建筑易被注意；另一方面帮助设计师控制建筑的数量和规模，当图中的建筑用色过多、过大，便意味着建筑的数量、规模可能超标（图6-35）。

表6-1 规划平面图色彩关系表

平面图类型	园林要素		明度	纯度	冷暖
规划平面图	各级道路		极高，一般留白	白	图面在整体上以冷调或暖调为主，需要突出的部分可偏向与整体相反的调子
	场地		高，比道路低	白	适中
	绿地	草地	适中	灰	适中
		乔、灌木	适中，比草地深		适中
	建筑			白或黑	高
	水体		低	黑或深灰	适中

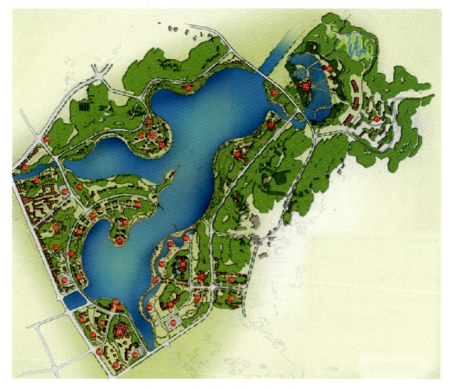

图6-35 规划平面图用色示例

（引自：http://down6.zhulong.com/tech/detailprof1046873GP.htm）

提示：园林中建筑数量和规模的有关规定可参考我国现行的《公园设计规范》(CJJ 48—1992)。

设计平面图中的色彩表现侧重于区分同类信息，整体上所有元素的色彩在纯度上应保持大致相同，以获取图面的统一。结合设计平面图明度分级原理，通过色相细分不同类信息（表6-2、图6-36）。

表6-2　设计平面图色彩关系表

平面图类型	园林要素		明　度		纯　度	冷　暖
设计平面图	道路		较高	白	留白或适中	图面在整体上应有冷暖倾向
	绿地	草地	较高	灰	适中或略低	
		一般乔、灌木	适中		适中	
		重要乔、灌木	适中比一般乔灌木深		较高	
	水体		低	黑或灰	适中	
	建筑或构筑物		较高或较暗	白或黑	较高	
	场地	一般铺地	适中	灰	适中	
		重要铺地	高	白	适中	
		铺装分割线	较高	白	适中	
	功能性墙体、花池、道牙等		极高，一般留白	白		

图6-36　设计平面图用色示例

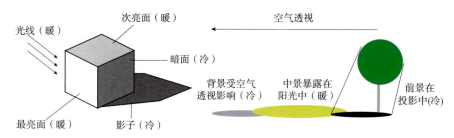

图6-37　前景、中景和远景冷暖调子分布示意图

图6-38　透视图色彩安排示例

（2）透视图的色彩安排

一个物体在某个光源的照射下，亮部、次亮部、暗部和影子的色彩冷暖不同。如果光源的颜色为暖色，那么物体的亮部、次亮部的颜色为暖色，暗部和影子为冷色。在空间里，离眼睛远的物体由于空气透视，其色彩趋于冷色，偏蓝灰；离眼睛近的物体纯度高，远的物体纯度低。在阳光的照射下，中景充满阳光，颜色为暖色，纯度高；前景处于阴影下，颜色为冷色，纯度高；背景由于空气透视为冷色，纯度低（图6-37）。结合前面透视图明度区分原理，透视图色彩的关系见表6-3，图6-38是一个示例。

提示：空气透视是由于大气及空气介质（雨、雪、烟、雾、尘土、水气等）使人们看到近处的景物比远处的景物浓重、色彩饱满、清晰度高等的视觉现象。

表6-3　透视图色彩关系表

空间类型		近景	中景	背景
立体空间	明度	白	黑	灰
	冷暖	冷	暖	冷
	明暗对比	对比度低或无对比	对比强	对比度低或无对比
	纯度	高	高	低
容积空间	明度	黑	白	灰
	冷暖	冷	暖	冷
	明暗对比	对比度低或无对比	对比强	对比度低或无对比
	纯度	高	高	低

另外，色彩的安排应与设计立意相适应，着色时注重画面的主体形象，起到烘托环境氛围的作用。如休息区选用偏冷色、纯度低的色彩营造安静、和谐的气氛［图6-39（a）］；活动区选用偏暖色、纯度高、跳跃感强的色彩烘托出热闹欢快

的氛围[图6-39(b)]。

6.3.1.4 阴影绘制

在制图中,阴影包括"阴"和"影"两个部分,"阴"是指物体不受光照的部分,"影"是指物体受光时在承影面上投下的影子。

(1)平面图中"影"的绘制

"影"对于园林平面图的表现至关重要,"影"可以表示出物体的高程差异、地形变化和建筑物、构筑物的形状,还能使二维的图纸具有立体感(图6-40)。表现时应注意以下几点:

①在平面图中,依据制图学原理和场地指北针的指向,设定光线从某一个方向射来,其水平及垂直投影角均为45°。

②在设计平面图中应尽可能准确绘制平面中的"影",使其具有可度量性,真实反映物体的部分形状及尺寸,辅助说明物体间的高度差。另外,"影"的方向必须一致。

③规划平面图中"影"要最深,使整个图面信息有较强烈的黑白对比;在设计平面图中"影"的明度可以细分,重要物体的"影"深,次要物体的"影"浅。

④彩色平面图中"影"的色相一般为承影面的固有色加深后的颜色,有时为突出表现物体的"影"的效果,可直接采用黑色、深灰色或黑色略作透明处理。

(2)立面图中"影"的绘制

立面图中"影"的表现突出空间感,使图纸直观、易懂。表现建筑和小品的"影"应以建筑

(a)

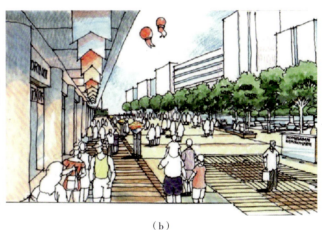
(b)

图6-39 恰当用色烘托不同环境氛围

(a)安静休息区(引自:http://www.hvbao.com/2015/0403/35047.html);(b)热闹商业街景(引自:http://www.szjs.com.cn/works/1313.shtml)

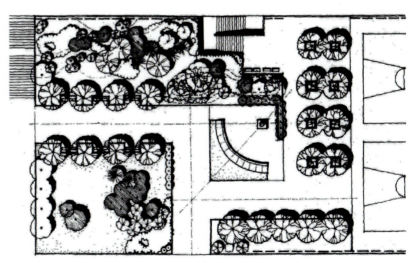

图6-40 平面图中的"影"

图6-41 立面图阴影表现示例

图6-42 透视图中阴影表现示例（容积空间）

制图的要求准确表达，植被、山石等自然元素的"影"示意即可。

①与平面图一样，立面表现图中对光线的角度也有明确规定，即假定光线从画面的左上方照来，其水平及垂直投影角均为45°。

②园林立面图中表达的内容通常可分为主景和背景，主景的"影"明度要深，与物体一起构成的明暗对比要强烈；背景"影"的明度要浅或者不画。如图6-41中，重点表现的是广场，建筑作为背景，其影子的明度可适当降低，用灰色表现，拉开背景和中景景物的空间距离。

（3）透视图中阴影的绘制

透视图中，"阴"和"影"的表现可以使画面具有立体感、空间感和真实感。光线的投射角度需要绘图者自己设定。透视阴影的求法比起平面、立面阴影要复杂，实际绘制工作中，由于图中以植被、山石、水体等自然要素居多，因此，不必严格按照阴影透视的求法来画，所画阴影的轮廓只需大体符合阴影透视原理即可。但若是绘制园林建筑表现图，则应力求将阴影画得准确。除了阴影轮廓的要求之外，还应结合前面所描述的明度分级原理和色彩原理（图6-42）。

①透视图中前景、中景、背景的阴影明度依照明度分级原理，在黑白灰模式中，前景阴影黑，中景阴影黑，背景阴影灰或无；在白黑灰模式中，前景阴影浅或无，中景阴影黑，背景阴影灰或无。前景、背景阴影的对比关系要弱化或取消，中景阴影关系需表现得完整、强烈。

②中景阴影对比关系及明度随着距离产生衰减变化，表现空气透视。

6.3.2 绘画表现技法

园林设计绘画表现方式多种多样，就其设计领域的发展过程和使用工具来看大致可分为钢笔画、水彩渲染、马克笔表现和彩色铅笔表现等。每种表现方式各具特色，获得的画面效果也有所不同，但它们在本质上并没有差异，应用时都建立在通用原理的基础上。钢笔画是单色表现技法，

保持上身挺直，勿离纸面过近，眼睛的视线与纸面呈90°

如果背部弯曲，画板要斜靠桌面，使其与视线呈90°的夹角

图6-43　正确的绘画姿势

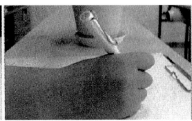

图6-44　正确的握笔姿势

是绘画表现的基础，由于不能表现色彩，所以在园林设计展示性表现中较少单独使用，多与其他彩色渲染技法相结合。

线条是绘画表现最基本的元素之一，各类表现图的绝大部分信息都要依靠线条来传达，我们先介绍线条、笔触和退晕的基本技法，然后分别阐述最常用的几种绘画表现方式。

6.3.2.1　基本技法

（1）线条

①线条练习准备　线条练习的基础是掌握正确的绘画姿势、握笔姿势和基本的运笔方法，这样才能准确、快速地表现各种绘画方式，为设计的创作与表现奠定坚实的基础。

正确的绘画姿势和握笔姿势：在绘画表现时良好的坐姿和正确的握笔姿势很关键，绘画姿势要求头正，肩平，胸稍挺起，身体稍微往前倾，保证眼睛视线与纸面保持90°角，避免视线与画板有一定角度造成视觉误差，产生透视变形；腰挺直，使眼睛与画面之间保持一定的距离，这样有利于观察画面的整体；两肩自然下垂，尽可能放松，手臂能够自然地来回移动（图6-43）。

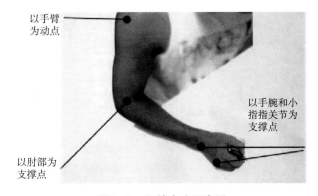

图6-45　运笔方法示意图

握笔时不要太靠前，笔与纸面呈一定的斜角，切勿垂直，否则会遮挡视线（图6-44）。

运笔：不借助尺规工具手绘的各种线条称为徒手线条。徒手线条通常分为快线和慢线两种。

快线的视觉冲击力极强，画的时候注意"笔要放平、果断快速、手腕不动"。适用于绘制短线和中长线，追求"硬"的感觉，挺拔有力，通过运笔来积攒力量，快速地把线画出去。运笔时力度均匀分配到整个手臂，注意手关节和手腕不能动，以手臂为动点，肘部、手腕和小指指关节为支撑点，用整个手臂画线（图6-45）。画水平

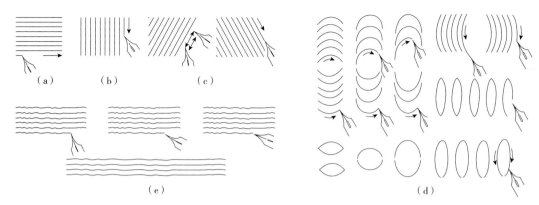

图6-46 徒手线条运笔示意图
(a) 水平直线；(b) 垂直直线；(c) 斜线；(d) 弧线；(e) 慢线（颤线）

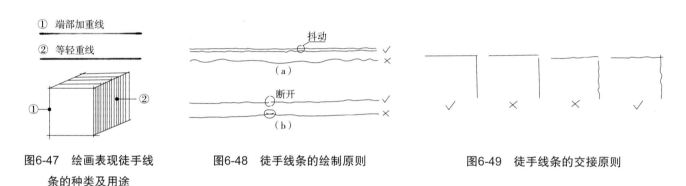

图6-47 绘画表现徒手线条的种类及用途

图6-48 徒手线条的绘制原则

图6-49 徒手线条的交接原则

线时运动整个手臂向右拖动，画垂直线时大拇指和食指的两个关节不能动，运动整个手臂向下拖动［图6-46（a）(b)］。若只运动手指，线条的长度有限；只运动手腕线条会出现自然弯曲。手臂拉动笔在纸上运动，手臂拉得越开，画出的线条越直、越长。若线条很长，需同时运用手臂和腰。画斜线主要是手臂带动手腕的整体运动，避免画成弧线［图6-46（c）(d)］。

慢线（颤线）起笔缓慢，小范围抖动，弯曲手腕，追求松软和灵活的效果，简单易学，美观性略低于直线，适合草图。画慢线时，一定要非常放松，保证线条准确、不倾斜［图6-46（e）］。

应用徒手线条绘制表现图时要避免不良习惯，比如用素描起形的方法去勾轮廓，产生很多虚线，形体不明确；用笔不肯定，画线断断续续，经常涂改；喜欢画水平的线，当画斜线或垂直线时经常移动或转动纸张等。

绘画表现中徒手线条一般有两种：等轻重线（线条始终粗细均匀）和端部加重线（线条两端加重，中间粗细均匀，即"两头重，中间轻"）。等轻重线适于形成均匀的排线，用于块面涂色、阴影区表现等；端部加重线适于绘制对象的结构（图6-47），如平面图、立面图或透视图线稿等。绘画表现结构的线条时要注意以下几点：

第一，线条要连续、流畅和严谨，准确反映表现对象的形体结构。尺规作图时，线条要挺直；徒手绘图时，线条要流畅，满足"小曲大直"的原则，即可以有一定程度的上下抖动，但要保证大方向挺直［图6-48（a）］。

第二，如果采用尺规制图，线条要连续不能断；如果徒手绘图，线条过长时可以断，但应按图中方法衔接，不要使用重合的笔道［图6-48（b）］。

第三，精细作图，尤其在针管笔墨线作图时，线条与线条的交接必须准确到位；快速作图或徒手表现时，线条相交可略有出头，强调绘制对象的形体结构（图6-49）。

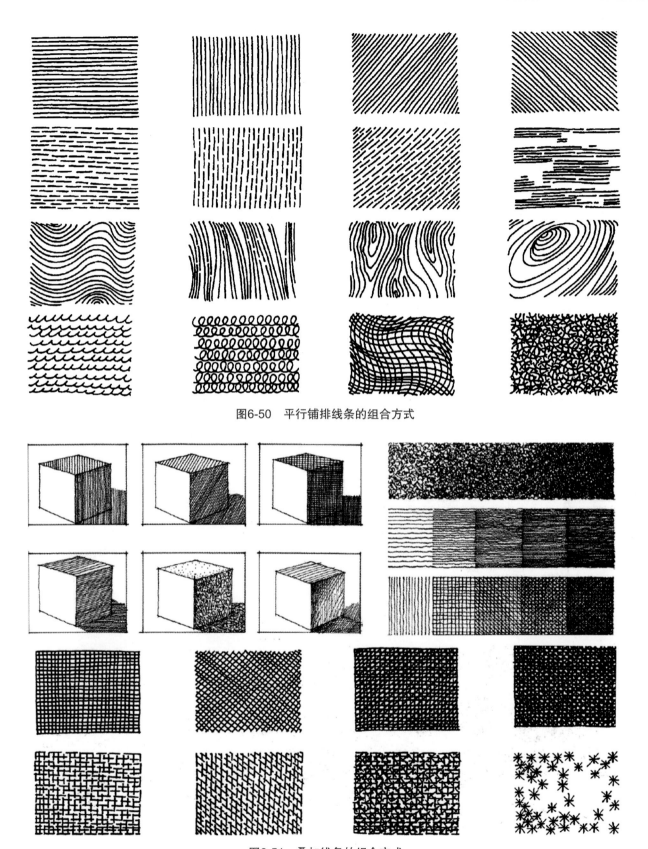

图6-50 平行铺排线条的组合方式

图6-51 叠加线条的组合方式

最后，绘画表现中一定要避免使用过于风格化的线条，尤其避免画静物素描时采用的那种两端尖中间粗的线条，干扰视觉。

②线条组合练习　线条组合是按照一定的原则或逻辑关系将一些线条组合在一起，表达不同对象形态、结构、质感等。线条组合常用的方法有两种：一种是以近似平行铺排线条的方法组合线条，以横向、竖向和斜向3类为主，最为常用（图6-50）；另一种是以线条叠加的方法形成明暗层次的渐变，以表达物体和场景的空间感和光影效果，暗部的明暗程度要依靠线条之间的距离调节。线条叠加常用的线条组合方式有平行叠加、十字叠加和斜叉叠加3种（图6-51）。

不同线条会传递出不同的视觉感受，有的轻描淡写，有的粗壮有力，绘画表现既能做到精细入微的刻画，也能进行高度的艺术概括。线条的曲直变化、疏密组合、粗细搭配，使画面产生主次、虚实、疏密、粗细、对比等艺术效果，无声地传达着图面中蕴含的丰富含义，甚至能够传达出设计师的思绪和情感。

（2）笔触

是指绘画表现过程中画笔接触图面时留下的痕迹，不同的绘图工具绘制出来的笔触有所不同。在作图过程中绘图者应该有意识地运用不同笔触体现对象的质感、量感、体积感和光影虚实关系，并起到组织图面的作用。

应用笔触时要注意以下几点：

①笔触用于涂色和突出信息。大多数情况下，笔触本身不携带信息，因此，图中的笔触不能过于突出，而掩盖了真正要传达的信息。如图6-52所示，左图的笔触丰富，水面生动，而右图则略显呆板。但从信息表达来看，左图中的景观灯柱等设施隐没在笔触中，难以分辨，而右图景观空间结构、小品清晰可辨。

②透视图中表现物体形体或质感的笔触要遵循"近大远小""近实远虚"的规律。

③图面表现中用不同方向、疏密的笔触可以加强边界效应，如图6-53所示。

（3）退晕

退晕效果在单色表现中主要靠线条的疏密或重叠来实现，也可用打点的方法，但较为耗时（图6-54）。

在彩色表现中退晕是指画面颜色在明度、色相、冷暖或明暗对比上的一种渐变形式，以线条组合与色彩配合方式使用。在园林绘画表现图中的应用主要有3个：一是表现地形高差变化，比如山体、水体等。二是利用退晕技法强调图形边界的形态并活跃图面气氛。例如，平面图的填色，有时遇到大面积填充一种颜色的情况，如果平涂，容易使图面显得呆板、机械，而退晕产生的变化

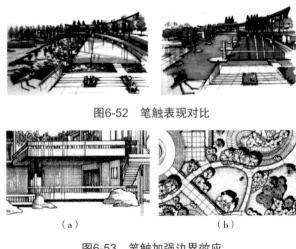

图6-52　笔触表现对比

图6-53　笔触加强边界效应

（a）笔触加强面的转折效果；(b)密集打点笔触突出道路边界

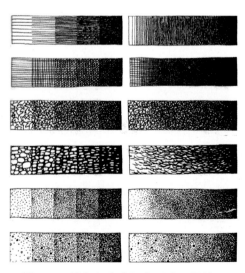

图6-54　线条组合或打点形成退晕效果

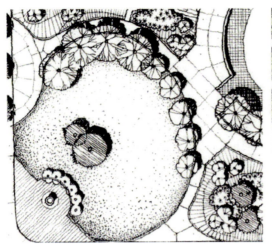 

图6-55 退晕产生边界效应

则可以在一定程度上活跃图面的气氛。再如，平面图中道路不容易表现清晰，除了采用密集打点的笔触，加深道路边缘绿地的颜色也可使道路的形状得以更加凸显（图6-55）。三是可以表现更加细微的明暗变化、光影效果，是透视表现图取得光感、空气感的重要手段。

6.3.2.2 钢笔画表现

钢笔画有着较强的造型能力，是最简洁、直观的绘画表现方式。现场调查记录、搜集图面资料、构思方案的草图阶段、方案的快速表现以及正规图纸有关部分都需要以钢笔画来表现，它已成为从事设计工作不可或缺的一项基本技能，广泛应用于园林设计的全过程。

（1）工具和绘图用纸

钢笔画表现不需要特别的画笔、纸张和颜料，具有简易、方便的特点，经常使用的画笔有针管笔、普通钢笔、中性签字笔和美工笔等（图6-56）。针管笔是专门用来绘制墨线或单色渲染图的绘图工具，配合尺规能画出精确且具有相同宽度的线条，用于精细制图（详见2.1.4绘图用笔）。当笔头与纸面呈锐角时，笔尖与纸面有较大的摩擦，会产生不流畅感，因而针管笔不适合快速绘制徒手表现图。美工笔是笔尖折成斜面状的钢笔，尖头部分画细线，斜面部分着纸画粗的墨线，这种粗细变化能表现对象的明暗关系，带来使用上的便利，较为适合快速徒手表现。作图时，

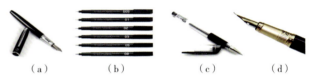

图6-56 钢笔画常用笔
（a）普通钢笔；（b）针管笔；（c）中性签字笔；（d）美工笔

设计师可以根据表现对象的特性和个人表现风格选用不同的笔。一般情况下，笔尖光滑且具有一定弹性、正反两面均能画出流畅线条的普通钢笔就能满足所有要求。

钢笔画通常用黑色墨水，白纸黑线，黑白分明，表现效果强烈而生动。一般纸张都适用，为了运笔流畅可选择硫酸纸、绘图纸、复印纸等质地较细腻的纸张。画时结合尺规辅助作图，具有规整、挺拔、干净、利落等特点，也可徒手表现，产生自由、流畅、活泼、生动的效果。

（2）钢笔画表现技法

钢笔画与铅笔画都是单色表现，但由于用笔工具和纸张材质不同，在用笔、线条与色调等关系上还是存在着差异。铅笔绘图随着绘图者用力的变化易于表现出粗、细、深、浅等不同线条及明暗效果，可随意地往复运笔，易于涂擦修改，但其不能表现色彩，不宜绘制大幅的表现图，而且容易模糊弄脏、不易保存。钢笔绘画几乎不受用笔力度的影响，它只能沿一定方向运行，画面

除纯白或纯黑外，主要依靠线条的疏密来组织和表现物体结构、明暗深浅关系等，容易保存。

钢笔画在表达色彩、渲染环境气氛上有一定的局限，但它却能最直接地反映设计思维过程。设计师的钢笔草图不是为了绘制打动观者的表现图，而是为了帮助设计师启发设计思路、推敲设计方案。因此，在众多画种中，钢笔画是最适合用来做推敲性表现的。方案展示表现中可以结合其他着色工具，如水彩、马克笔和彩色铅笔等提高钢笔线描的表现能力。

①笔触　钢笔画靠的是单色线条的平面组织，用线条界定物体的内外轮廓、结构、姿态、体积等，靠排线、运笔以及纸面接触来表现物体的肌理质感、明暗色调，表达画面效果和情感。

规则式的排线用于表现光影，在形式上与铅笔技法相同，但由于钢笔线条没有深浅之分，所以表现质感的笔触也是由一定形式的线组织构成的。从质感这个角度来看，绘画表现中所描绘的对象一般可以分为两类：一类是物体表面材料质感比较丰富、明显；另一类则相反，物体表面材料质感比较单一、光滑整洁。如图6-57中，肌理丰富的地面铺装属于第一类对象，适合用笔触加以真实、细致地表现；水面则属于第二类对象，适合通过明暗层次的处理来表现。

②渲染　平面图渲染时，要突出图形的边界，如道路、场地的边界，排线时的方向尽量与边界

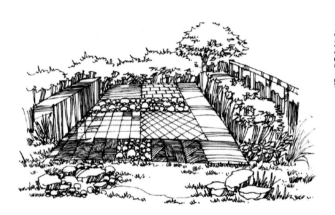

图6-57　不同笔触表现质感

图6-58　针管笔渲染设计平面图

图6-59 线描画法

图6-60 明暗画法

图6-61 综合法

垂直。打点时，靠近边界部分点的密度要大一些。灰面的灰度要明显低于图中物体投影的深度，这样能使图面的黑、白、灰等级清晰，各类信息被有效地凸显出来。用于渲染的线条本身不带信息，应采用细线，线条绘制均匀、光滑，避免形成不必要的对比关系（图6-58）。

透视图表现主要有线描画法、明暗画法和综合法。

线描画法 一般是运用单色线条画出物体的轮廓，不画明暗。表现时线条要明确、刚劲和流畅，注意构图得当，形象严谨，比例尺度正确，交代清楚局部和细节。虽然线条不表现光影，但要将中景画得详细，前景和背景概括、简化，以虚实、强弱的处理产生空间感，充分呈现出线条表现的魅力，使画面生动（图6-59）。

明暗画法 是通过单色线条曲直、长短、方向的组合方式及其疏密变化来表现对象的造型形态，形成各种深浅不一的灰面，增强明暗对比效果，表现对象的体积感、材料质感和光影关系等。这种表现技法画法细腻，层次丰富，具有较强的视觉冲击力和表现力，给人以真情实景的感觉（图6-60）。

综合法 综合运用以上技法，以钢笔线描画法为主，略加明暗处理，相互配合，用笔明确肯定，线条概括简练、连续流畅，画面效果细密紧凑，富有节奏、韵律的艺术美感。可用于大量运用尺规表现的钢笔画中，也可作为水彩渲染、马克笔和彩色铅笔等钢笔淡彩表现的底稿（图6-61）。

6.3.2.3 水彩渲染

水彩渲染是从水彩画的绘制中发展起来的建筑绘画中一种特有的色彩表现方式。建筑学的传统制图训练中，常以水墨、水彩为颜料，结合退晕的技法，将表现对象的光影效果细腻地表现出来，讲求精细制作，强调实用性和工艺性（图6-62）。当前在园林绘画表现中基本延续了渲染以前的概念和要求，其效果清丽、细腻而淡雅，

图6-62　建筑水墨、水彩渲染效果　　　　　　　　图6-63　园林水彩渲染效果图

表现力比较丰富，但难度较高（图6-63）。

（1）工具及绘图用纸

水彩渲染的着色工具一般选用大小不等的水彩笔、羊毫或狼毫毛笔等，细部描绘可以用衣纹笔或叶筋笔。颜料可用普通的水彩颜料（图6-64）。渲染用纸以水彩纸最为适宜，画面色彩明快，对比强烈，而且纹理清晰，吸水性强，可反复用水擦洗，也可用绘图纸、素描纸等，但不同纸质的吸水性、吸色性和纹理会有一定差异，对表现会有一定影响。

（2）水彩渲染技法

水彩渲染前需要做一些准备工作，如水彩用纸必须经过裱纸固定于图板方可使用，以避免纸张遇水后出现褶皱，方法如图6-65所示。

①基本运笔方法　选用含水量大的水彩笔，所用颜料要调稀，不可浓重，水含量要饱满，减少笔尖与纸面的摩擦。图板前端垫起呈15°角的坡面，着色后有轻微下垂的作用（图6-66）。从上到下、从左至右一层一层地顺序往下画，每层2～3cm，运笔轨迹呈水平、垂直或环形（图6-67）。一层画完用笔尖拖到下一层，全部面积画完以后从上至下均匀干燥。水彩渲染以均匀的运笔表现均匀的着色，没有明显的笔触。

提示：水平运笔利于大面积渲染；垂直运笔一次的距离不能太长，以免上色不均匀；环形运笔常用于退晕渲染。

②渲染技法　水彩渲染基本的技法可以分为平涂法、退晕法和叠加法。

平涂法　是没有色彩与深浅变化的渲染，要求色彩均匀，是水彩渲染的最基本技法之一。笔上含水适中，笔触较宽，运笔稳中偏快，笔触之间的衔接自然，依照运笔方法，整个图面一气呵成。多用于大面积色块的铺垫或底稿上明暗关系已表达比较充分的地方［图6-68（a）］。

退晕法　分为单色退晕与复色退晕2种。单色退晕是指一种颜色由浅至深或由深至浅的渐变

图6-64　水彩渲染主要材料和工具

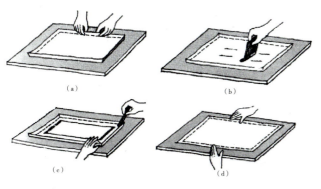

图6-65　裱纸步骤示意图

将画纸平摊于画板，纸的四边向上折起2cm，用水浸湿纸面使其充分膨胀。折边均匀地涂抹白乳胶，将纸面粘贴在图板上，抚平纸面，排除气泡，自然晾干

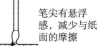

图6-66　注意事项

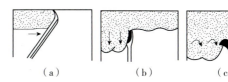

图6-67　基本运笔方法

（a）水平法；（b）垂直法；（c）环形法

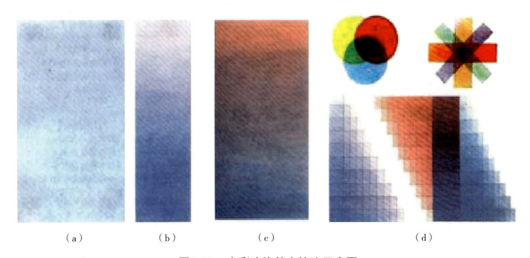

图6-68　水彩渲染基本技法示意图

（a）平涂法；（b）单色退晕；（c）复色退晕；（d）叠加法

（引自：https://wenku.baidu.com/view/bafccc37eefdc8d376ee32de.html）

效果[图6-68（b）]。如先调好同一颜色深浅不同的2杯颜料，以平涂的方法用浅色从上到下渲染，每2~3cm加一两滴深色至浅色杯，循环以上步骤渲染直到底层，达到由浅至深的色彩过渡效果。复色退晕是指由一种颜色逐渐变到另一种颜色[图6-68（c）]。退晕法主要用于依靠颜色的浓淡、深浅渐变来表现形体的明暗和光影的变化，还可以表现画面的空间与虚实关系。

叠加法　是指用分格叠加的方法取得退晕效果。方法是沿退晕方向分格，先用浅色平铺，干后再上色，逐层叠加平涂，形成由浅至深的效果。上色时一定要干透再画，干一遍画一遍，透层叠加，直到预想的程度。也可利用冷暖色的叠加形成从冷色调到暖色调的自然过渡，多用于物体转折明显、结构硬朗、层次分明的画面[图6-68（d）]。

水彩颜料本身具有透明性，色彩清新明快。水彩颜色的浓淡是通过调节加水量的多少来控制，它优于马克笔和彩色铅笔，可以自由调配色彩，更适用于大面积图幅上色。水彩颜料调和时，同时混入颜料的种类不能太多，以防画面污浊，色彩运用上也要注意避免贪多和求变，以防"脏""乱"的不良效果，尽量遵循简略、概括的用色原则。

水彩渲染表现图中，对于大面积背景或具有

相对规整的几何物体表面，如在处理光滑地面时用平涂、退晕等技法，在渲染过程中宜采用较浅的颜色经多次渲染完成。对于山石、植物、水体等不规则形物体，或处理细部和追求画面趣味时，采用较深重而饱和的颜色，用笔触或趁湿晕染等手法表现（图6-69）。

水彩渲染是一遍又一遍地着色，较为费时，这与实际工作的要求有很大矛盾。随着园林行业的快速发展，表现图在设计过程中的需求量越来越大，水彩渲染作为表现图常用的技法逐步被更为方便快捷、效果富有时代气息的马克笔和彩色铅笔所替代，在快速表现中已很少应用，但其对渲染着色的运用仍有重要借鉴意义，也有绘图者偏爱水彩颜料绘制表现园林设计整体空间气氛的大场景，或将作画方式扩展为"钢笔淡彩"，即以钢笔线描和简单明暗为基础，结合水彩颜色的表现形式。

6.3.2.4 马克笔表现

马克笔又称麦克笔，是随着现代化工业发展而出现的一种新型绘画工具，虽然引入我国的历史较短，但已在设计界得到广泛应用。与水彩、彩色铅笔相比，马克笔的颜色纯而不腻，色彩丰富且不必频繁调色，笔触明确易干，成图迅速，画面风格豪放，具有携带方便、色泽清新、透明、洁净等特点，已成为设计师在快速表现中最有效的工具之一。

（1）工具及绘图用纸

马克笔根据颜料成分的不同，主要分为酒精性马克笔、油性马克笔和水性马克笔。酒精性马克笔可在任何光滑表面书写、速干、防水。油性马克笔快干、耐水，有较强的渗透力和耐光性，颜色多次叠加不会伤纸，其色彩稳定性好，配色柔和，比较容易取得协调效果。初学者比较容易上手，适合大面积涂色，不适宜用于细部的深入刻画。水性马克笔色彩艳丽、明快、易干，但多次叠加颜色后会变灰，而且容易损伤纸面。与油性马克笔相比，水性马克笔色彩的纯度高，笔触形状明显、边界清晰，整体效果强烈，适合于深入刻画细部；缺点是对绘图者的配色能力和笔触驾驭能力要求较高，初学者往往难以掌握使用要领，需要先在一张纸上做一个小稿，再上正稿。

购买马克笔时除了考虑色彩外，笔头的形状也要考虑。最好选择一笔两头型的，即一头细、一头粗，细头用于勾线、勾勒细微之处，粗头一般呈楔形方头，用于大面积着色（图6-70）。

纸张的选用主要根据马克笔的性能及预想的绘图效果而定。以油性马克笔为例，草图纸、硫酸纸渗水性弱，马克笔颜色浮在纸面上，色彩纯度降低一个级别，能画出柔和的灰色调效果。如果想进一步削弱马克笔的"锐气"，还可以在硫酸纸的背面着

图6-69　水彩渲染效果图

（引自：http://design.yuanlin.com/HTML/Soho/2007-3/Yuanlin_Design_1072.HTML）

细头

楔形方头

图6-70　马克笔笔头示意图

图6-71 马克笔常用笔触

(a)点笔；(b)线笔(粗细、长短、曲直等变化)；(c)平行排笔；(d)"之"字形排笔；(e)扇形排笔(多用于植物表现)

色，这样可以使色彩看上去更清淡，或用手抹蹭，几乎看不出马克笔的笔触，使画面产生水彩效果。如果选用复印纸等渗水性强的纸，图面色彩鲜艳、明亮，对比强烈，对绘图者的配色能力要求较高。

（2）马克笔表现技法

①笔触　对于马克笔，笔触的运用非常重要。细笔头用于勾勒轮廓线，楔形笔头主要用在以宽线条为主的图面中铺排上色，要注意各种宽线条的排列方式以及线条之间相互组合所形成的笔触关系。即马克笔表现是在钢笔线条技法的基础上，进一步研究线条的组合、线条与色彩配置的规律。一般马克笔的笔触分为点笔、线笔、平行排笔和扇形排笔等。

点笔　多用于一组笔触运用后的点睛之处[图6-71(a)]。

线笔　由于马克笔一端笔头呈楔形，使用时是有方向性的，通过调整画笔的角度和笔头的倾斜度，达到控制线条曲直、粗细、长短等变化的笔触效果[图6-71(b)]。这种笔触运用可以避免图面死板，但在学习初期若运用不当会使画面显得零乱琐碎。

平行排笔　指单个线条粗细均匀、重复用笔的排列，相邻的线条平行且边界恰好相接，多用于大面积色彩的平涂[图6-71(c)]。画线时笔头与纸张呈45°角，运笔迅速，用力均匀，两笔之间重叠的部分尽量一致。这种笔触最好沿短边运

图6-72　马克笔退晕技法

图6-73　马克笔渲染平面图

图6-74　马克笔渲染效果图

笔，当需要较长线条时，可借助直尺工具画出工整的线条，也可表现出材料的坚硬与光洁感。否则，徒手绘制的长线条容易因扭曲变形而显得柔弱无力。

"之"字形排笔　开始采用平行排笔法，随后叠加的部分越来越少，过渡到有空隙的排笔，最后沿着"之"字形的走向排列笔触，线条由粗渐变到细，间距逐渐加大，直至消失［图6-71（d）］。应用这种笔触时要注意折线的角度和线条的粗细变化。如硬质铺装、静态水面通常采用水平方向运笔，若添加垂直笔触可以产生变化，体现磨光地面的倒影和材料的光感，颜色近浅远深。

扇形排笔　多用于表现植物。笔触随着所描绘对象的结构而变化，即"笔随形走"［图6-71（e）］。

②渲染　具体原理参照"通用原理"的相关内容，操作时注意以下几点：

首先，马克笔色彩鲜明，颜色不能调和，一般难以画出渐变退晕的效果。通过马克笔笔触的疏密和叠加（单色叠加或复色叠加，但用色不能杂乱），可以体现色彩的层次和浓淡变化（图6-72），还可以借助彩色铅笔辅助马克笔绘制退晕效果。

其次，马克笔的笔头相对钢笔、彩色铅笔要大，颜色有一定的渗洇，所以表现图幅不宜太小，保证涂色时颜色不会溢出边界，能深入刻画细节。安排色彩时，要充分考虑色彩的信息表达和控制，不能简单地当作美化图面的手段。平面图涂色时笔触必须与图形的边界相接，不可出现留白现象，笔触尽量保持一致，笔触间紧密结合，不留太多缝隙，不要过于追求笔触的形式，必要时完全平涂也是可以的。平面图的笔触痕迹不宜过多，适当活跃画面即可，以满足图面的统一感（图6-73）。

效果图渲染时，为了发挥马克笔快速表现的特点，绘制底稿时多用针管笔（或者钢笔）将光影效果表现出来，用简练、概括的马克笔笔触进行形态、色彩、质感等的表现（图6-74）。

再次，马克笔主要通过各种线条的叠加取得色彩变化，落笔力求准确、生动。在运笔过程中，用笔的遍数不宜过多，待第一遍颜色干透后，再进行第二遍上色，能一次完成的避免重复。否则，色彩会渗出而形成浑浊感，失去马克笔透明和利落的特点，绘制的色彩如必须修改，可用白色修改液或白色水粉完成。马克笔不具备较强的覆盖性，淡色无法覆盖深色，在上色过程中，应该先上浅色，后用较深重的颜色，并注意色彩之间的相互和谐，以中性色调为宜，忌用过于鲜亮的颜色。

最后，马克笔的表现色彩鲜亮，图面效果强烈，受笔头宽度限制和经济上的因素，通常不适合做大面积的涂染。笔头偏大，不适合刻画表达细节，如植物树叶等，只需要通过笔触进行排列，概括性地表达，或者与彩色铅笔、水彩等工具相结合，扬长避短。

6.3.2.5 彩色铅笔表现

彩色铅笔表现是表现技法中最方便、最简易，也是最好掌握的一种技法。运用范围广，尤其是徒手草图表现，用简单的几种颜色，轻松、洒脱的线条即可表现设计中对象的形态、色调和质感等。

（1）工具及绘图用纸

彩色铅笔，简称彩铅，其携带和操作方便，易于控制和修改，用笔轻快、色彩稳定，深受设计人员的喜爱。市场上常见的有2种：一种是普通的蜡质彩铅；另一种是水溶性彩铅（图6-75）。水溶性彩铅，在没有蘸水前和蜡质彩铅的效果一样，蘸水之后色彩可晕化，产生水彩的效果，色彩柔和，用作水彩效果图的辅助工具时，可以相得益彰。单独使用时选用蜡质彩铅即可，除价格实惠外，其最大优点就是附着力很强，有优越的不褪色性能，即便用手涂擦，也不会使线条模糊，便于保存。彩色铅笔的颜色多种多样，常见的有12色系列、24色系列、48色系列等，对于绘图表现至少使用24色或以上的彩色铅笔。

应用彩色铅笔表现时，选纸范围较大，如草图纸、硫酸纸、复印纸、绘图纸等。使用时需要考虑纸面的粗糙度，纸面纹理越明显，其颜色附着力越好，图面的色彩就越鲜艳，笔触就越强。

（2）彩色铅笔表现技法

从技法上讲，彩色铅笔和绘图铅笔没有多大差别，主要通过线条的组合来表现色彩层次，突出线条的特点。但彩色铅笔的色彩较淡，颜色的纯度、明度均不高，较难形成层次鲜明、对比强烈的图面效果。另外，彩色铅笔是尖头绘图工具，笔触较小，色彩较淡，大面积涂色时较为费时，因此表现图的画幅不宜过大。

① 笔触　彩色铅笔表现类似于铅笔画、钢笔画的排线技法，笔触大致有以下几种类型（图6-76）：

平行线笔触　即画一系列平行线条，是彩色铅笔着色多采用的方法［图6-76（a）］。这种笔触有很强的视觉张力，宜于强调形体的边界，适合塑造物体的形体。快速且容易，图面会产生统一、平滑的感觉（图6-77）。

"m"形笔触　即连续短平行线，运笔速度快、自由、轻松，很适宜表现植被［图6-76（b）］。

乱笔笔触　以乱线组成的笔触。这种笔触构成的画面效果别具风格，仅适用于透视图，难以保持平面图、立面图、剖面图和透视图着色风格的统一性。另外，采用这种笔触时，握笔的手要长时间保持不规则的抖动姿势，易疲劳［图6-76（c）］。

混合型笔触　前几种笔触的自由组合与混用，多用于快速表现或草图中［图6-76（d）］。

② 渲染　首先，彩色铅笔色泽的浓淡与用笔的力度有关，以形体关系、明暗关系为依据，笔

（a）　　　　　　　　　　　（b）

图6-75　彩色铅笔种类

（a）蜡质彩色铅笔；（b）水溶性彩色铅笔

（引自：https://zhidao.baidu.com/question/1797255170112237547.html）

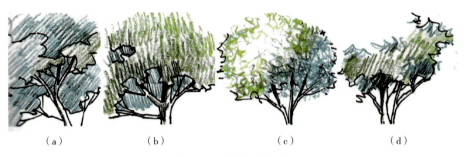

图6-76 彩色铅笔笔触
(a) 平行线笔触；(b) m形笔触；(c) 乱线笔触；(d) 混合型笔触

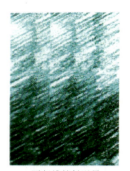

平行线笔触退晕

图6-77 平行线笔触，图面整体感强

"m"形笔触退晕

乱线笔触退晕

图6-78 彩色铅笔退晕效果

图6-79 彩色铅笔渲染设计平面图

触讲究疏密与强弱。同一支彩色铅笔用笔力度逐渐减弱，可让色彩由浓到淡，实现色调的自然过渡，使图面有轻重虚实感，形成生动、自然的多层次表现。但是要注意用笔避免涂得不透气，显示不出线条的灵动与美感。用色主要是靠单色或多色的叠加、交错融合创造出色彩变化的退晕效果（图6-78）。

其次，彩色铅笔颜色较淡，图面的对比效果不明显，应加强钢笔或针管墨线稿的线条等级效果；平面图涂色时，笔触须与图形边界相接，不出现留白现象，笔触尽量保持统一，笔触间紧密结合，不留太多缝隙；注意在表现图中色彩有一定的信息表达和控制作用，不可将其简单地当作美化图面的手段（图6-79）。

第三，彩色铅笔可单独使用，也可结合其他工具更为便捷的表现。例如，绘制底稿时用针管笔

图6-80　彩色铅笔、马克笔综合渲染设计平面图

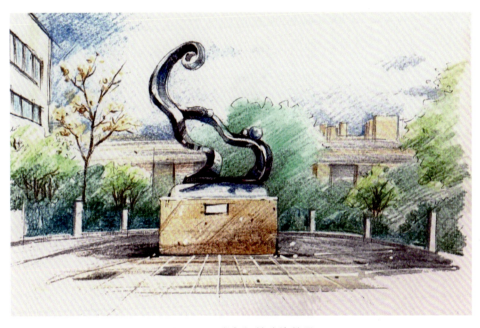

图6-81　彩色铅笔渲染效果

（或者钢笔）将光影效果表现出来，以马克笔或水彩表现大的色调，然后在一些色彩变化或细节处用彩色铅笔进行精确、细腻的刻画，互为补充，使画面色彩清新、淡雅、过渡自然柔和（图6-80）。

最后，彩色铅笔笔尖的粗细、用力的轻重、线条的曲直、间距的疏密变化都会产生不同的韵味，可以根据对象的形态、肌理、明暗、虚实等特征有规律地组织、排列线条（图6-81）。如线条紧密、排列有序，则画面感觉严谨，适合表现稳重、精巧、细腻的效果；如线条随意、松动，画面感跳跃，适合表现轻松、充满生气的效果。

6.3.2.6　钢笔淡彩表现

钢笔淡彩是以钢笔线描和简单明暗为基础，结合水彩渲染、马克笔、彩色铅笔等着色工具来组织画面，表现场景的形体轮廓、空间层次、色彩变化与材料质感等的一种表现形式。其画面骨线工整细致、色彩清新淡雅、渲染干净透明，独具韵味（图6-82）。这种综合表现技法避免了完全依靠色彩组织画面的困难，适合缺乏色彩功底的绘图者，但钢笔线稿需绘制得较为精彩，否则图面会显得粗糙。

钢笔淡彩表现时应注意以下几点：①在钢笔画阶段就应考虑着色效果，通常以线描法作底稿，将各种形象轮廓勾画清楚，给渲染留有余地，使塑造形象方面比较简便。明暗画法的钢笔画其大面积的明暗线条缺乏使用色彩的空间，如果着色只能浅淡地点缀。②用水彩、马克笔、彩色铅笔渲染时着重表现色彩的关系，突出画面的色调和

图6-82 钢笔淡彩效果图

（引自：http://www.ddove.com/old/picview.aspx?id=291142）

图6-83 马克笔钢笔淡彩分步表示示例

整体环境气氛的表现。③为打破淡彩画的单调，应结合明度分级原则格外强调画面的层次感，中景色彩对比变化丰富，近景概括并略有细节的处理，远景以虚为主。④钢笔淡彩无论怎样深入渲染色彩，都应保持钢笔线条清晰可见，总体的色彩格调倾向于淡雅、简洁，墨线与彩色互相衬托，相得益彰。

钢笔淡彩表现的基本步骤如下（图6-83）：

①钢笔底稿绘制（针管笔墨线或钢笔徒手绘制），满足构图完整、主次分明、结构准确、形象逼真等要求。

②将钢笔线稿复印成需要渲染的底稿或拓印到裱好的水彩纸上。

③选用着色工具进行色彩渲染。首先，参照明度等级、色彩安排原理和表现对象的色彩特征及表达氛围的需要，确定画面的基本色调，挑选所需的画笔颜色或进行水彩调色，注意整体采用的颜色不宜过多。其次，根据表现对象的特点及整个图纸表现风格选取渲染所用的笔触，按照先整体后局部、先浅后深、先主景后配景、从简单到复杂的顺序逐步上色，总体色调层次要有统筹安排，着色时注意适当的留白。再次，表现主景、植物、水体和配景等，进一步刻画细部，加深暗部色调，通过加强明暗关系来统一画面，表现空间层次和光影效果。最后，图面完成后整体调整、完善。

④及时扫描保存，防止弄污。

园林设计绘画表现选用不同的工具和技法，会呈现出不同的图面特性和效果，掌握一两种常用表现技法是每一位设计师必须具备的能力。在此基础上学习更多技法，将其相互补充综合运用，可大幅度提高设计表达的速度和增强表现的艺术感染力，达到更好的表现效果，还能不断提升设计师个人的艺术素养。

6.3.3 绘画表现的误区

长期以来，在园林专业的课程教学中，园林绘画表现往往被看作单纯的"画"，大量学习内容都围绕着"绘画技法"展开。不仅使绘画表现偏离其本质，脱离专业特点，也削弱了学生思考问题的能力，将绘画能力等同于设计能力，误导学生的学习方法和专业发展方向。

以园林绘画的审美效果作为表现技法学习的主要目标，将优美的色彩、流畅的线条和完美的构图作为评判绘画表现优劣的依据。绘图者利用线条、笔触和色彩丰富画面，弥补空洞的设计内容，利用植物、人物和汽车等配景平衡画面，弥补空间层次的缺陷，重视绘画技法而忽略了最本质的问题——方案的构思与表达。在这种理念下，有的学生不断练习各种绘画技巧，常因难以画出精美的表现图而发愁，有的学生则片面追求图面的构成感和视觉冲击力。这两种学习方式将原本含有各种信息的表现"图"简单地归结为具有艺术性或某种视觉冲击效果的"画"，严谨的工程数据和规划设计信息让位于美化图面的排线、笔触和色调等绘画技法。另外，有学生在快速设计科目或应聘时，认为图纸本身的美感会产生良好的第一印象，能博得观者的好感，忽略了平时快速构思、设计和图纸表现能力的训练和提高，误解了考试和招聘的本意，将表现图的美观与否等同于方案的优劣，致使许多学生考前一味地背图纸，考试或应聘时套用图纸，出现部分设计雷同的现象。

表现图美观与否根本上应取决于方案本身，而不是单纯地依靠各种绘画技巧美化图面。一个成功的设计，其表现图必然具有设计意义上的美感，一张美观的表现图未必就是一个成功的设计。

6.4　园林设计计算机表现

6.4.1　计算机表现概述

随着社会的不断进步和发展，计算机在园林设计领域得到了广泛的应用，设计人员在计算机上利用各种计算机软件及其外围设备参与设计前期资料数据的采集、计算和分析，并实时进行三维效果预视或三维虚拟，与实景环境合成，边观察、感受效果，边设计和修改创作，参与整个设计过程，当方案结束时，各种设计必要的二维设计图、工程图、效果图，甚至是三维漫游动画等丰富的表现成果也能相应地输出。计算机结合绘图、计算、视觉模拟等多功能一体化，使其成为传统绘画表现之后园林设计又一重要的传达方式。

计算机表现与传统的绘画表现既有区别又有相似之处，要素方面大致有如图6-84所示的对应关系。绘画表现的应用要素是各种绘图笔、着色用笔、颜料、纸张和尺规等辅助制图工具，计算机表现的应用要素是键盘、鼠标、显示屏、外围辅助设备等。技法方面，绘画表现依赖的是设计人员扎实的专业制图、绘画表现功底和技能，而计算机表现取决于工作人员对计算机应用软件的了解、操作的熟练程度及其综合运用能力。成效方面，两者各具特色，绘画表现尤其是手绘草图，能更为直接、有效、自由地快速捕捉设计师瞬间的灵感并立刻记录下来，使模糊的构思有了能够视觉感知的承载，使设计思维保持连贯。但绘画表现工作量大，例如，表现园林中较多的植物要素，同一图例通常可能需要重复几十次甚至上百次，机械地重复绘制极大地增加了设计人员的工作强度，降低了设计效率。而且，绘画表现难于修改、不易复制，设计师将表现图提交甲方后，常常没有存根，致使交流变得困难。而计算机表现文档便于保存、修改、输出，使管理工作变得轻松、高效。如一张光盘可以保存大量图纸信息，并且可以根据要求，按工程名称或日期进行归类保存，方便查找和复制，交流和保存都很容易，降低了设计人员的工作强度，缩短了设计周期，提高了设计效率和质量。更重要的是计算机表现形式多样，无论二维、三维效果图表现，还是类似真实场景、有着丰富立体光影的漫游动画，甚至多感官交互动态体验的虚拟环境，都给观者带来了全方位、全新的体验，这是传统绘画表现所不能比拟的。

计算机表现也存在局限性和一些人为弊端。如绘画表现的自由度是计算机难于接近和模拟的；计算机设计软件智能化和规范化的操作，使得画面对色彩的细腻变化、线条的张力表现效果不足；计算机表现对素材有很强的依赖性，由于网络资源的共享和可复制性，重复地使用素材，使得一些设计师利用拼凑、堆砌的方法做设计，设计变得千篇一律，表现效果有种似曾相识的感觉，导致没有独创性，缺乏创新。

实际上服务于设计构想传达的绘画表现和计算机表现，它们不是两个独立的系统，而是一个有机的整体，二者结合能更好地完成传达设计的任务，达到事半功倍的效果。

6.4.2 计算机表现常用软件

随着计算机技术的飞速发展，园林设计中应用的计算机辅助设计软件越来越多，这里介绍几种最常见的软件。

6.4.2.1 AutoCAD软件

AutoCAD是美国Autodesk公司开发并推出的通用计算机辅助绘图和设计软件，广泛应用于机械、建筑、土木工程、城市规划等各种领域。它具有易于掌握、使用方便、体系结构开放等特点，深受广大工程技术人员的欢迎。

AutoCAD具有完善的图形绘制功能，能够精确地绘制各种线、圆、弧、曲线、多边形等几何图形，在园林设计中主要用于绘制平面图、立面图、剖面图及施工图等以线条为主的二维表现图。该软件还提供了各种编辑工具，具有强大的图形修改功能，如复制、修剪、删除、镜像、阵列、偏移等，大大提高了绘图的效率和精度。对于铺装的表现可以根据软件提供的各种纹样通过填充功能来完成。其他一些表现素材，如植物、汽车、人物等可从素材库中调用。但由于该软件对输入点的操作要求很准确，随意性较小，容易使人觉得有些枯燥，草图表达能力较差，其命令众多，不易通学。与其他软件相比，AutoCAD渲染的能力不够强大。

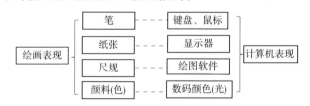

图6-84 计算机表现和绘画表现应用要素的对应关系

6.4.2.2 3D Studio Max软件

3D Studio Max，常简称为 3ds Max，是由美国 Autodesk 公司推出的专业三维动画制作软件，具有很强的建模能力和高品质的渲染功能，被形象地称作"动画制作大师"。在园林设计中，我们较多使用其丰富的材质、贴图、灯光等用于静态三维效果渲染，而在一些特别重要的项目中，可用于动画表现，但技术的复杂程度相应增加。

6.4.2.3 Photoshop软件

Photoshop 是美国的 Adobe 公司推出的功能强大的图像处理软件。从平面、广告、网页、工业产品形象的主流应用，到三维图像的材质制作、效果图后期处理、数码照片处理等，都发挥着很重要的作用。

Photoshop 在园林设计表现中主要用于后期图像处理、编辑和加工所需的材质贴图（植物、人物、交通工具、背景以及天空等），矫正图像色彩、修复缺陷以及烘托环境气氛等，制作出精美的彩色平面、立面、透视等效果图。对于透视要求不高的场景，甚至可以直接利用现有的材质替代建模，通过粘贴、合成处理等技术制作出一幅表现图。另外，结合多种外挂滤镜功能还可以创作出令人惊叹的艺术效果。

6.4.2.4 SketchUp软件

SketchUp 又名"草图大师"，也是一款三维制作软件，但它是一套直接面向设计过程的软件。与设计师用手工绘制构思草图的过程很相似，设计师可以在电脑三维界面中进行直观的创作，这是一种电脑草图的设计思维。其创作过程从潦草的草图开始，随着设计构思的不断清晰，一边可以追加详细设计，随时接受精确的尺寸，一边可以最大限度地减少机械重复劳动并能控制设计成果的准确性。它给设计师带来边构思边表现的体验，不仅能够充分表达设计师的思想，而且可以满足与客户即时交流的需要，同时其成品导入其他着色、后期渲染软件，可以继续形成高品质的表现图。

相对于 3ds Max 软件来说，此款软件不仅适用于设计推敲性表现，便于设计过程交流，而且界面简洁，功能强大灵活，易学易用，命令较少，生成的模型非常精简，避免了复杂性，更流行、更实用。

6.4.2.5 Lumion软件

Lumion 是一款实时的三维可视化软件，用于制作静帧和视频作品，其领域可涉及园林、建筑和规划设计。

提示：帧就是影像动画中最小单位的单幅影像画面，相当于电影胶片上的每一格镜头。所谓静帧（单帧），就是一幅静态的画面；连续的帧就形成了动画，如电视图像等。

"所见即所得"，是对 SketchUp 软件特色的描述，也适用于 Lumion 软件。可视化的显示特点在于能提供高品质的图像，并将快速和高效的工作流程结合在一起，与复杂的 3ds Max 软件相比，便于掌握主要功能，进入设计状态，直接在电脑上创建虚拟现实，把环境场景以动画的形式表现出来，达到身临其境的效果，这是单帧透视图很难表现的。设计师将拥有更多的时间来推进构想，而不用受制于漫长的渲染等待过程，节省了设计时间和精力。另外，软件自带高质量且庞大丰富的素材库，里面有建筑、汽车、人物、动物、街道、地表、石头等，用于表现环境的真实画面效果，满足了人们对逼真度的要求，因此，在园林表现中也成为主流软件。

6.4.3 计算机表现的过程

6.4.3.1 方案设计前期——场地数据采集和分析阶段

当项目设计开始时，前期首先要进行场地的实地勘察，收集大部分的场地规划或设计的数据，如场地的高程、坡度、坡向、视域、排水、植被、光照、土壤等，并对这些收集到的资料进行数据分析，根据分析结果明确场地的现状和特征，更科学地辅助设计决策。一般传统的做法是设计人员进行实地考察，采取拍照、手绘记录及向业主索要资料等手段来获取现场的第一手资料，并进行直观的分析，作为设计的指导依据。如果规划场地很大，获得的资料又不是实时的，设计者如果要获得近期的、完整的场地资料，人工方法就

— 189 —

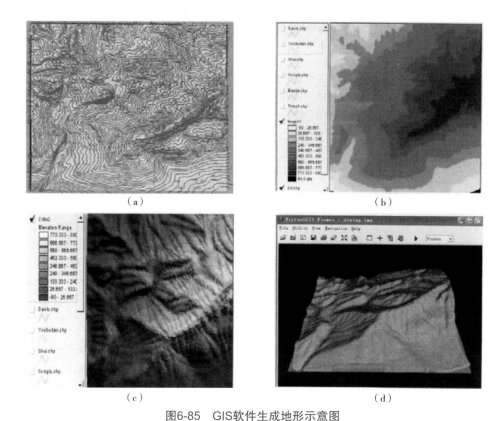

图6-85 GIS软件生成地形示意图

（a）GIS中地形图矢量化；（b）生成数字高程模型；（c）生成平面地形；（d）GIS中生成场景

耗时费力，而且直观上也缺少对场地现状和前景分析的科学性。这种情况下，利用计算机和现代化的3S（GPS、GIS、RS）技术就可以获得第一手资料，用计算机配合GIS软件自动生成地形，进行动态演示，直观地再现规划设计场地的现实情况，特别是对于园林给排水、水文分析、规划地质、植被等，这种方法具有资料来源实时、准确和科学的特点（图6-85）。

提示：3S技术是遥感技术（remote sensing, RS）、地理信息系统（ceography information systems, GIS）和全球定位系统（global positioning systems, GPS）的统称，是空间技术、传感器技术、卫星定位与导航技术和计算机技术、通信技术相结合，多学科高度集成的对空间信息进行采集、处理、管理、分析、表达、传播和应用的现代信息技术。

利用GIS的数字地形模型还可以进行地表的三维模拟与显示，进行不同视点或景点的可视性分析，为设计景点的选址和最佳游览线的选择提供视觉分析依据。例如，结合水库设计的风景区规划中，因水坝的拦截造成对上游山地、村庄、农田、森林的淹没情况，可以方便地用GIS技术结合CAD技术进行景观预测与评价，并进行水位升降的动态模拟及水库面积和贮水量的计算，为下一步居民搬迁、景点选址、道路选址、水面活动的组织等提供科学、直观的依据。

提示：CAD即计算机辅助设计（computer aided design），指利用计算机及其图形设备帮助设计人员进行设计工作。

6.4.3.2 方案设计中期——概念形成和推敲阶段

对前期资料进行分析后，设计师通常利用具有"实时"特点的绘画草图快速地把设计构想，包括景观分区、主要园路、水体、地形等要素简单勾勒出来，形成概念设计的初稿（图6-86）。然后把纸质图纸扫描转化成电子媒介，计算机辅助设计软件发挥了很大用处。

提示：在技术高速发展的今天，也有不少的设计软件，直接通过数码板与压感笔，在计算机中记录手绘输入的数据方式进行创作，这是一种手绘与计算机设计更加高效结合的构思传达方式。

在计算机中将设计草图利用 AutoCAD 软件数据化呈现二维平面图纸，并配合 SketchUp 软件，直观地将方案概念表现为即时模拟的三维空间，以观察"空间中"的效果，细致地推敲空间感和尺度感，并在建模过程中利用强大的光照功能，将一天、一年的日照变化进行演示模拟，甚至将一年四季的植物季相变化进行模拟，进行方案的推敲。当发现设计效果不理想时，可以及时调整，而不需要像传统手绘那样重新绘制重复劳动，全方位地进行方案设计，使园林设计更加科学、合理和高效（图6-87）。这个过程反复推进，不断修改，再创作，直至达到较为满意的设计效果。

另外，随着设计师工作方法和思路的大胆创新，服务于设计构想传达的绘画表现和计算机表现也结合得越来越紧密，不仅提高了工作效率，而且还形成了几种园林设计综合表现的形式。

（1）SketchUp 模型结合手绘

设计师为了传达设计构思，先利用计算机软件创建一个虚拟模型空间，可以是单纯的空间结构，也可以是一定深度的模型，省去透视的计算工作。然后将文件打印输出，在打印稿上用手绘的方式进行修改和深化，或通过透明纸修改方案构想，最后回到计算机中继续深化（图6-88）。在设计工作中还有一种方式，将设计现场照片进行打印，在图片基础上进行手绘构想表达，也是一种直观的构想与环境结合的设计表现形式。

（2）手绘草图结合 Photoshop 渲染

通过扫描技术，将纸质媒介的绘画表现底图输入计算机，或直接由数位板通过 Photoshop 绘制草图，再进行渲染。例如，在绘画表现中水

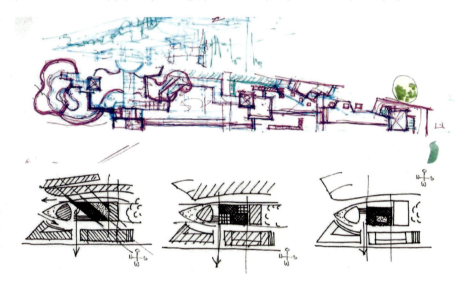

图6-86　手绘草图，表达设计构想

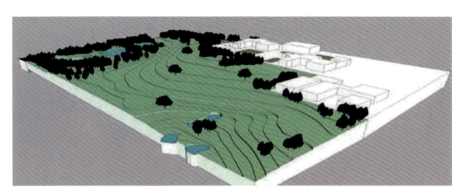

图6-87　SketchUp软件建模效果

图6-88　SketchUp模型结合手绘

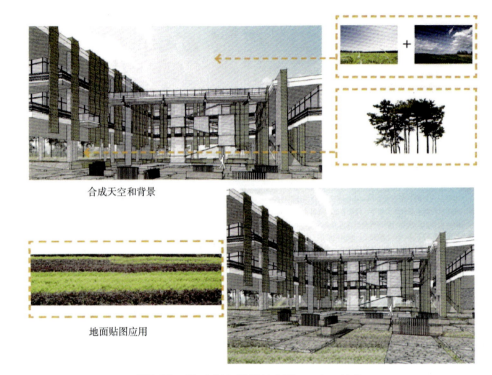

图6-89 SketchUp模型结合Photoshop渲染

体、玻璃等各种质感的真实还原需要结合极强的手绘功底和各种表现技法，而运用计算机渲染软件拥有的庞大材质库模拟出的材质形象、逼真而快速。

提示：数位板，又名绘图板、绘画板、手绘板等，是计算机输入设备的一种。通常是由一块板和一支压感笔组成，就像绘画时用的画板和画笔。

（3）SketchUp模型结合Photoshop渲染

SketchUp简单模型制作配合Photoshop实景素材的合成进行表现（图6-89）。这种计算机表现着眼于画面的氛围而不是极致的细节，表达的效果十分概念化，其特点是高效，可省去大量3D模型的制作时间，有助于推敲方案。

6.4.3.3 方案设计后期——定稿和展示阶段

以上几步完成之后，尽管园林设计所要表达的设计理念和设计内容都已清晰，方案已确定，但要向同行或业主展示，或进行投标时，为了全面而丰富地提高展示的可视性，还需要通过计算机相关软件制作出高品质的效果图等，具体细分为二维、三维的表现和四维、虚拟现实的表现。

（1）二维和三维表现

制作流程包括3个阶段：第一，建模（modeling）；第二，渲染（rendering）；第三，后期图像处理（image processing），每一个环节都是一系列技术的集成和应用。这3个步骤常用的核心软件见表6-4。这些软件相结合能较好地表现出园林各类效果图，包括彩色平面图、立面图、剖面图和透视图或者鸟瞰图，给人们提供二维或三维的视觉体验。

表6-4 常用核心软件

步 骤	建 模	渲 染	后期处理
常用软件	AutoCAD、SketchUp、3ds Max等	SketchUp、3ds Max、Lumion等	Photoshop等

①建模 计算机表现中，建模往往要占到一半以上的工作量，建模的质量直接决定了效果图表现的优劣。

二维建模与传统的绘画平面表现比较相似，主要应用AutoCAD软件绘制出精确的总平面图、竖向设计图、立面图、剖面图和植物种植设计图等，将设计构思以平面的方式表现出来

（图6-90）。

三维建模类似于绘画表现中的透视图线稿，它是制作园林透视图或鸟瞰图的基础，这一过程对渲染、后期处理及最后的效果都有至关重要的影响。

在建模之前，首先要完整理解方案，才能较好地传达设计意图。其次，确定待建模型的繁简程度。结合建模过程中从整体到局部、逐步细化的基本思想，通过三维制作软件SketchUp、3ds Max等完成主要景观的建模，如地形、水体、建筑以及道路等（图6-91）。园林效果图不同于建筑表现图，主要是侧重于室外景观环境整体效果的表现，期间要确定建模需要表现多少细节，细致到何种程度，这常取决于图中视点到被观测点的距离。如果距离较远，可以用贴图来建立细节，在不必要的细节上不用花费太多的精力和时间；如果距离非常近，就要建立许多细节的精确模型，以获得生动逼真的视图效果。

②渲染 对于二维模型可以利用Photoshop软件渲染，赋予对象真实的色彩、质感甚至光影表现，形成高品质的彩色平面图（图6-92）。三维模型的渲染常用SketchUp、3ds Max或Lumion软

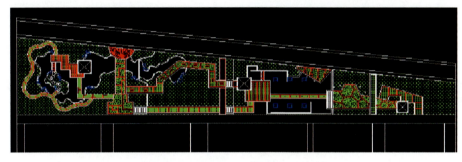

图6-90 AutoCAD二维建模平面图

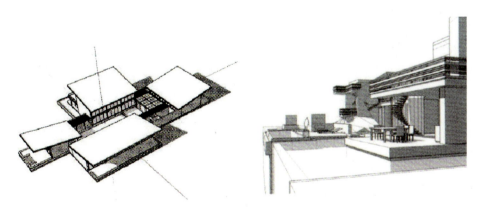

图6-91 SketchUp三维建模效果

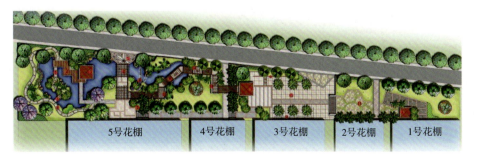

图6-92 Photoshop渲染平面图

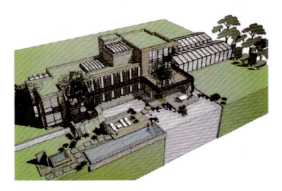 

图6-93　SketchUp渲染三维模型效果

图6-94　SketchUp软件中创建相机呈现不同视点的场景效果

（引自 https://wenku.baidu.com/view/82b9d55f6c85ec3a87c2c5de.html）

图6-95　Photoshop效果图后期处理

（引自：http://www.nipic.com/show/1257685.html，http://down6.zhulong.com/tech/detailprof1033656.htm）

件选择视角，设计光源，为不同构建赋予材质，配上环境因子如烟、雾等，模拟光线在任意水平角、高度角的阴影效果，充分表现园林景观整体和局部的效果（图6-93、图6-94）。只要设计者精心制作，图面可以真实再现材料的质感和光的特性，包括高光、阴影、倒影等。环境周围的植物、人物、天空、汽车等表现要粗略得多，基本上都是在后期处理阶段利用Photoshop等软件完成的。

图6-96　Lumion动画表现效果
（引自：http://www.nipic.com/show/9872536.html）

③后期处理　一般情况下，通过渲染输出的图像并不能满足设计者对三维效果图质量的要求，这就需要做后期处理。后期处理过程类似于绘画表现的最后修改、润色过程，包括环境的构建、色彩的校正和提高效果图的品质（图6-95），主要通过Photoshop这一专业图像处理软件完成。

后期处理中首要的工作就是为效果图中的主体对象添加配景。园林景观效果图中需要添加的配景主要有远景的植物、天空（包括云彩）、背景建筑或山峦、人物等。配景的表达要细致认真，与主体景物同时考虑，不能粗制滥造或喧宾夺主。为了避免合成的场景生硬、呆板，还需要对图像的色彩、明度、对比度等进行必要的修改和处理，还可以增加一些特殊效果，如光照效果、镜头光晕、纹理化、模糊等，使三维效果图具有色调统一、变化细腻、层次丰富和具有艺术感染力的效果。

（2）四维和虚拟现实表现

四维即指时空，给三维空间加上时间轴，在空间中物体有了动态。

在园林设计中，通过计算机表现的平、立面图和透视效果图都属于静态园林景观的表现，为了更加逼真、形象地展示设计内容，选用较为简单、实时的3D可视化软件Lumion可以制作出动画效果（图6-96）。在软件中赋予视点运动路径和摄像机的运动路径，以被视物体为轴心，环绕360°来观看它，或者按指定的路径模拟人在建成后的场所中行进漫游的视觉效果，配上音乐和音效，使观者除了能看到环境的三维效果外，还能获得身临其境的体验。这是绘画表现所不可能实现的，对大型园林规划设计项目尤其适用。

另外，随着计算机技术、网络技术和人工智能等技术的发展，近年来又新兴出现了即时模拟交互式场景技术的应用，即虚拟现实（virtual reality，VR）技术，又称灵境技术。它突破了人、机之间信息交互作用的单纯数字化方式，创造了人、机和谐的信息环境，具有沉浸（immersion）、交互（interaction）和构想（imagination）的"3I"特性。在VR系统里，客户端通过自己控制视点，"真人"视角漫游，直接、多角度、自由地对园林环境进行观察，沉浸于其中，感受空间、尺度、材料、质感甚至声音，形成交互式交流和体验，并能更好地体验园林空间的"起、承、转、合"和园林"意境"的氛围。游人的体验不再是简单的线性片断，而是将其整合为多感知的、生动的、有机的整体，这种表现方式比三维漫游动画更加生动、自由、真实，这对于园林设计的计算机表现具有重大意义，从某种程度上，它是园林表现工具从传统工艺向数字技术发展的又一次革命。

最后，我们还可以运用CorelDRAW平面设计软件或InDesign专业排版软件完成设计方案文本的制作，将设计的全部内容图文并茂的展示出来。如果后期竞标，还需要用PowerPoint或Flash这2种演示讲解软件来向委托方（或评委）演示讲解、汇报方案。

6.5 园林设计模型展示

模型是根据实物、设计图纸或者设想，按照比例、形态或者其他特征制成的同实物（或虚体）相似的物体，用于展览、观赏、绘画、摄影、试验或观测等。园林设计中的模型是按照一定比例微缩的形体，是以立体的形态传达特定的创意，以真实性和整体性向人们展示一个多维的空间，广泛应用于园林景观行业、房地产行业及相关的城建环保等领域。

与园林绘画表现相比，模型展示主要通过色彩、质感、空间、体量等功能元素来传达设计师的思想，使设计师的思想转化成可视、可触及、有真实感的实体，有利于场地空间形象和特征的反映，弥补了二维图纸表现空间的不足，具有直观性强、表现力强、时空性强的特点，对园林设计的辅助作用越来越受到重视。

提示：此处阐述的园林模型是指手工制作的模型，不包括用计算机设计软件制作的虚拟模型。

6.5.1 类型

6.5.1.1 依据模型在方案设计不同阶段的用途划分

（1）方案模型

方案模型又称为工作模型或者构思模型，与概念草图相类似，主要用于设计过程中的分析现状及周边环境、推敲设计构思、探讨多方案的可能性、论证方案可行性等环节。是为设计服务，具有启发性和可触性的特点。设计师通过园林组成要素单体的增减、群体的组合以及拼接，或者改变模型的场地表面等，亲身感受和参与制作，发现设计思路上存在的盲点，激发灵感，反复体会设计的形体、结构、布局、光影等，进一步讨论方案、分析体量、推敲细部、完善和优化设计，更方便地检验设计理念，更快地使设计方案达到理想的状态，相当于完成园林设计的立体草图（图6-97）。

（2）展示模型

展示模型又称为实体模型，用于模拟设计外观和展示成果，是设计最终完成时向客户和社会

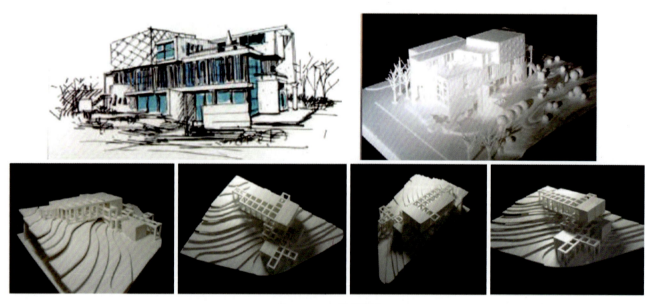

图6-97　方案模型

（引自：https://wenku.baidu.com/view/679eb6936c85ec3a86c2c548.html）

图6-98 展示模型

（引自：http://www.bokee.net/companymodule/imagecom_viewEntry.do?id=1362019）

图6-99 不同材料的模型

（a）纸质类模型；（b）发泡塑料类模型；（c）有机玻璃类模型；（d）金属类模型；（e）木质类模型；（f）综合类模型

（引自：https://wenku.baidu.com/view/82b9d55f6c85ec3a87c2c5de.html）

大众传达和展示设计方案的模型，其真实度和完成度都很高，具有说明性和表现性的特点。它不仅需要在传达设计理念和比例尺度方面完全准确，而且还需要增加一些外在的效果或者声、光、电、雾和多媒体等多种高技术手段，以独特的形式向人们展示一个仿真、立体的空间视觉形象，使方案整体呈现新颖的外观、精巧的工艺和富有较强的艺术感染力，拓展了非专业人员理解设计内容的途径（图6-98）。

6.5.1.2 依据模型的加工材料划分

模型依据加工材料不同可以分为纸质类模型、塑料类模型、有机玻璃类模型、金属类模型、木质类模型和综合类模型等（图6-99）。

6.5.2 工具、材料和加工工艺

6.5.2.1 主要工具

测绘工具 三角板、丁字尺、蛇尺、圆规、模板、曲线板等（图6-100）。

剪裁、切割工具　刀片、手术刀、剪刀、手锯、钢锯、钻孔工具、电脑雕刻机等。

打磨修整工具　砂纸、砂纸机、锉、木工刨、砂轮机等。

辅助工具　扳钳工具、喷涂工具、焊接整形工具等。

黏合剂　双面胶、白乳胶、502胶等。

6.5.2.2　主要材料

园林模型制作可以使用各种材料，运用多种现代技术和加工工艺手段，理性化和艺术化地制作表现出特有的园林要素单体和群体本身的微缩形象，同时也能充分逼真地表现出园林的立体空间效果。

方案模型常用材料有油泥（橡皮泥）、石膏条块、泡沫塑料条块、吹塑纸、硬纸板等，制作比较粗放，便于修改；展示模型常用材料为有机玻璃、塑料板、木板、三夹板、海绵、平绒布、吹塑纸等，制作比较精细，要求能长期保存。

6.5.2.3　主要加工工艺

园林模型加工制作手段力求简便，针对各类园林组成要素采用恰当材料，要求形体、色彩、质感相似，形象准确。例如，地形常常采用木头、硬卡纸或者软木板分层裁贴；水面用彩色有机玻璃，或采用平贴盖叠法表现（平贴湖蓝色即时贴或色纸，再盖叠一层透明胶片的方法）；大小不同的乔木可以用铁丝或铜线扎制，用大（小）孔泡沫塑料成形，上面涂白乳胶，洒满对应颜色的树粉，风干成型；灌木用球状、带状海绵成型；草坪用植绒纸、砂纸，也可以在涂满胶液的表面撒细锯末、砂土，再喷上合适的色彩；建筑可以用泡沫切割而成，具有光滑或者磨砂效果的材料可以用于表现建筑的表面质感；道路制作则可以简便地用黄白两色的即时贴或白吹塑板裁贴而成（图6-101）。

另外，园林模型制作还可以充分利用当前较为普及的计算机辅助建造技术，如激光雕刻、数控机床和3D打印技术等，缩短制作中意义较少的重复性工作，节省时间，大大提高模型制作的精度和美观程度。

提示：计算机辅助建造简称CAM（computer aided manufacturing），在建筑学界常被称作数字化建造（digital fabrication），是指利用计算机技术和三维成型技术进行辅助生产和建造的一系列技术的统称。

（1）激光雕刻

激光雕刻是以数控技术为基础、激光加工为媒介，对板材进行二维轮廓切割和雕刻的技术。激光雕刻机加工精度高，速度快，应用领域广泛，在建筑学和城乡规划学中的运用已经相当成熟，是许多模型公司加工制作模型的主要输出工具。

图6-100　模型主要使用工具

（引自：https://wenku.baidu.com/view/82b9d55f6c85ec3a87c2c5de.html）

图6-101　模型制作各园林要素示意图

（引自：https://wenku.baidu.com/view/caa34e2b168884868662d608.html?re=view）

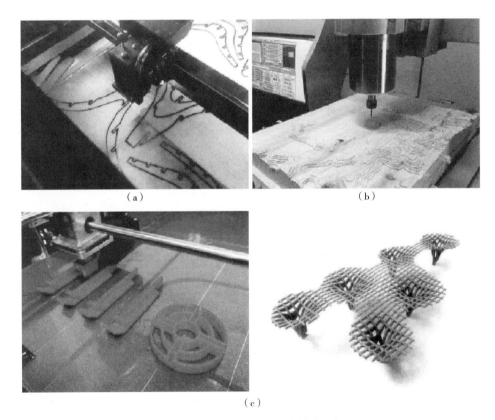

图6-102　计算机辅助建造技术示例

（a）工作中的激光雕刻机；（b）工作中的数控机床；（c）工作中的3D打印机及输出的构筑物模型

激光雕刻机主要适用于平面板材切割和图案雕刻，是一种二维平面输出设备［图6-102（a）］。

（2）数控机床

数控机床是一种装有程序控制系统的自动化机床。该系统能够处理具有控制编码的程序，并将其转化成为工序动作，进行材料加工，是一种三维实体输出设备。以地形建模为例，园林设计中的等高线相对复杂，手工制作很难达到满意的精度和外观，如果使用数控机床对等高线进行切割，可大幅度地缩短模型制作的时间［图6-102（b）］。

（3）3D打印

3D打印是近几年发展最为迅猛的计算机辅助建造技术，它以数字模型为基础，通过逐层打印的方式来构造模型，这种技术几乎可以输出任何形状的三维模型。3D打印机采用了分层加工、堆叠成型的原理来完成三维实体打印，即根据打印的精度，3D打印机将数字模型切割为0.05~0.2mm的层，从最底层开始，根据截面信息，逐层打印，当打印完当前层后，模型相应下移，再打印上一层，以此循环直至打印完成。3D打印能够实现整体打印一次成型，具有激光雕刻及数控机床不能比拟的便捷性［图6-102（c）］。

6.5.3 制作步骤

园林模型制作原本属于工艺制作的范畴，从设计意图到实物模型的转换过程中，涉及园林形态、比例、色彩、材料、空间、结构等造型因素的变化，不同类别的模型有不同的表现方法，制作步骤也不尽相同。这里仅笼统介绍一下过程，有的模型可能不涉及其中某些环节。

①通过构图将模型标题、设计平面图以及要求在模型上展示的内容画出模型制作平面图。与绘制景园平面图一样，要注意留边、图块之间的间距以及在模型板面上布局的虚实关系。

②根据加工情况，按比例尺做底板。底板上可以再加复合层，以适用不同需求。根据制作的平面图，在底板上标明各主要部件的位置（在制作中要进行多次标注）。

③根据底板标注位置塑造地形的竖向关系，主要包括山体、坡地、台阶；制作水体、草地、铺地、道路；把单独制作的建筑单体和小品按先地面后地上、先大后小、先主后宾的次序黏合上去，再加植物和人物、汽车等配景。

④落实标题、指北针、比例尺、说明文字等。

思考题

1. 园林设计绘画表现技法与风景绘画技法有何不同？

2. 园林设计传达方式主要有哪些？它们各自有怎样的特点？

3. 计算机辅助制图和传统手工制图有何异同点？能否取而代之？

第 7 章 园林设计入门

学习目标

◆ 了解园林设计过程，初步体验园林设计。
◆ 了解园林设计图纸编制内容及要求。

通过前面几章的学习，学生已具备一定的专业素养和创造性思维能力。该章内容立足于低年级学生的专业知识水平，通过了解园林设计过程及掌握园林设计图纸的编制深度，让学生对园林设计有一个完整的认识，具备一定的与高年级同学进行专业交流的能力，有利于激发学生对后续专业课程的学习兴趣和认识，扩大课外阅读面，提高自主学习能力，力求为专业课的学习构筑基石。

7.1 认识园林设计

园林设计是设计者将设计概念结合场地情况，运用其对场地的理解形成设计思维，最终经过修改、综合、协调，完成整个设计的过程。这期间图纸表达是设计者重要的工作和必经过程。在设计的各个阶段，图纸以不同的形式表达设计的内容和过程。在整个设计过程中要经历现状图、现状分析图、泡泡图、各种草图、总图、分区详图、施工图等阶段。

7.2 园林设计过程

任何园林设计都要经过由浅入深、从粗到细、不断完善的过程。对于一个园林项目来说，设计者应先进行基地调查，熟悉物质环境、社会文化环境和视觉环境，然后对所有与设计相关的内容进行概括和分析，最后，拿出合理的方案，完成设计。这种先调查再分析，最后综合的设计过程归纳起来大致分为6个阶段：接受任务书→调查和分析→概念设计→方案设计→施工图→设计实施和管理。

在设计过程的各个阶段，为了表达基地调查现状、分析现状优劣、概念构思、方案设计分析等方面，除了应用前面学过的一些绘图知识外，常常要借助一些符号来辅助完成，在进入设计各个阶段的学习之前，我们先对相关符号进行了解。

提示：辅助符号的画法没有固定的模式，在方案设计中可根据需要灵活应用。

（1）区域性符号

这类符号以面状来说明不同功能的区域性空间，较常见的画法是以曲线画出不规则的封闭区域（斑块或圆圈），这些区域可以代表不同性质的空间范围（图7-1）。区域性符号经常与线状符号及箭头合并使用，用以说明两个空间的互动关系（图7-2）。区域性符号的线条部分可用马克笔或粗签字笔绘制，而面状部分宜采用水彩或马克笔

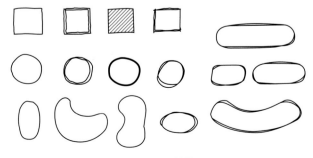

图7-1 区域性符号

上色。

（2）线状符号及方向符号

用来说明线性空间、空间上的动线。通常会用不同粗细的签字笔或不同颜色的马克笔来画线条，表示其主次层级，如主动线、次动线；或者不同类别的动线，如步行线、机动车行线或自行车行线等。在这些线条的端点加上箭头，则可用来标示这些动线的方向。另外，准备一支同色或深色的细笔，将画好的线条轮廓描绘1次，可修饰掉线条外边缘不平整的部分。若以马克笔画断线的方式表现动线，线段的间距最好不要太大，断线若有曲度，则每个线段的断开部分都应垂直于曲线本身。若这类线状符号有分叉，分叉点应避开线条断开处（图7-3）。

（3）节点符号

图中重要地标物的位置、重要活动中心、人流集散点、重要出入口、潜在的冲突点以及其他有重要意义的场所，可以用星形或交叉的形状符号标示在图上（图7-4）。

（4）带状符号

通常用于说明基地内外或周围较大范围内的特殊环境因子，如带状屏障物、噪音等。在图上常以锐利的锯齿状符号来表现干扰性较强的负面环境因子，如噪音等[图7-5（a）]，而以较柔性的带状符号来表示正面性的环境因子，如墙、屏、栅栏、围栏等[图7-5（b）]。

另外，在绘制各种符号时还应考虑大小和位置两个因素。

①大小　设计师需要对各空间和元素的大概尺寸有较为深刻的了解，用相对比例的方式，将符号画出来。任何不符合实际的功能分区对后续的工作都是无意义的。例如，要设计一个能容纳50辆车的停车场（图7-6），就需要迅速估算出它所占的面积，然后可用易于识别的一个或两个泡

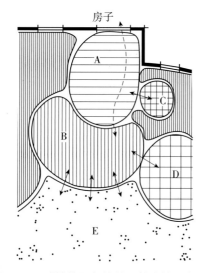

图7-2　区域性符号与线状及箭头的配合使用

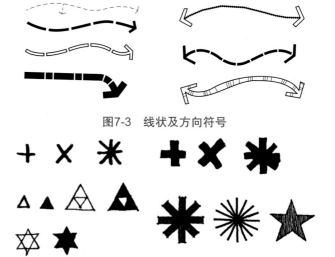

图7-3　线状及方向符号

图7-4　节点符号

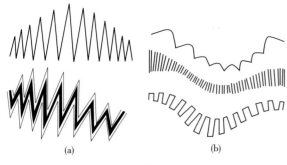

图7-5　带状符号

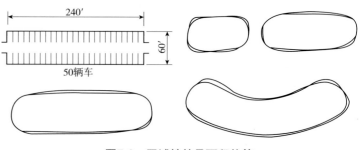

图7-6　区域性符号面积估算

泡表示不同的空间。

②位置 以功能关系、可以获得的空间和现有基地条件为依据，必须协同工作的功能区或相互依赖较强的功能区应该相邻设置，而不相兼容的功能区应分开设置。

7.2.1 接受任务书阶段

一般情况下，建设项目的业主（即"甲方"）通过直接委托或招标的方式来确定设计单位（即"乙方"）。乙方在接受委托或中标之后，必须仔细研究甲方制订的设计任务书，并与甲方人员尤其是甲方的项目主要负责人多交流、多沟通，以争取尽可能多地了解甲方的需求和意图。沟通中，设计师除了口头表述外，还需要绘制一些草图来表达设计思想，客户通过它也能够了解设计师的专业水平。就这点来说，好的表达能力和表现图有助于甲方对设计成果的采纳。

设计任务书主要包括以下内容：

①项目的性质、作用、任务、服务半径、使用要求；

②项目用地的范围、面积、位置、游人容量；

③项目用地内拟建的大型设施项目的内容；

④设计要求，如地貌处理、种植设计等景观愿景；

⑤项目建设近、远期进度安排，实施程序及投资计划。

7.2.2 调查和分析阶段

掌握了任务书和相关要求后，在进入方案构思前，设计师应该收集场地信息，需要对设计的各项要求、场地特征、环境条件、相关资料等进行充分调查，对这些资料进行解释说明，并对其做出评价，这个过程就是调查与分析，也称为客户需求评估。调查，即对场地上的现有物体进行登记，这个步骤类似于杂货店主对其库存的商品进行登记，进行调查的目的只是收集和记录场地信息。分析是在调查的基础上进行的，设计师通过评估调查清单来决定要在场地上进行哪些改动或者采取何种措施，分析可以暴露现存问题以及潜在影响。对调查进行评估，旨在找出存在问题需要完善的方面，以及能够为设计所用的潜力。

7.2.2.1 基地现状调查

基地现状调查包括收集与基地有关的技术资料和进行实地踏勘、测量2部分工作。有关技术资料可由甲方提供，或从相关部门查询得到，对查询不到但又是设计所必需的资料，可通过实地调查、勘测得到。若现有资料精度不够、不完整或与现状有出入，则应重新勘测或补测。基地现状调查的具体内容有：项目所在地区的相关资料，如自然资源（地形地貌、水系、气象、植物种类及生态群落组成等）、社会经济条件（人口、经济、政治、金融、交通等）、人文资源（历史沿革、地方文化、历史名胜、地方建筑等）；项目用地周边的环境资料，如周围的用地性质、城市景观、建筑形式、建筑体量色彩、周围交通联系、周围居民类型与社会结构等；项目用地内的环境资料，如自然资源（地形地貌、土壤、水位、植被分布、日照条件等）、人工条件（现有建筑、道路交通、市政设施等）、人文资源（文物古迹、历史典故等）；上位规划设计资料，如项目所在区域的上一级规划、城市绿地系统规划等；相关的法规和规范资料，如《中华人民共和国城乡规划法》《城市绿地设计规范》等；同类案例资料。

现状调查并不需要将所有内容一个不漏地调查清楚，应根据基地的规模、内外环境和使用目的分清主次，主要的应深入详尽地调查，次要的可简要地了解。基地调查的记录可以通过观测草图、基地底图，并配以相关符号综合表达。

（1）观测草图

记录场地信息，能真实反映人们所看到的景观，并不断地对场地进行感知和理解，这是一个熟悉场地并对场地加以感受和识别的过程。观测草图记录下了一系列的时间片段，是设计师对场地认知记忆的记录（图7-7）。

（2）基地底图

标有地形的现状图是基地调查、分析不可缺

图7-7 劳伦斯·海尔普林研究水运动时的观测草图

少的基本资料,通常称为基地底图。应在基地底图上标出比例和朝向、各级道路网、现有主要建筑物及人工设施、等高线、大面积的林地和水域、基地用地范围等。基地底图不仅要表示基地范围之内的内容,还要表示出一定范围的周围环境(图7-8)。

7.2.2.2 基地资料分析

在基地调查和分析时,应尽量将所有资料通过文字、照片、观测草图、基地底图等形式分析记录,为下一步设计理念和方案构思提供丰富而翔实的论据。可以将调查和分析内容分开制图,也可以根据实际情况综合制图,但在实际表现时应概括粗略、简明扼要。因为我们的最主要目标是优先把握相关信息,而不是表现其实际形态,所表现出的内容会在随后的设计中有所体现。这样资料才直观、具体、醒目,给设计带来方便。

调查是手段,分析才是目的。基地分析是在客观调查和评价的基础上,对基地及其环境的各种因素做出综合性的分析与评价,使基地的潜力得到充分发挥。基地分析在整个设计过程中占有很重要的地位,深入细致地进行基地分析有助于用地的规划和各项内容的详细设计,而且在分析过程中产生的一些设想也很有利用价值。

在基地调查分析图中,我们主要绘制区位图和现状分析图,并能过相应的文字说明来反映对基地调查的分析结果(图7-8)。

(1)区位分析图

区位分析图是反映设计目标区所在地理位置和周边交通状况的标示图,简单地说,就是在各种区域图(国家地图、省份地图、城市地图等)上标出项目所在位置,逐一了解项目所在城市的具体位置及周边情况(图7-9)。

(2)现状分析图

从园林设计的角度,对即将展开设计的项目地块的交通、植被、地形、排水、风向、建筑环境、周围用地规划状况等现状做出分析的图纸,即在地形资料及现场勘察等基础上绘制的现状分析图(图7-10至图7-19)。

对于较大规模的基地而言,需要进行分项调查,对基地的分析也分项进行,最后再综合。首先将调查结果分别绘制在基地底图上,一张底图上只做一个单项内容,然后将诸项内容叠加到一张基地综合分析图上(图7-20)。出于各分项的调查或分析是分别进行的,因此可做得较细致、较深入,但在综合分析图中应该着重表示各项的主要内容和关键内容(图7-21、图7-22)。基地综合分析图的图纸宜用描图纸,各分项内容可用不同的颜色加以区别。

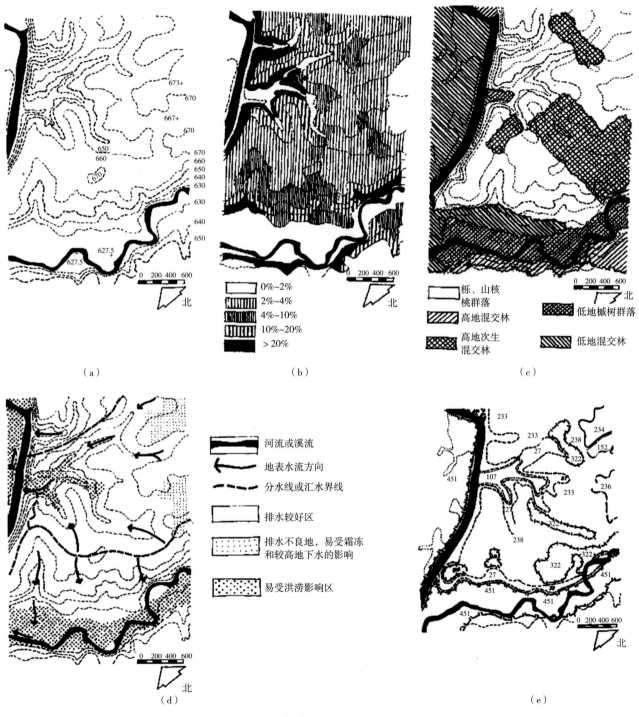

图7-8 基地底图现状分项记录

（a）地形基地底图；（b）坡级分布图；（c）植被分布图；（d）排水类型图；（e）地壤类型图

区位背景

区域位置：海南省儋州市那大区

项目面积：14.68hm²

项目性质：市级综合性公园

儋州位于海南省的西北部，濒临北部湾。2009年年底，全市人口为105万。儋州市是海南省土地面积最大、人口最多的县级市，也是海南西部的经济、交通、通信和文化中心。

海南省建设国际旅游岛及西部扩张的战略，儋州市将成为重点城市，海南洋浦经济开发区和中国热带农业科学院、海南大学儋州校区(原华南热带农业大学)均在其境内。

山清水秀，有丰富的自然资源和旅游资源。著名的旅游景点有东坡书院、热带植物园、蓝洋温泉、光村银滩，松涛水库还有一批待开发的旅游资源。

那大城北新区是儋州市"三区三基地一城一中心"发展战略的重要一区，距离海口128km，西线高速90min车程，西线轻轨开通后预计从海口至儋州仅需30min，独特的区位、便捷的交通成就了儋州市优越的人居环境及商业投资机会。

儋州市尚无一个完整的市级综合性公园，是在海南国际旅游岛建设大背景下的重大缺失。建设儋州市市级综合性公园迫在眉睫。

图7-9　基地区位分析图

图7-10　地形坡级分析

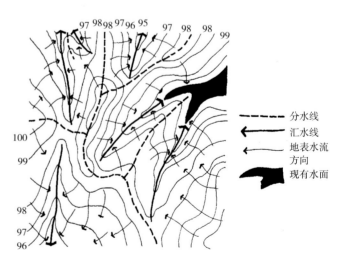

图7-11　排水类型分析

南茶公园位于儋州市主城区，距离市政府约3km，西面及北面规划为居住用地，东面比邻养老院及丹阳学校。

南茶公园南至规划环市路，西至规划红旗路，北至万福西路，交通便捷。

公园南北长540m，东西长160～400m，占地面积14.68hm²。

场地东西高差约10m

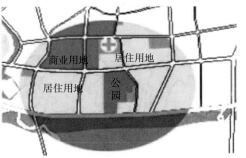
周边用地性质分析图

周边交通分析图

现状平面图

图7-12 场地周边现状分析

现状地形：场地地形整体呈东高西低缓坡走势，高差约10m，且场地高程低于周边道路，为设计带来一定的挑战

现状水体：场地北侧及南侧原有几处水塘，有单独的水域及部分低洼地，整个场地水系未能形成有效贯通

现状植被：场地现状植被单一，大部分以荒地为主，有几块区域用作苗圃，有少量的大树可以利用。但整体植被品种单一，梢蔓荒芜，难以形成植被群落

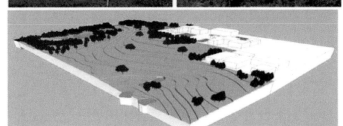

图7-13 场地内部现状分析

水资源分析及利用

湿地的营造

项目用地内基本没有成型的良好自然景观可以利用，同时基于海南雨量充沛的气候特征，建议利用并整合场地现有的零散水塘资源，设计营造生态湿地和湖两种水景观形式。

生态湿地的营造可以保证公园持续具备怡人的小气候，丰富园内生态系统构成，湿地自身弹性的蓄水功能可以调节场地内的水资源利用，提供植被灌溉等用水，旱季可以补充景观湖水，雨季可以存蓄多余的水量，且具有自身净化的功能。

湿地的营造将使公园成为一个具有勃勃生机的可持续的生态项目。

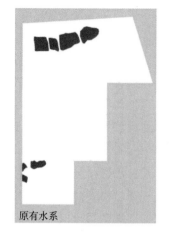
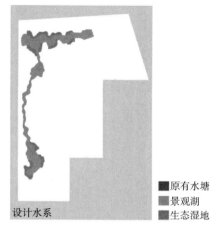

图7-14　场地水资源分析及利用

图7-15　项目周边环境交通分析

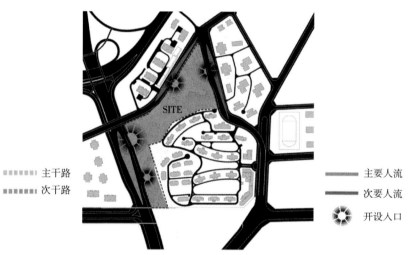

图7-16　项目周边环境人流分析

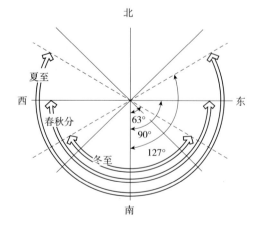
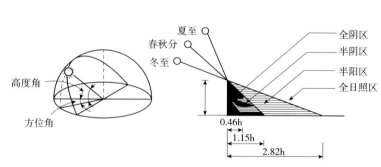

图7-17　场地日照分析

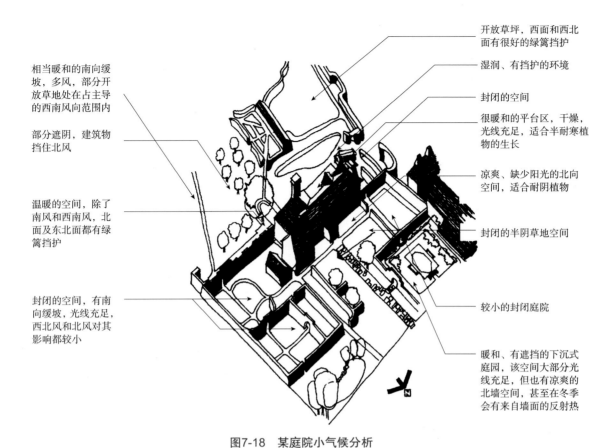

图7-18 某庭院小气候分析

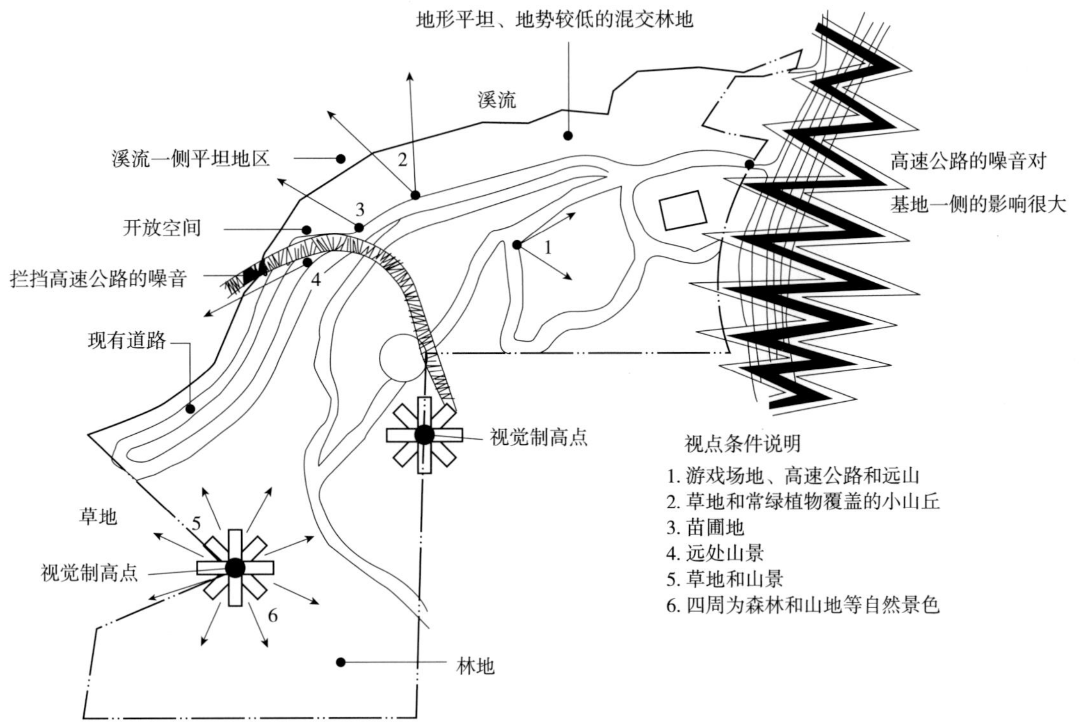

图7-19 基地现状综合分析

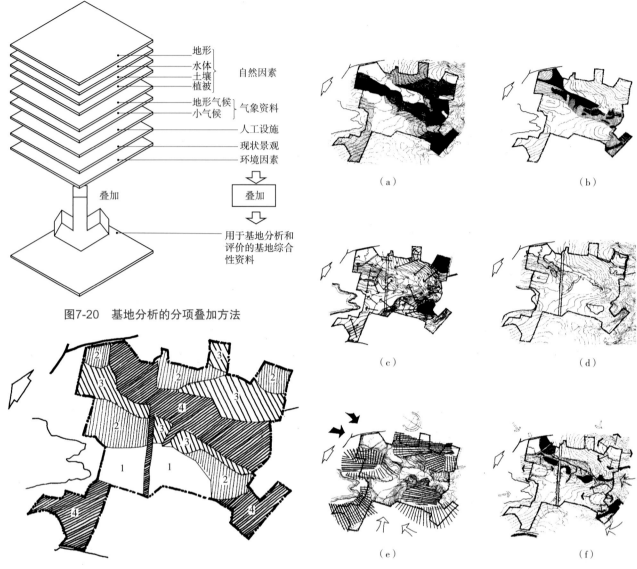

图7-20 基地分析的分项叠加方法

图7-22 基地分项叠加汇总分析
1.最好；2.较好；3.尚可；4.较差

图7-21 基地现状分项分析
（a）坡级图；（b）土壤；（c）地形排水；（d）植被；（e）气候；（f）视觉条件

7.2.3 概念设计阶段

以上述分析内容为基础，依据设计项目所规定的设计方向，确定具体设计方案基本概念的过程，即概念设计阶段。这一阶段应不拘泥于细部事项，而是着眼于可左右全局设计的各种要素，提出各种可行性的构想。在经过比较、讨论后绘制出大致的表现图或者比较性图表，通过这种方式来展示设计者大致的设计理念和想法。随后，设计者针对获得的各项内容中具有相对重要作用的因素加以商讨，将其作为设计基本构想的基础资料。

7.2.3.1 确立设计理念

（1）设计理念的含义

理念即理性的概念或观念，它可以是一种主张，如尊重历史文化遗产主张；可以是一种愿望，如成为城市地标的愿望；还可以是一种追求和一个梦想，如追求阳光、开放、机器美等；也可以

图7-23　流水别墅诠释赖特的有机建筑理念

图7-24　纽约中央公园

是一种理论,如有机建筑的理论,等等。概括而论,设计理念就是立足于具体设计对象的类型特点、环境条件及其现实的经济技术因素,预先定位一个足以承载和实现的理想和信念,作为方案设计的指导原则和境界追求。

优秀的设计作品都有其明确的设计理念。如美国著名建筑设计师赖特的作品流水别墅,它所追求的不是一般意义上的视觉美观和居住舒适,而是把建筑融入自然,与大自然进行全方位对话作为别墅设计的最高境界追求。流水别墅是赖特"地理人文主义"(后来被称为"有机建筑理论")的一次倾情演绎。别墅被认为应该是有生命的、有主题的,可以亲山、可以亲水、可以亲沙漠、可以亲原野……最重要的是,无论何种环境,家人可以共同去感受。别墅生活被认为是家庭观、人生观、价值观的延续,是人类最终生活理想的反映,这种设计理念被德裔富商考夫曼的"流水别墅"推向了极致(图7-23)。

又如纽约中央公园(图7-24),因其地处曼哈顿闹市中心,这一地理位置的特殊性,使设计师们意识到必须合理地处理好公园与城市之间的交通关系以及规划好园内的道路(图7-25)。美国19世纪下半叶最著名的规划师和风景园林师奥姆斯特德与其合伙人沃克斯的设计,颇受美国近现代风景园林设计大师唐宁那种不拘形式、富于画趣的设计风格的影响。"绿草坪"方案充分体现了这点,实际上是把荒漠、平淡的地势进行人工改造,模拟自然,体现出一种线条流畅、和谐、随意的自然景观。他们的设计思想中非常明确的一点即设计是艺术创造,要使人们在感观上得到美的享受。如水面处理,特别注意了让它能反映风卷云行的大自然动态;在处理地形时,巧妙地保留了相当一部分裸露岩石,使它们非常得体地成为自然园景的一个重要组成部分。综合其设计,美国中央公园的设计理念主要通过以下3个方面得以体现:

①自然式理念　奥姆斯特德及其追随者提炼升华了英国早期自然主义景观理论家的分析以及他们对风景的"田园式""如画般"品质的强调。设计师充分利用了原有地形,多岩石处铺上一层薄薄的泥土,让青苔在上面任意生长,在密林中则辟出几条蜿蜒曲折的小径,沼泽地上的片片水塘深挖以后,便成了微波的小湖,平坦的地面铺植大片草皮,牧羊人可以赶着一群群山羊在这里放牧,给整个公园带来了牧野般的乡村气息(图7-26)。中央公园以优美的自然面貌、清新的

图7-25 纽约中央公园各种交通穿插

图7-26 纽约中央公园牧歌般田园气息

空气成为纽约这个几百万人聚集地空气循环的大氧气库。

②景观公共性与平等　奥姆斯特德倡导城市景观并非是少数人所赏玩的奢侈品，而是公共和开放的，是普通公众身心再生的空间。现代园林的社会化使得现代园林设计学有了实实在在的生活根基，有了持续不断的生机与活力，中央公园成了民主与理想的象征。公园的目的是为大众创造一个宁静、休闲的场所，不同阶层、不同背景的人都可以在那里放松、交往，并培育一种社区感和互助合作的精神（图7-27）。因此，它既反映了大众的价值观，同时又起到了教育、升华社会道德的作用，从而推进文明进程。

③景观系统　奥姆斯特德提出景观包括城市公园和绿地系统、城乡景观道路系统、居住区、校园、地产开发和国家公园规划设计管理的广阔领域。中央公园的建立更加促进了城市经济、建设与交通的发展，追求公园与城市平衡发展，让城市面貌更加繁荣。

（2）理念确立的原则

判断一个设计理念的优劣，不仅要看它所体现的境界高度，还应该判别它所对应的具体园林类型、环境条件的恰当性、适宜性和可行性，这是确立设计理念的基本原则。例如，期望一个区域性公园成为一个城市某区域的公共活动场所，并兼具该区域标志性特征，是适宜的也是可行的。但是，如果将这样的理念作为一个居住区小游园的设计理念肯定是不恰当的，也是不可行的，因为居住区游园不足以承载起这样的理想和追求。

现实存在着基本的和高级的两个层次的设计理念。前者以指导设计、满足功能、适应环境为目的，后者则是在此基础上通过对设计对象深层意义的理解与把握，谋求把设计推向一个更高的境界。对于初学者而言，设计理念不宜确立得太高、太空泛而难以实现，应该从如何适应并体现类型特点、环境特点来把握和定位更为恰当。

如广东省中山市岐江公园是在粤中造船厂旧址上改建而成的主题公园，原场地是中山市著名

图7-27　纽约中央公园亲民的社区感

图7-28　广州岐江公园

的粤中造船厂，作为中山市社会主义工业化发展的象征，它始于20世纪50年代初，终于90年代后期，几十年间，历经了新中国工业化进程艰辛而富有意义的历史沧桑。在特定的历史背景下，几代人艰苦的创业历程在这里沉淀为真实而弥足珍贵的城市记忆。为此，设计师引入了一些西方环境主义、生态恢复及城市更新的设计理念，保留了那些刻写着真诚和壮美，但是早已被岁月侵蚀得面目全非的旧厂房和机器设备，并且用自己的崇敬和珍惜将他们重新幻化成赋予生命的音符。设计师将船坞、骨骼水塔、铁轨、机器、龙门吊等原场地上的标志性物体串联起来，记录了船厂曾经的辉煌和火红的记忆，诠释了一片有故事的场地（图7-28）。岐江公园是对城市工业旧址加以景观化处理达到更新利用的一个成功典范，留下了很多成功的经验值得借鉴。

7.2.3.2　设计概念草图

设计意图是设计的先导因素，表达意图是整体设计进程的重要环节，这就要求设计师具备一种最简捷的表达手段——设计概念草图。设计概念草图是将专业知识与视觉图形做交织性的表达，为深刻了解项目中的实质问题提供分析、思考、讨论、沟通的画面，并具有极为简明的视觉图形和文字说明。它对设计师起着辅助思考的作用，又是与客户交流意图的较为直观的方式。

概念草图实质上是十分基础而粗略的，通常会采用一些简化的图形及抽象的符号加上文字说明、数据或者列表的形式，表达空间、功能、流线之间的联系（图7-29）。它以功能为基础对平面进行概念性的布局设计，能帮助设计者快速记录构思，解决平面内容的大小、位置、属性、关系和序列等问题。草图即"设计的构思过程"。它用各种形状的泡泡在平面图上确定分区，有时也称为泡泡图或功能分析图，能够组织场地平面，从而为设计构建框架。为了实现设计的功能化，方案构思强调了分析的重要性，可以用各种形状的泡泡来划分活动区，并将在以后的设计过程中将其逐渐细化。这些泡泡将填充平面图上的所有空间，而不应该有空白区域（图7-30）。用来组织场地平面的泡泡大小、位置取决于各个区域的功能，以及变通性和可见性。为了得出富于创造性且功能合理的解决办法，许多方案构思都会强调分析

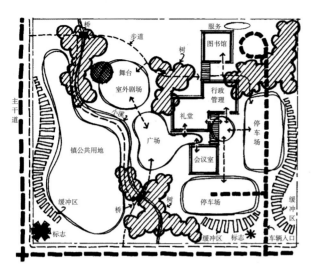
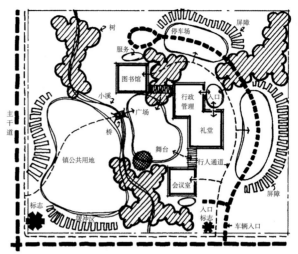

图7-29 设计概念草图

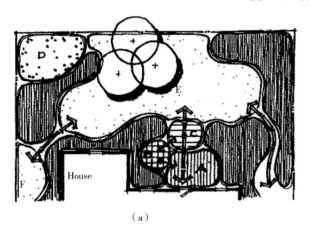
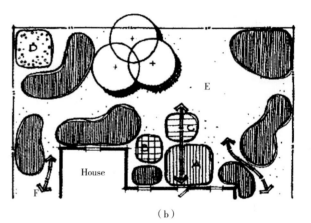

（a） （b）

图7-30 泡泡应填满平面空间

（a）正确；（b）错误

的内容，这样就会很快形成新的、不同的想法。方案构思应注重整体性，不能拘泥于植物或硬质景观的细节，而且要随意，不要怕犯错误，这样才能不断提出新的设计思路。一个设计师，必须能够在不同设计阶段的思考过程中，通过许多草图的绘制，使设计构思逐渐成熟。因此，在学习设计的过程中，最重要的是学习如何将自己的设计构思很快地、很自由地以各种草图的形式表达出来。

7.2.4 方案设计阶段

方案设计阶段是在概念设计确定的基础上，进行深化设计的重要阶段，是用系统的方法，更为具体、详实地表达设计思想的过程。方案设计综合了概念设计阶段的功能分析图，将泡泡细化为方案设计图上明确的线条和图例。

方案设计阶段一般包括总图设计阶段和分区详图设计阶段。由于这一阶段的目的是向客户汇报设计方案，并由客户报有关政府规划部门审批，从而开展下一阶段的施工任务，所以它们都是按照制图的规范及基本要求，使用一定的线、符号以及文字等综合表现出来的一种视觉语言。作为一种展示作品，其图示方法、线、文字等应该保持前后一致，避免标注的遗漏，同时要求内容简明、表现准确，具有观赏的美感，并保持图面整体的整洁性。

7.2.4.1 总图设计

园林设计的总图包括总平面图、功能分区图、竖向设计图、景观结构分析图、交通分析图、园林植物分区图等。

提示：在总图中，总平面图最重要。简单地说，后面各种分析图的表达都是在总平面图的基础上所做的专项分析。

（1）总平面图

①总平面图的含义　园林设计总平面图是设计范围内所有造园要素的水平投影图，表示整个园林设计的布局和结构，即道路、场地、建筑、水体、绿化之间的空间位置、组合关系以及园林与周边环境的关系。

②总平面图的表达内容（图7-31）　总平面图能最全面地表现设计范围内的所有内容，包括园林建筑及小品、植物、地形、水体、铺装等造园要素。此外，在总平面图中还要有相关的文字说明、图例、图用符号、设计指标等与其相配套。

用地周边环境　在总平面图中标注出设计地段的位置、所处环境、周边用地情况、交通道路情况以及景观条件等。

用地红线　用红色粗双点划线标明设计用地的范围，即规划红线范围。

各种造园要素　以第3章所学知识为基础，将方案设计中的各要素绘制完整。

标题　标题除了起到标示、说明设计项目以及设计图纸名称的作用之外，还具有一定的装饰性，以增强图面的观赏效果。标题通常采用美术字，注意与图纸总体风格相协调（结合第5章字体设计部分）。

主要景点说明　在总平面图中用序号标注出各景点的位置，以序号加文字说明各景点的名称。

图例　图例是集中于图纸一角或一侧的各种图形所代表内容的说明，有助于更好地识图。它具有双重作用，在编图时作为表示图纸内容的准绳，用图时作为必不可少的阅读指南。

图7-31　总平面图

图7-32 功能分区图

其他 绘制比例尺、指北针或风玫瑰图,注写标题栏等。

（2）功能分区图

①功能分区图的含义 设计方案是否实用,能否满足人们的日常需要,这相当重要。功能分区即按不同功能和性质将项目划分为不同的片区,并对各种功能片区进行标注和说明,对各功能部分的特性和其他部分的关系进行深入、细致、合理、有效的分析。一般来说,一个园林设计项目中通常包含观赏区、游览区、休息区、体育活动区、儿童游乐区、休闲广场区、便民服务区、园务管理区等。根据项目的定位不同,功能分区也不尽相同。

②功能分区图的表达内容（图7-32）
- 复制总平面图作为底图。
- 在底图的基础上用各种方式将各功能区进行圈画。
- 绘制比例尺、指北针、图例,注写标题栏等。

（3）竖向设计图

①竖向设计图的含义 竖向设计图又称地形设计图,即对项目平面进行确定高程的设计,形成竖向空间。如道路的上下起伏、小区内地面的高低错落,就属于竖向设计。建设用地的原有地形往往不能满足设计的要求,在场地设计过程中必须进行场地的竖向设计,将场地地形进行相应调整,充分利用和合理改造自然地形,合理选择设计标高。其主要目的是设计场地的空间形态以及场地的排水方式,并为土方工程和土方调配、预算、地形改造的施工提供依据,使之满足建设项目的使用功能要求。竖向设计的表示方法主要有设计标高法、设计等高线法和局部剖面法3种。一般

来说，设计标高法和设计等高线法主要适用于总图中，局部剖面法主要适用于局部详图中。

②竖向设计图的绘制内容（图7-33）

等高线　根据地形设计，选定等高距，用细实线绘出设计地形等高线，用细虚线绘出原地形等高线（详见3.2.3.2 地形表示方法）。

标注　在绘制完等高线的基础上，还需要对一些关键位置进行相关标注才能全面反映竖向设计。建筑须标注室内地坪标高，山石用标高符号标注最高部位的标高，道路的高程标注在交汇、转向以及变坡处，标注位置以圆点表示，圆点上方标注高程数字。

排水方向　根据坡向，用单箭头标注雨水排放方向。

其他　绘制比例尺、指北针、图例，注写标题栏等。

（4）景观结构分析图

①景观结构分析图的含义　景观结构分析图通过景观面、轴线、节点、视线等，表现设计者对设计立意、主要设计构思以及景观效果的整体研究。对于大尺度的城乡、乡村、郊野景观，还应对环境的生态适宜性进行科学的分析，需要绘制考虑多生态因子的生态适宜性分析图。

②景观结构分析图的表达内容（图7-34、图7-35）

· 复制总平面图作为底图。

· 在底图的基础上，用各种方式将景观面、景观轴线、景观节点、景观视线等进行绘制。

· 绘制比例尺、指北针、图例，注写标题栏等。

（5）交通分析图

①交通分析图的含义　交通分析图是对方案中道路系统的布局、设计等进行说明的图纸。在对项目方案进行功能定位和分区设计的同时，还要进行交通流线的规划和组织。由于各种场地性质不同，其交通流线规划组织的侧重点也不同，场地中的主干道、次干道、人行步道、集散空间等，都需要根据功能要求进行科学合理的规划。

图7-33　竖向设计图

第7章 园林设计入门

图7-34　景观分区图

图例：
- 欧式风情
- 巴厘岛风情
- 日本风情
- 棕榈园
- 奇趣园
- 热带雨林
- 百花园
- 原始植被林
- 杜鹃园
- 濒水景观区
- 观果园

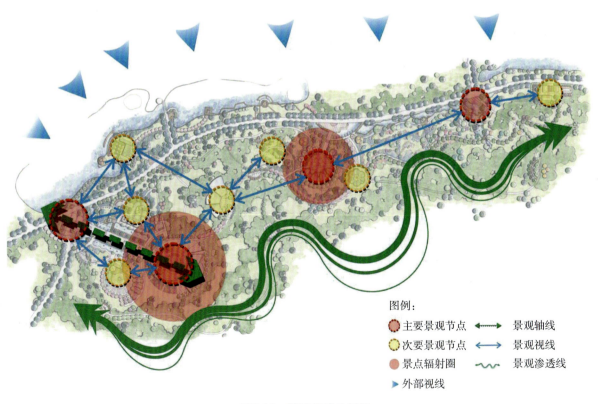

图例：
- 主要景观节点
- 次要景观节点
- 景点辐射圈
- 外部视线
- 景观轴线
- 景观视线
- 景观渗透线

图7-35　景观视线分析图

交通分析

将交通划分为外部交通和园区内部道路,使公园与外部交通在有效连通的同时也有隔离。

公园游览及人流路线组织,既考虑形式构图、赏景需要,又方便使用,体现道路"莫便于捷""莫妙于迂"的原则。内部园路分3级:游览主干道、游览次干道、游览步行道。园路采用无障碍设计

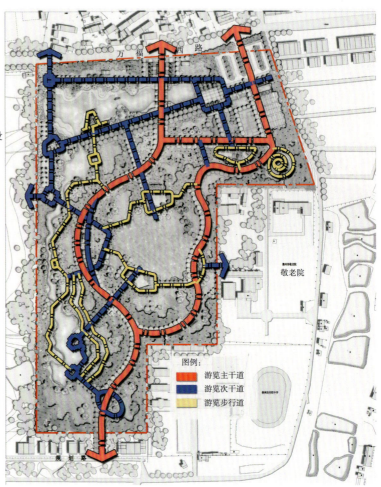

图7-36 交通分析图

为了清晰表达项目场地的交通组织情况,说明交通流线设计安排的合理性,需要对交通流线进行专项分析。

② 交通分析图的表达内容(图7-36)

• 复制总平面图,为了衬托园路,往往将总平面图处理成灰色调。

• 在底图的基础上用各种方式绘制各种交通流线,将不同类型园路突显出来。

• 绘制比例尺、指北针、图例,注写标题栏等。

7.2.4.2 分区详图设计

对于园林设计而言,设计总图远远不足以表达设计构思的完整性。总图是对整个设计区域的表达,故而比例尺比较小,只表达了设计方案的框架和大的空间区域关系。而对于每个空间区域的具体设计,如园林建筑的方案、广场铺装设计、植物种植设计等,都需要用相对大的比例尺,进一步完善表达,即分区详细设计。对于重要的园林景观空间节点,诸如入口广场、水景区、儿童游乐区等,应该有更加详细、深入的设计图,包括确定的形状、尺寸、色彩、材料以及各局部详细的平、立、剖面图等(图7-37至图7-44)。

7.2.5 施工图阶段

施工图阶段是将设计与施工连接起来的环节。根据所设计的方案,结合各工种的要求分别绘制出能具体、准确地指导施工的各种图面,这些图面应能清楚、准确地表示出各项设计内容的尺寸、位

第7章 园林设计入门

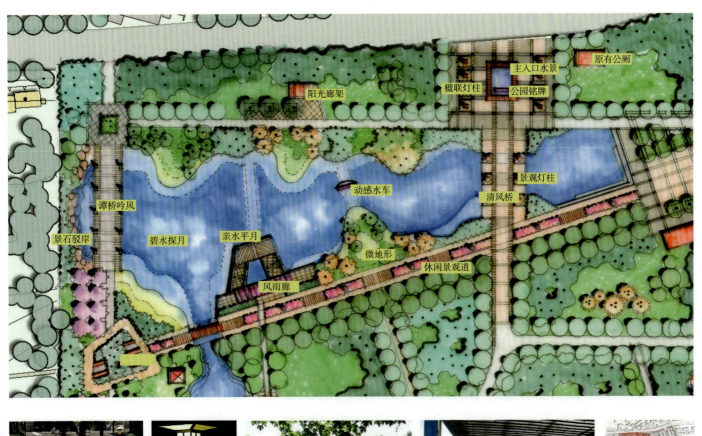

入口广场铺装

楹联灯柱

湖景

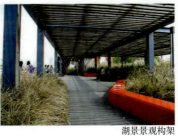
湖景景观构架

图7-37　入口广场及湖景区平面图

图7-38　湖景区鸟瞰图

图7-39　入口广场效果图

— 221 —

图7-40 湖景区鸟瞰图

图7-41 明镜芳渚区平面图

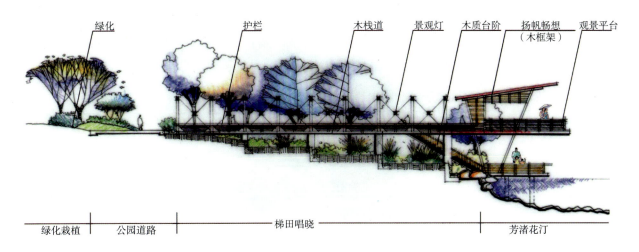

变化的竖向、台地的栽植在这里展现得淋漓尽致。设计巧妙利用场地高差,将构筑物设计成多层次、立体的景观,上层空间与山林拥翠区衔接,下层与水面及栈道沟通,上可登高望月,下可踏幽寻梦。构筑物的设计上也极具现代感和艺术性,似船要扬帆起航,登高远眺,给人无限畅想的空间,催人奋进

图7-42 明镜芳渚区扬帆远航节点剖面图

图7-43 明镜芳渚区局部效果图

图7-44 明镜芳渚区鸟瞰图

置、形状、材料、种类、数量、色彩以及构造和结构。一套标准的园林景观施工图包括目录、设计说明、施工总图、施工详图和专业图纸5个部分。

（1）园林景观施工图目录

主要起检索作用,读图者可以通过目录查找到所需图纸的页码,使施工过程更加便捷；读图者也可通过目录检查图纸是否完整。

（2）施工图设计说明

设计说明包括施工图的绘制依据、规范、适用范围、可能涉及的标准图集、标注方式等,对整套图纸起指导作用。

（3）施工总图

施工总图为一套平面图,包括总平面规划图、总平面索引图、总竖向设计图、总铺装图、总放

线图、总植物配置图等。

①总平面规划图 又叫总平面图,它可以表明场地内总体规划设计内容,反映各园林组成部分的位置,以及它们之间的平面关系与长宽尺寸。

②总平面索引图 是在平面图纸上标注清楚园林要素的各名称以及其详图的图纸位置,以便于施工人员查找。

③总竖向设计图 也叫地形图,竖向设计图要说明景区地形地貌等自然状况和新的改造规划,标注出各构筑物、道路、水池、山石的标高等,为地形改造、施工放线和土石调配预算提供依据。

④总铺装图 是在平面图上标明场地内所有硬质地面所用材质、形式、规格、颜色等,以便施工方采购施工原料(图7-45)。

⑤总放线图 是沟通设计图纸与施工现场的桥梁,通过标注坐标、尺寸,设置方格网等方式,施工人员可以借助仪器将方案中的形状投射到实际场地中。

⑥总植物配置图 即种植设计,分别为乔木配置图和放线图、灌木配置图和放线图,同时附苗木表,在乔木苗木表中说明植株的规格、数量、位置等,在地被苗木表中说明地被植物的种类、面积等。

(4)园林景观施工图详图

园林景观施工详图是具体景点的施工依据,它精确地反映出施工物各部的形式、构造、大小及做法(包括地上部分及地上部分的内部具体结构),其中包括园林建筑、园林小品、园路等,在一些尺度较大的园林施工图中,局部的平面图也称为详图,其图纸构成与总图相似。园林景观施工图设计中,还包括标准详图设计(如树池标准详图),这些标准详图是指本方案中所有类似节点的做法都参照标准做法(图7-46)。

(5)专业图纸

一般为建筑、结构、给排水、供电等设计图纸,这些由专业工程师设计(图7-47、图7-48)。

一套标准施工图的排图顺序是:封面,目录,设计说明,总平面图,总索引图,总竖向图,总放线图,种

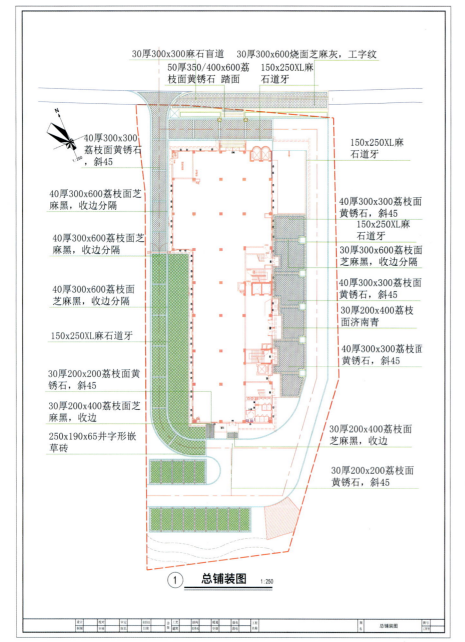

图7-45 总铺装图

第 7 章 园林设计入门

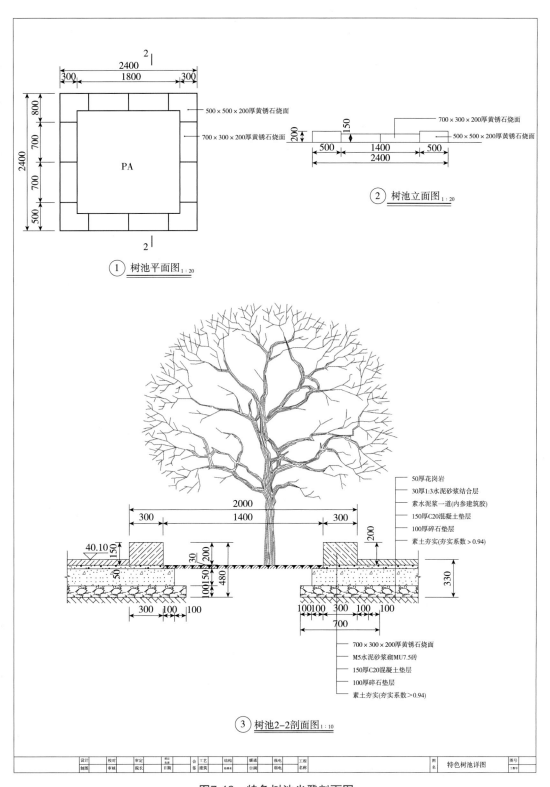

图7-46 特色树池坐凳剖面图

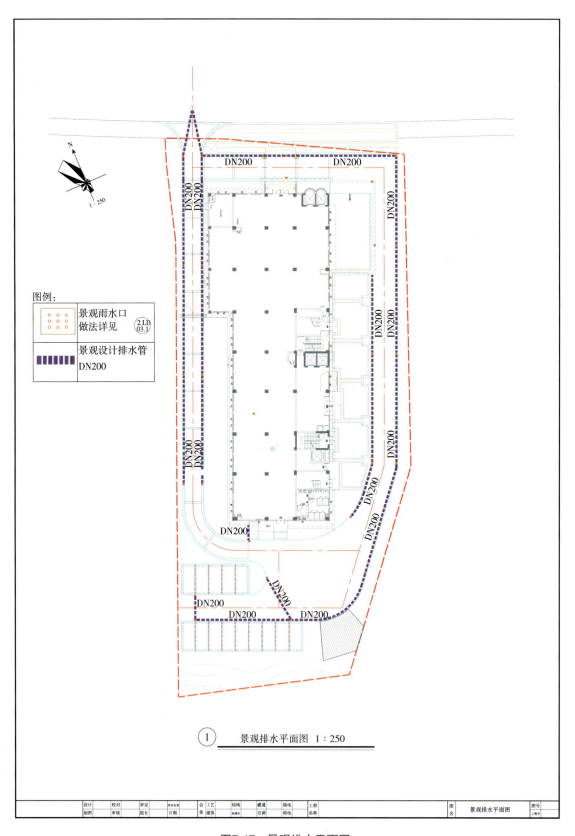

图7-47 景观排水平面图

第7章 园林设计入门

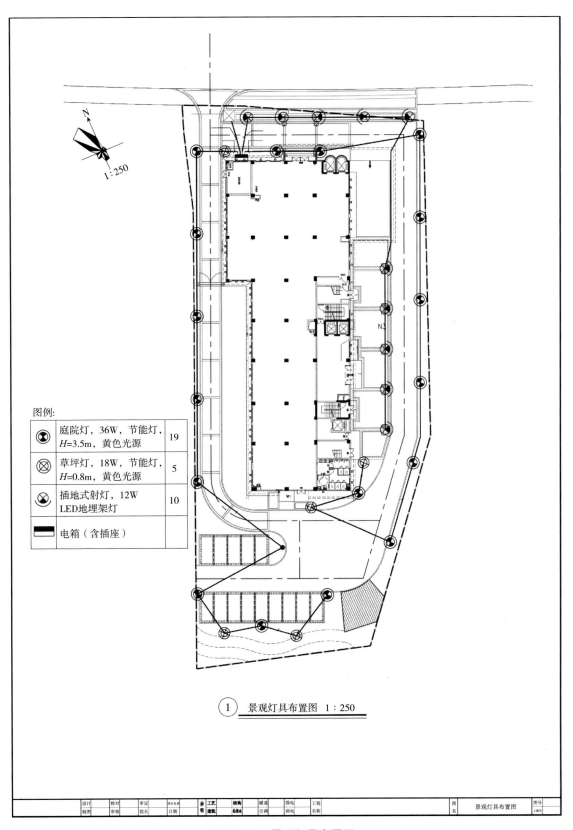

图7-48 景观灯具布置图

植平面图，水电专业平面图，苗木表，标准详图，各节点详图，园林建筑、小品详图等，结构专业图纸也可以单独排图。

7.2.6 设计实施与管理阶段

要想建造出一个优秀的园林作品，就必须做好园林设计、园林施工以及后期管理工作，这3个阶段在园林工程中处于核心部分，因此，在实际工程中只要将这3个阶段掌握好了，进行有效的互动，那么最终所建造出来的园林作品将具有良好的景观效果。

施工前，需要对施工图进行交底，由设计方、监理方和施工方三方汇总，最终确定施工方案。施工期间，设计师应定期和不定期地深入施工现场，解决施工单位提出的问题。同时，也应进行工地现场监督，以确保工程按图施工。施工结束后，设计师还需要参加工程竣工验收。在工程维护阶段，甲方要求设计师到现场勘察，并提供相应的报告叙述维护期的缺点及问题。同时，还应做好使用后评价，积累经验，为将来建成更好的环境提供可靠依据。

7.3 案例——某城市公园设计

7.3.1 任务书

拟在某基地上建一公园，需在公园中设置以下内容：
- 自然中心区，包括游步道、停车场；
- 野餐区，包括室外活动区及其休息室、租赁区、停车场；
- 游泳区，包括冲洗室、租赁区、停车场；
- 划船区，包括租赁区、船只修理区、停车场；
- 入口和服务区。

7.3.2 调查和分析

7.3.2.1 区位分析

拟建公园基地北侧为城市道路，南临水面，东接自然保护区，西面将来为商业发展用地。整个基地南低北高，东北部为林地，西部为疏林，南面林木稀少、临水有一块沙地。

7.3.2.2 现状分析

对基地进行调查，并将调查的基地资料记录通过适当方式记录，然后对整个基地的条件加以分析（图7-49）。

7.3.3 概念设计阶段

7.3.3.1 设计理念

为大众创造一个宁静的休闲娱乐的场所，打造舒适的户外交流空间，培养人们的社区感和互助合作的精神，推动人类文明进程。

7.3.3.2 设计概念草图

对任务书给出的各个功能区域用图解的方式进行表示，分析清楚各功能区需配套和完善的相关设施。各区域之间存在一定的联系，通过概念草图进行组合，评价其优缺点，逐步找出最佳组合关系（图7-50至图7-52）。

7.3.4 方案设计

7.3.4.1 总图

（1）总平面图（图7-53）
（2）功能分析图（图7-54）
（3）交通分析图（图7-55）
（4）景观结构分析图（图7-56）

7.3.4.2 分区详细设计

（1）自然中心区详细设计（图7-57）
（2）野餐区详细设计（图7-58）

思考题

1. 如果要完成一个园林项目，大概需要经历哪些环节？

2. 请思考在园林设计中，总平面图的作用是什么？

3. 如果在不久的将来，我们有能力创造一个优美舒适的环境，想想我们该如何充实自己，更好地完成专业学习，信心满满地踏入工作岗位？

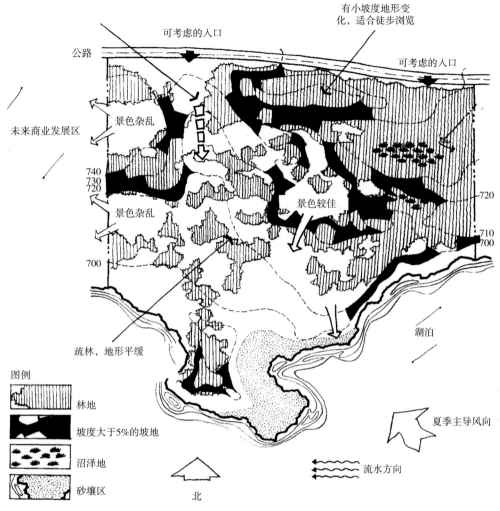

图7-49　公园现状分析

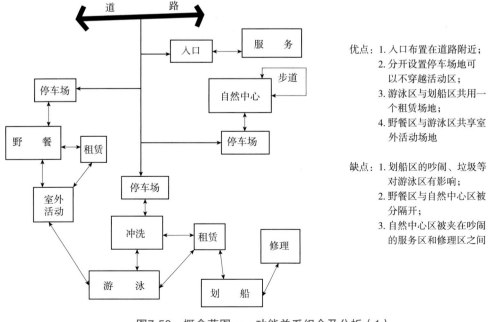

图7-50　概念草图——功能关系组合及分析（1）

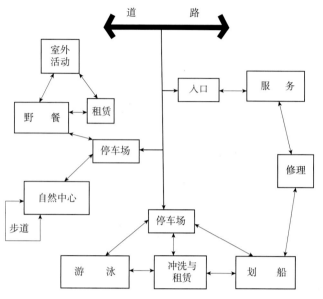

图7-51 概念草图——功能关系组合及分析（2）

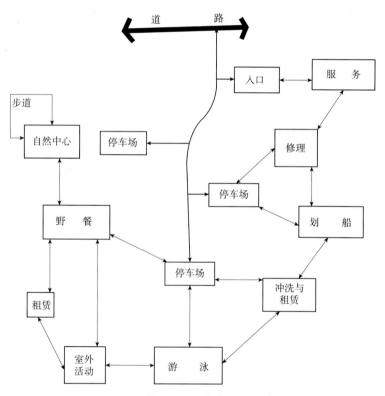

图7-52 概念草图——功能关系组合及分析（3）

第7章 园林设计入门

图7-53　总平面图

图7-54　功能分析图

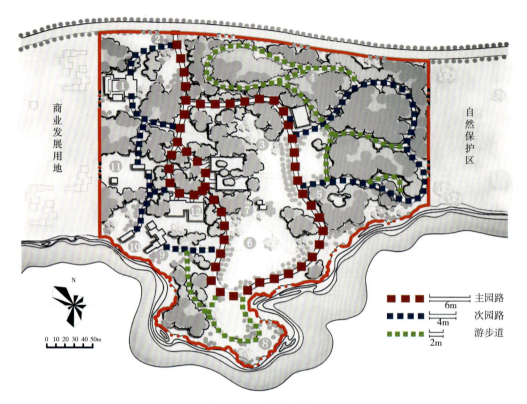

图7-55 交通分析图

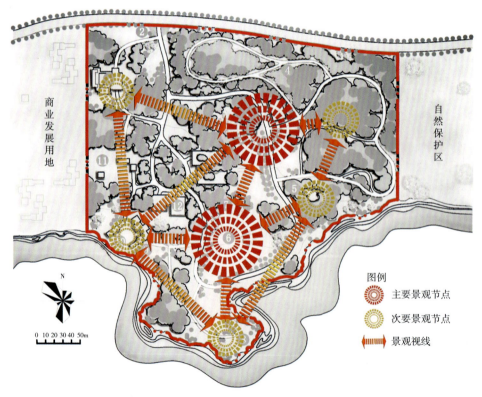

图7-56 景观结构分析图

图7-57 自然中心区详细设计

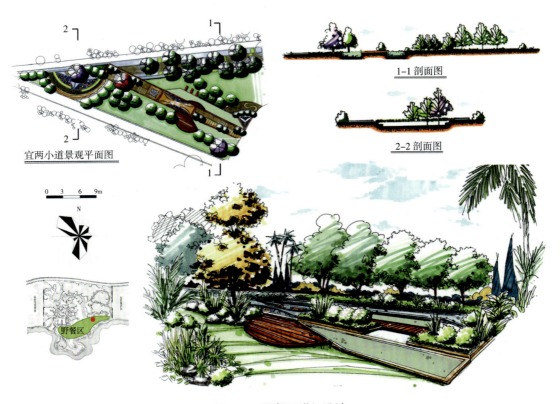

图7-58 野餐区详细设计

实 训

实训一　制图基础练习

一、目的

1. 掌握绘图工具的使用方法及技巧。
2. 掌握图纸幅面及图框线、标题栏等图纸规范表达。
3. 积累一定的图纸绘制经验，为以后的实训练习打下良好的基础。

二、工具

绘图板、丁字尺、三角板、圆规、A2 及 A4 绘图纸、绘图铅笔、针管笔、透明胶带、小刀等。

三、内容及要求

1. 粗中细线条练习

用 A4 绘图纸作粗、中、细 3 种线型练习。掌握针管笔特性，尤其把握一次性针管笔的特点。

2. 图纸规范表达

在粗中线线条练习的基础上，用 A4 绘图纸绘制图框线及标题栏，流畅正确地表达各级线型，熟悉图纸横竖式与标题栏位置的关系。

3. 墨线线条练习

用 A2 图纸绘制墨线线条。在完成范图的基础上，可根据构图需要，创新设计。要求图面干净整洁，版面设计美观，线条光滑流畅。

实训二　字体设计

一、目的

1. 掌握各种常见工程美术字的绘制方法。
2. 掌握做设计的方法与步骤：收集资料——构思——反复斟酌——纸质呈现——反复修改——定稿，仔细体会设计与临摹的不同，体会表达自己思想的方法。
3. 打开思路，能够赋予作品独特的创意与深刻的思想内涵。

二、工具

钢笔、各种彩笔（水彩、水粉、彩铅、马克笔等不限）、A3 绘图纸或其他纸类、丁字尺、三角板等。

三、内容及要求

1. 工程字体的练习

借助尺子、圆规等工具，在 A3 绘图纸上绘出工整、精确、美观的老宋体、黑体、浮云体字体，掌握各种常见字体的特点。

2. 变体美术字设计

通过学习优秀的设计作品，总结变体美术字设计的方法；能发散思维，对给定主题进行构思；以基本工程字体为原形，运用各种变形处理方法，将构思巧妙地表达出来；能将深刻的思想内涵蕴含在简洁的形式中。

实训三　建筑抄绘

一、目的

1. 熟练识读建筑平、立、剖面图，加深对平、立、剖面图概念的理解。
2. 正确绘制建筑平、立、剖面图的线型，充分认识建筑分线型表达的重要性。
3. 正确绘制各种建筑图用符号，理解其在建筑图形表达中的作用。

4. 为下一环节园林制图基本知识的学习及识读园林设计相关图纸打下良好的基础。

二、工具

绘图板、丁字尺、三角板、A2绘图纸、绘图铅笔、针管笔、透明胶带、小刀等。

三、内容及要求

1. 平、立、剖面图抄绘。
2. 图幅：A2绘图纸。
3. 比例：1∶100。
4. 图中相关线型表达正确，图用符号表达完整，图纸规范，图面干净整洁，版面设计美观，线条光滑流畅。

实训四　园林平面图抄绘

一、目的

1. 熟悉植物图例的编制特点，为以后园林设计中各种植物图例的编制打下一定的基础。
2. 通过园林平面图抄绘，熟悉园林设计各要素的表达方式，对表达中存在的问题进行有针对性地辅导，逐渐完善专业图纸的表达能力，为下一环节园林环境测绘打下良好的基础。

二、工具

绘图板、丁字尺、三角板、圆模板、曲线板、A3及A4绘图纸、绘图铅笔、针管笔、透明胶带、小刀等。

三、内容及要求

1. 植物图例

用A4图纸临摹植物图例，能逐步自编植物图例。

2. 园林实景改绘

用A4图纸改绘园林实景图，掌握园林各要素的图面表示方法。要求构图合理，图面美观。

3. 某小区平面图抄绘

用A3图纸抄绘小区环境平面图，进一步提高图纸表达能力。要求数据准确，版面布局合理美观，墨线线条流畅，图面干净清晰，绿地平面图各要素及图用符号表达完整，线型表达正确。

实训五　某庭园测绘

一、目的

1. 培养学生在测绘中的分组协作能力。
2. 学生通过对所熟悉的环境进行测绘，并根据测绘数据及所学理论知识，以图示的形式将环境绘制于图纸上，逐步提高学生理论联系实际的能力，完善学生的绘图表达能力，为专业主干课的学习打下良好的基础。

二、工具

测量卷尺、绘图板、丁字尺、三角板、A2绘图纸、绘图铅笔、针管笔、透明胶带、小刀等。

三、内容及要求

1. 实地测量，绘制草图，记录相关数据。
2. 绘制庭园平面图。
3. 绘制庭园中某建筑单体的平、立、剖面图。

实训六　某庭院钢笔淡彩表现

一、目的

1. 练习钢笔徒手绘制园林平面图、立面图、剖面图。
2. 掌握快速透视画法理论，联系实际，用钢笔徒手绘制庭院局部效果图或鸟瞰图。
3. 利用不同工具表现色彩，了解各着色工具的特点及基本表现技法。

二、工具

绘图铅笔、针管笔、钢笔、A4绘图纸、复印纸、着色工具（彩色铅笔、马克笔、水彩）等。

三、内容及要求

1. 在实训四绘制的庭园平面图基础上，练习钢笔徒手绘制，要全面准确地传达设计信息。

2. 在实训四绘制的庭园某建筑单体平、立、剖面图的基础上，练习钢笔徒手绘制，熟练掌握基本画法及不同线型、线宽的应用。

3. 选择恰当视点，钢笔徒手绘制庭院局部效果图或鸟瞰图，注意空间结构关系和透视表达准确。

4. 复印上述各类钢笔线稿，尝试选用不同的着色工具（彩铅、马克笔、水彩）进行表现，要求色彩恰当反映出各园林要素和整体环境氛围，突出场所设计主题，并注意空间层次关系、虚实明暗关系等。

附 录

中华人民共和国行业标准
《风景园林制图标准》（节选）
CJJ/T 67—2015

3.5 图 例

3.5.1 图纸中应标绘图例。图例由图形外边框、文字与图形组成（附图1）。每张图纸图例的图形外边框、文字大小应保持一致。图形外边框应采用矩形，矩形高度可视图纸大小确定，宽高比宜为2∶1～3.5∶1；图形可由色块、图案或数字代号组成，绘制在图形外边框的内部并居中。采用色块作为图形的，色块应充满图形外边框；文字应标注在图形外边框右侧，是对图形内容的注释。文字标注应采用黑体，高度不应超过图形外边框的高度。

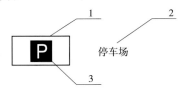

附图1 风景园林规划图图例
1.图形外边框；2.文字；3.图形

3.5.2 制图时需要对所示图例的同一大类进行细分时，可在相应的大类图形中加绘方框，并在方框内加注细分的类别代号。

3.5.3 城市绿地系统规划图纸中用地图例的图形、文字和图形颜色应符合附表1的规定，图形分类应符合现行行业标准《城市绿地分类标准》CJJ/T 85中的相关规定。

附表1 城市绿地系统规划图纸中用地图例

序号	图形	文字	图形颜色
1		公园绿地	C=55 M=6 Y=77
2		生产绿地	C=53 M=8 Y=53

（续）

序号	图形	文字	图形颜色
3		防护绿地	C=36 M=15 Y=54
4		附属绿地	C=15 M=4 Y=36
5		其他绿地	C=19 M=2 Y=23

注：图形颜色由C（青色）、M（洋红色）、Y（黄色）、K（黑色）4种印刷油墨的色彩浓度确定；图形颜色中字母对应的数值为色彩浓度百分值，表中缺省的油墨类型的色彩浓度百分值一律为0。

3.5.4 风景名胜区总体规划图纸中的用地分类、保护分类、保护分级图例应符合附表2的规定。

附表2 风景名胜区总体规划图纸用地
及保护分类、保护分级图例

序号	图形	文字	图形颜色
1		用地分类	
1.1		风景游赏用地	C=46 M=7 Y=57
1.2		游览设施用地	C=31 M=85 Y=70
1.3		居民社会用地	C=4 M=28 Y=38
1.4		交通工程用地	K=50
1.5		林地	C=63 M=20 Y=63
1.6		园地	C=31 M=6 Y=47
1.7		耕地	C=15 M=4 Y=36
1.8		草地	C=45 M=9 Y=75
1.9		水域	C=52 M=16 Y=2
1.10		滞留用地	K=15
2		保护分类	
2.1		生态保护区	C=52 M=11 Y=62
2.2		自然景观保护区	C=33 M=9 Y=27
2.3		史迹保护区	C=17 M=42 Y=44

（续）

序号	图形	文字	图形颜色
2.4		风景恢复区	C=20 M=4 Y=39
2.5		风景游览区	C=42 M=16 Y=58
2.6		发展控制区	C=8 M=20
3		保护分级	
3.1		特级保护区	C=18 M=48 Y=36
3.2		一级保护区	C=16 M=33 Y=34
3.3		二级保护区	C=9 M=17 Y=33
3.4		三级保护区	C=7 M=7 Y=23

注：1. 根据图面表达效果需要，可在保持色系不变的前提下，适当调整保护分类及保护分级图形颜色色调。

2. 图形颜色由C（青色）、M（洋红色）、Y（黄色）、K（黑色）4种印刷油墨的色彩浓度确定；图形颜色中字母对应的数值为色彩浓度百分值，表中缺省的油墨类型的色彩浓度百分值一律为0。

3.5.5 风景名胜区总体规划图纸景源图例应符合附表3的规定。

附表3 风景名胜区总体规划图纸景源图例

序号	景源类别	图形	文字	图形大小	图形颜色
1	人文	◉	特级景源（人文）	外圈直径为b	C=5 M=99 Y=100 K=1
2		●	一级景源（人文）	外圈直径为0.9b	
3		⊙	二级景源（人文）	外圈直径为0.8b	
4		○	三级景源（人文）	外圈直径为0.7b	
5		○	四级景源（人文）	直径为0.5b	
6	自然	◉	特级景源（自然）	外圈直径为b	C=87 M=29 Y=100 K=18
7		●	一级景源（自然）	外圈直径为0.9b	
8		⊙	二级景源（自然）	外圈直径为0.8b	
9		○	三级景源（自然）	外圈直径为0.7b	
10		○	四级景源（自然）	直径为0.5b	

注：1. 图形颜色由C（青色）、M（洋红色）、Y（黄色）、K（黑色）4种印刷油墨的色彩浓度确定；图形颜色中字母对应的数值为色彩浓度百分值。

2. b为外圈直径，视图幅以及规划区域的大小而定。

3.5.6 风景名胜区总体规划图纸基本服务设施图例应符合附表4的规定。

附表4 风景名胜区总体规划图纸基本服务设施图例

设施类型	图形	文字	图形颜色
服务基地	□ ■	旅游服务基地/综合服务设施点（注：左图为现状设施，右图为规划设施）	C=91 M=67 Y=11 K=1
旅行	P	停车场	C=91 M=67 Y=11 K=1
	🚌	公交停靠站	
	⚓	码头	
	🚡	轨道交通	
	🚲	自行车租赁点	
游览	↑	出入口	C=71 M=26 Y=69 K=7
	←	导示牌	
	🚻	厕所	
	🗑	垃圾箱	
		观景休息点	
		公安设施	
	✚	医疗设施	
		游客中心	
		票务服务	
		儿童游乐场	
饮食	✗	餐饮设施	C=27 M=100 Y=100 K=31
住宿	🛏	住宿设施	
购物	🎁	购物设施	
管理	★	管理机构驻地	

注：图形颜色由C（青色）、M（洋红色）、Y（黄色）、K（黑色）4种印刷油墨的色彩浓度确定；图形颜色中字母对应的数值为色彩浓度百分值。

3.5.7 图纸中城镇、行政区界及市政等专业的图例绘制应符合现行行业标准《城市规划制图标准》CJJ/T 97 中的相关规定，因特殊需要而自行增加的图例的颜色、大小、图案，在同一项目中应统一。

3.5.8 图例宜布置在每张图纸的相同位置，应排放有序。

4 风景园林设计制图

4.4 图例

4.4.1 设计图纸常用图例应符合附表5的规定。其他图例应符合现行国家标准《总图制图标准》GB/T 50103 和《房屋建筑制图统一标准》GB/T 50001 中的相关规定。

附表5 设计图纸常用比例

序号	名 称	图 形	说 明
建 筑			
1	温室建筑		依据设计绘制具体形状
等高线			
2	原有地形等高线		用细实线表达
3	设计地形等高线		施工图中等高距值与图纸比例应符合如下的规定： 图纸比例 1∶1000，等高距值 1.00m 图纸比例 1∶500，等高距值 0.50m 图纸比例 1∶200，等高距值 0.20m
山 石			
4	山石假山		根据设计绘制具体形状，人工塑山需要标注文字
5	土石假山		包括"土包石""石包土"及土假山，依据设计绘制具体形状
6	独立景石		依据设计绘制具体形状
水 体			
7	自然水体		依据设计绘制具体形状，用于总图
8	规则水体		依据设计绘制具体形状，用于总图
9	跌水、瀑布		依据设计绘制具体形状，用于总图
10	旱涧		包括"旱溪"，依据设计绘制具体形状，用于总图
11	溪涧		依据设计绘制具体形状，用于总图
绿 化			
12	绿 化		施工图总平面图中绿地不宜标示植物，以填充及文字进行表达
常用景观小品			
13	花架		依据设计绘制具体形状，用于总图
14	座凳		用于表示座椅的安放位置，单独设计的根据设计形状绘制，文字说明
15	花台、花池		依据设计绘制具体形状，用于总图
16	雕塑		仅表示位置，不表示具体形态，根据实际绘制效果确定大小，也可依据设计形态表示
17	饮水台		
18	标识牌		
19	垃圾桶		

4.4.2 方案设计中的种植设计图应区分乔木（常绿、落叶）、灌木（常绿、落叶）、地被植物（草坪、花卉）。有较复杂植物种植层次或地形变化丰富的区域，应用立面或剖面图清楚地表达该区植物的形态特点。

4.4.3 初步设计和施工图设计中种植设计图的植物图例宜简洁清晰，同时应标出种植点，并应通过标注植物名称或编号区分不同种类的植物。种植设计图中乔木与灌木重叠较多时，可分别绘制乔木种植设计图、灌木种植设计图及地被种植设计图。初步设计和施工图设计图纸的植物图例应符合附表6的规定。

附表6 初步设计和施工图设计图纸的植物图例

序号	名称	图形 单株 设计	图形 单株 现状	群植	图形大小
1	常绿针叶乔木				乔木单株冠幅宜按实际冠幅为3～6m绘制，灌木单株冠幅宜按实际冠幅为1.5～3m绘制，可根据植物合理冠幅选择大小
2	常绿阔叶乔木				
3	落叶阔叶乔木	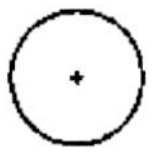			
4	常绿针叶灌木				
5	常绿阔叶灌木				
6	落叶阔叶灌木	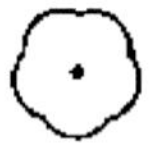			
7	竹类		—		单株为示意；群植范围按实际分布情况绘制，在其中示意单株图例
8	地被	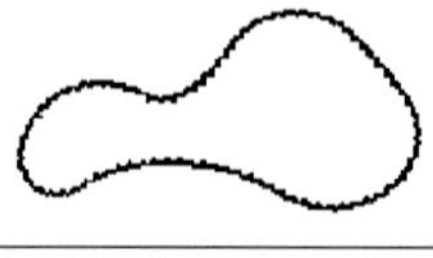			按照实际范围绘制
9	绿篱	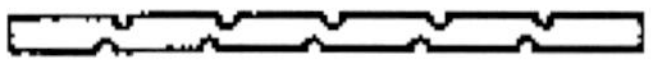			

4.5 标注

4.5.1 初步设计和施工图设计图纸的标注应符合附表7的规定。标注大小和其余标注方法应符合现行国家标准《房屋建筑制图统一标准》GB/T 50001中的相关规定。

附表7 初步设计和施工图设计图纸的标注

序号	名 称	标 注	说 明
1	设计等高线	-6.00 -5.00 -4.00	等高线上的标注应顺着等高线的方向，字的方向指向上坡方向。标高以米为单位，精确到小数点后第二位
2	设计高程（详图）	▽5.000 或 ▼5.490 ▽0.000（常水位）	标高以米为单位，注写到小数点后第三位；总图中标写到小数点后第二位；符号的画法见现行国家标准《房屋建筑制图统一标准》GB/T 50001
	设计高程（总图）	⊕6.30（设计高程点） ○6.25（现状高程点）	标高以米为单位，在总图及绿地中注写到小数点后第二位；设计高程点位为圆加十字，现状高程为圆
3	排水方向	→	指向下坡
4	坡 度	i=6.5% → 40.00	两点坡度／两点距离
5	挡 墙	▽5.000 （4.630）	挡墙顶标高／（墙底标高）

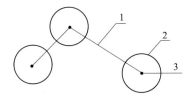

附图2 初步设计和施工图设计图纸中单株种植植物标注
1.种植点连线 2.种植图例 3.序号、树种和数量

附图3 初步设计和施工设计图纸中群植植物标注
1.序号、树种、数量、株行距

4.5.2 初步设计和施工图设计中种植设计图的植物标注方式应符合下列规定：

（1）单株种植的应表示出种植点，从种植点作引出线，文字应由序号、植物名称、数量组成（附图2）；初步设计图可只标序号和树种。

（2）群植的可标种植点亦可不标种植点（附图3），从树冠线作引出线，文字应由序号、树种、数量、株行距或每平方米株数组成，序号和苗木表中序号相对应。

（3）株行距单位应为米，乔灌木可保留小数点后1位；花卉等精细种植宜保留小数点后2位。

本标准用词说明

1. 为便于在执行本标准条文时区别对待，对于要求严格程度不同的用词说明如下：

（1）表示很严格，非这样做不可的：正面词采用"必须"，反面词采用"严禁"；

（2）表示严格，在正常情况下均应这样做的：正面词采用"应"，反面词采用"不应"或"不得"；

（3）表示允许稍有选择，在条件允许时首先这样做的：正面词采用"宜"，反面词采用"不宜"；

（4）表示有选择，在一定条件下可以这样做的，可采用"可"。

2. 条文中指明应按其他有关标准执行的写法为："应符合……的规定"或"应按……执行"。

参考文献

[德]马库斯·詹斯奇. 2016. 景观艺术与城市设计：玛莎·施瓦茨及合伙人设计事务所作品集[M]. 南京：江苏科学技术出版社.

[美]T·贝尔托斯基. 2012. 园林设计初步[M]. 2版. 闫红伟，等译. 北京：化学工业出版社.

[美]格兰特·W·里德. 2010. 园林景观设计：从概念到形式[M]. 2版. 郑淮兵，译. 北京：中国建筑工业出版社.

[美]尼古拉斯·T·丹尼斯，凯尔·D·布朗. 2002. 景观设计师便携手册[M]. 刘玉杰，吉庆萍，俞孔坚，译. 北京：中国建筑工业出版社.

[美]诺曼·K·布思. 2015. 风景园林设计要素[M]. 曹礼昆，曹德鲲，译. 北京：北京科学技术出版社.

阿苏荣. 2007. 风景园林设计与平面构成[D]. 北京：北京林业大学.

艾小群，吴振东. 2016. 立体构成（空间形态构成）[M]. 2版. 北京：清华大学出版社.

包瑞清. 2013. 计算机辅助风景园林规划设计策略探讨[J]. 北京林业大学学报（社会科学版）（01）.

北京市林业局. 1996. 北京园林优秀设计集锦[M]. 北京：中国建筑工业出版社.

陈东山，徐振金. 1994. 美术字与黑白画[M]. 北京：中国物资出版社.

陈怡如. 2010. 景观设计制图与绘图[M]. 大连：大连理工大学出版社.

陈易，陈永昌，辛艺峰. 2006. 室内设计原理[M]. 北京：中国建筑工业出版社.

邓蒲兵. 2012. 景观设计手绘表现[M]. 上海：东华大学出版社.

方四文，朱琴. 2014. 立体构成[M]. 北京：中国轻工业出版社.

冯潇，王文韬. 2016. 计算机辅助建造技术（CAM）在风景园林规划设计阶段的应用探索[J]. 风景园林（02）.

葛书红，宋涛，哈斯巴根. 2013. 景观设计基础[M]. 西安：西安交通大学出版社.

谷康，付喜娥. 2010. 园林制图与识图[M]. 2版. 南京：东南大学出版社.

谷康，李晓颖，朱春艳. 2003. 园林设计初步[M]. 南京：东南大学出版社.

过元炯. 2000. 园林艺术[M]. 北京：中国农业出版社.

黄心渊，翟海娟，杨刚. 2008. 园林计算机辅助设计[M]. 北京：电子工业出版社.

贾新新，唐英. 2016. 景观设计手绘技法从入门到精通[M]. 北京：人民邮电出版社.

克瑞斯·范·乌菲伦，刘晖，梁励韵. 2009. 景观建筑设计资料集锦[M]. 北京：中国建筑工业出版社.

李方方. 2014. 立体构成[M]. 2版. 武汉：华中科技大学出版社.

李振煜，彭瑜. 2014. 景观设计基础[M]. 北京：北京大学出版社.

李正元. 1997. 美术字与图案[M]. 上海：上海人民美术出版社.

梁隐泉，王广友. 2004. 园林美学[M]. 北京：中国建材工业出版社.

刘涛. 2013. 园林景观设计与表达[M]. 北京：中国水利水电出版社.

卢圣，王芳. 2014. 计算机辅助园林设计[M]. 北京：气象出版社.

卢圣. 2010. 景观设计与绘图[M]. 北京：化学工业出版社.

逯海勇，胡海洋. 2013. 景观设计表达[M]. 2版. 北京：化学工业出版社.

满懿，陈梦兮. 2008. 平面构成[M]. 北京：人民美术出版社.

明兰，张鸿博．2011．现代色彩构成 [M]．北京：北京交通大学出版社．

南京市园林规划设计院．2001．园林景观设计详细图集 [M]．北京：中国建筑工业出版社．

彭一刚．1986．中国古典园林分析 [M]．北京：中国建筑工业出版社．

钱品辉．2013．色彩构成 [M]．北京：人民美术出版社．

邱冰，张帆．2012．风景园林设计表现理论与技法 [M]．南京：东南大学出版社．

邱冰，张帆．2012．以理想角度作两点透视图的一种简画法 [J]．图学学报，33（6）：140-145．

邱冰，张帆．2012．有效、清晰地传递信息——园林表现技法的教学思考 [J]．中国园林（1）：69-73．

石宏义．2006．园林设计初步 [M]．北京：中国林业出版社．

孙彤辉．2009．平面构成 [M]．武汉：湖北美术出版社．

孙筱祥．2011．园林艺术及园林设计 [M]．北京：中国建筑工业出版社．

谭晖．2015．透视原理及空间描绘 [M]．2 版．重庆：西南师范大学出版社．

唐学山，李雄，曹礼昆．1997．园林设计 [M]．北京：中国林业出版社．

陶联侦，安旭．2013．风景园林规划与设计从入门到高阶实训 [M]．武汉：武汉大学出版社．

滕雪梅，华乐功，潘强，等．2011．平面构成教学与应用 [M]．2 版．北京：高等教育出版社．

田大方，杨雪，毛靓．2010．风景园林建筑设计与表达 [M]．北京：化学工业出版社．

田学哲，郭逊．2010．建筑初步 [M]．3 版．北京：中国建筑工业出版社．

童鹤龄．1998．建筑渲染：理论·技法·作品 [M]．北京：中国建筑工业出版社．

王冬梅．2015．园林景观设计 [M]．安徽：合肥工业大学出版社．

王红英，吴巍，祁焱华．2014．风景园林设计基础 [M]．北京：中国水利水电出版社．

王萍，杨珺．2012．景观规划设计方法与程序 [M]．北京：中国水利水电出版社．

王强，张俊霞，李杰．2012．园林景观设计制图 [M]．北京：中国水利水电出版社．

王涛鹏，翟绿绮，张佳宁，等．2010．色彩构成及应用 [M]．北京：清华大学出版社．

王向荣，林箐．2002．西方现代景观设计的理论与实践 [M]．北京：中国建筑工业出版社．

王晓俊．2000．风景园林设计 [M]．南京：江苏科学技术出版社．

王新军．2004．现代设计理论及其在园林设计中的应用研究 [D]．咸阳：西北农林科技大学．

吴福明，沈守云，万萃容．2007．计算机辅助园林平面效果设计及工程制图 [M]．北京：中国林业出版社．

徐洁，何韦．2006．杭州新景观：西湖西溪双西合璧 [M]．沈阳：辽宁科技出版社．

许志军，刘明明．2015．园林、风景园林、建筑、环艺、花卉与景观设计专业手绘表现教程 [M]．广州：广东旅游出版社．

许先升．2003．因境成景 景到随机——中国传统园林建筑造景理法研究［D］．北京：北京林业大学．

杨学成．2012．计算机辅助园林设计 [M]．重庆：重庆大学出版社．

杨至德．2014．风景园林设计原理 [M]．武汉：华中科技大学出版社．

余树勋．2006．园林美与园林艺术 [M]．北京：中国建筑工业出版社．

俞孔坚．1998．从世界园林专业发展的三个阶段看中国园林专业所面临的挑战和机遇 [J]．中国园林（1）：17-21．

张柏．2013．园林工程快速识图技巧 [M]．北京：化学工业出版社．

张磊，肖玉．2012．平面构成案例解析 [M]．北京：北京理工大学出版社．

张毅，陈新生．2015．景观设计表现与电脑技法 [M]．北京：化学工业出版社．

赵春仙，周涛．2006．园林设计基础 [M]．北京：中国林业出版社．

赵东汉．2007．国内外使用状况评价（POE）发展研究 [J]．城市环境设计（2）：93-95．

赵建民．2007．园林设计初步 [M]．北京：中国农业出版社．

赵军，周贤．2011．景观设计基础[M]．西安：陕西人民美术出版社．

中华人民共和国住房和城乡建设部．2011．GB/T 50001—2010 房屋建筑制图统一标准[S]．北京：中国计划出版社．

中华人民共和国住房和城乡建设部．2011．GB/T 50103—2010 总图制图标准[S]．北京：中国计划出版社．

中华人民共和国住房和城乡建设部．2011．GB/T 50104—2010 建筑制图标准[S]．北京：中国计划出版社．

中华人民共和国住房和城乡建设部．2015．CJJ/T 67—2015 风景园林制图标准[S]．北京：中国建筑工业出版社．

周逢年，蒋蒙，邵杰，等．2009．设计色彩[M]．合肥：合肥工业大学出版社．

周武忠．2010．园林美学[M]．北京：中国农业出版社．